职业教育数字化融媒体特色教材
浙江省普通高校“十三五”新形态教材

音响技术

Sound Technology

王芳 主编 / 黄德聪 吴佳琦 副主编

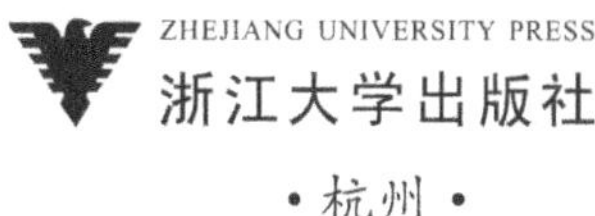

·杭州·

图书在版编目(CIP)数据

音响技术/王芳主编. —杭州:浙江大学出版社,2022.6(2024.8 重印)
ISBN 978-7-308-22424-6

Ⅰ.①音… Ⅱ.①王… Ⅲ.①音频设备—职业教育—教材 Ⅳ.①TN912.2

中国版本图书馆 CIP 数据核字(2022)第 045103 号

音响技术
YINXIANG JISHU
主　编　王　芳

责任编辑　汪荣丽
责任校对　沈巧华
封面设计　林智广告
出版发行　浙江大学出版社
(杭州市天目山路 148 号　邮政编码 310007)
(网址:http://www.zjupress.com)
排　　版　杭州星云光电图文制作有限公司
印　　刷　广东虎彩云印刷有限公司绍兴分公司
开　　本　787mm×1092mm　1/16
印　　张　12.75
字　　数　294 千
版 印 次　2022 年 6 月第 1 版　2024 年 8 月第 3 次印刷
书　　号　ISBN 978-7-308-22424-6
定　　价　49.00 元

编委会名单

主　编　王　芳（浙江艺术职业学院）

副主编　黄德聪（浙江艺术职业学院）

吴佳琦（浙江省戏剧家协会舞台音响分会）

编　委　（以姓氏拼音为序）

黄光临（广东舞蹈戏剧职业学院）

李贵孚（上海出版印刷高等专科学校）

彭云波（浙江艺术职业学院）

吴　帆（北京联合大学）

赵顺华（浙江艺术职业学院）

郑怡文（浙江艺术职业学院）

前　言

近年来，我国职业教育迅速发展。在高等职业教育中，越来越突出“培养技术技能人才”的目标，强调职业教育活动必须坚持立德树人、德技并修，坚持产教融合、校企合作，坚持面向实践、强化能力。本教材以习近平新时代中国特色社会主义思想为指导，全面贯彻落实党的二十大精神，并参照音响调音员的职业标准，介绍了音响调音员职业的典型工作任务，以岗位工作过程为导向，以项目化任务实施为目标，由简单到复杂，由单一到综合，构成一个相对完善的、较复杂的音响系统，符合职业教育院校学生的认知规律。全书共设置4个项目，前三个项目层层递进，每个项目都是一个独立的音响系统，第四个项目为新型数字设备及应用实训。本教材的体系设计使课程的教学组织、学生的学习变得简单易行，从而提高教学质量，全面提升教材育人功能，立志为培养德智体美劳全面发展的社会主义建设者和接班人而努力。

【教材特点】

1. 能力培养导向

依据专业职业能力分析确定课程的专业能力培养目标：

(1)掌握声音的基本知识；

(2)掌握各类音响设备的工作原理及使用方法；

(3)熟悉数字音频基础知识；

(4)能正确连接和调试大小型文艺演出音响系统并进行独立调音。

2. 立德树人元素

坚持立德树人，以培养学生的基本素质为主。在任务实施环节中，要求学生以诚实守信的态度对待每一项工作任务；在工作过程中，要严格遵守职业道德规范和实训管理制度，面对问题要学会思考与合作，增强团队意识。

3. 项目化教学模式

以职业能力培养为核心，以项目为导向。数字与模拟相结合，集理论、实践于一体，并以典型应用领域的音响系统为载体，以岗位工作过程为导向，制定课程体系，具有高等职业教育特色。

4. 丰富的数字资源

基于移动互联网技术，通过二维码将数字资源嵌入纸质教材中，实现线上线下资源有机衔接。学生可以通过手机随时随地学习，不仅增强了教学效果，而且激发了学生的学习积极性和主动性。此外，丰富的数字资源，有效弥补了纸质教材无法及时更新的缺憾，让学生所学的知识永不过时，紧跟学科发展前沿。

本教材可作为音像技术、舞台艺术设计与制作和录音艺术等相关专业课程的教学用书，适合专门从事音响设备管理、维护、安装、调试及调音的技艺人员阅读，也可作为音响调音员职业技能等级认定中音响技术知识点的学习参考用书。

【作者团队】

本教材由浙江艺术职业学院王芳主编，黄德聪、吴佳琦副主编，彭云波、郑怡文、赵顺华、黄光临、李贵孚、吴帆等共同参与编写。

本教材由校企合作完成。诚挚感谢中国国家话剧院一级舞美设计师韩宏志对教材内容体系设计做出的贡献，感谢浙江小百花越剧团、华汇音响顾问有限公司、深圳易科声光科技股份有限公司对教材资源提供支持，感谢斯贝克电子(嘉善)有限公司、上海谷睿电子科技有限公司对教材实训资源提供的支持！此外，我们由衷感谢所有关心、支持本教材编写工作的领导、同事和朋友。

本教材凝聚了作者团队多年来的经验积累和辛勤付出，但由于编者水平有限，教材中难免存在一些疏漏和不足之处，殷切希望各位读者批评指正，以使本教材得以改进和完善，非常感谢！

编者
2023 年 8 月

目　　录

项目 1　基本音响系统构建及使用

核心概念：声学基础、基本音响系统、传声器、调音台、音频功率放大器、专业音箱。

项目描述：将音源接入调音台，连接音频功率放大器、主音箱，并进行调音操作。

学习目标	1. 了解声音的自然特性，掌握室内声学、音乐声学、心理声学在音响技术上的使用；了解音响声学，掌握剧场声学的基本要求和音响与音乐之间的关系 2. 了解基本音响系统的概念、设计概要，掌握基本音响系统的构建方法及典型系统的应用 3. 掌握传声器的功能、类型、工作原理和主要技术指标，了解主流的传声器品牌 4. 掌握调音台的基本功能、类型、工作原理、组成和主要技术指标 5. 掌握音频功率放大器的特点、类型和主要技术指标 6. 掌握专业音箱的特点、类型、主要技术指标和特点
工作任务	1. 基本音响系统的设备选择与连接 2. 基本音响系统的调试 3. 正常播放音乐、使用话筒 4. 调音台的使用

模块 1　声学基础

1.1　知识准备

声音是由物体振动产生的。当一个物体受到外力作用时，产生一个往复的弹性振动，这样就产生了声波，经过介质（空气、水或其他物体）向四面八方传播。人耳接收到声波的振动，通过听觉神经传递给大脑，人就听到了声音。这就是声音传播的整个过程，如图 1-1 所示。

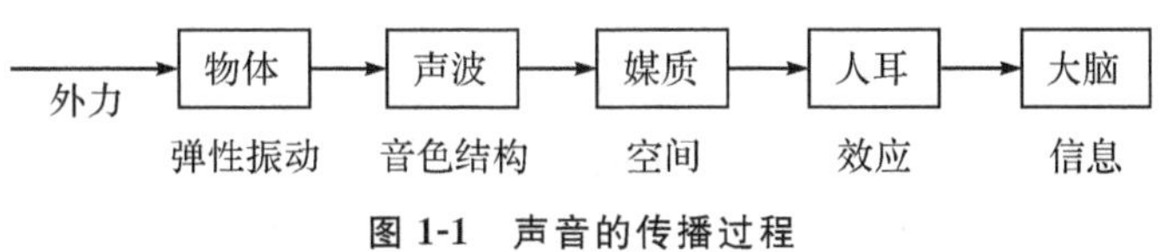

图 1-1　声音的传播过程

研究声音的学科叫作声学。按研究对象的不同，声学可分为语音声学、音乐声学、建筑声学、电声学和噪声学。

通过电子电路将声音进行各种特性的加工处理，如修饰、美化、扩大、传播的系统称为电子声学。音响系统的各个单元大部分都属于电子声学范畴。

声学是音响工作的基础。厅堂提供一个声环境，电声系统提供声处理手段，音响工作者运用这些条件，对声音进行艺术加工，最后体现在声音的听闻效果上。因此，音响工作者在重视电声技术的同时也要提高自身的艺术修养，这样才能呈现优秀的作品。

1.1.1 声的自然特性

1. 声波

声音产生于物体的振动。例如，讲话声音产生于人的喉腔内声带的振动，喇叭(扬声器)声产生于纸盆的振动，机械噪声产生于机械部件的振动等。我们把能够发出声音的物体称为声源。

钢琴振动声音

声源发声后，还要经过一定的媒质才能向外传播。例如喇叭发声，当外加信号使喇叭纸盆来回振动时，随之也使邻近的空气振动起来。当纸盆向某个方向振动时，其邻近空气被压缩，这部分空气变密；当纸盆向相反方向振动时，这部分空气变稀疏。邻近空气一疏一密地随着纸盆的振动而振动，同时又使较远的空气做同样的振动，这种一疏一密地振动传播的波就叫作声波。声波以一定速度向四面八方传播，当声波传到人耳时，会引起耳膜发生相应的振动，这种振动通过听觉神经，使人产生声音的感觉。

声波传播示意

由上可知，听到声音，要具备三个基本条件：一是存在发声体或声源。二是要有传播过程中的弹性媒质，例如空气，或者液体、固体的弹性媒质；真空中没有弹性媒质，所以真空中不能传送声波；月球上没有空气，所以月球上是无声的世界。三是要通过人耳听觉神经才能产生声音的感觉。

鼓和水波

声波的传播也可以用水面波做形象的比喻：把一个石块投入平静的水面，水面上便可看到一圈圈的水波，它由波峰和波谷组成，高低起伏交替变化着向外传播。因为水面在波动，所以水面波带有能量。如果在水面上放一木块，就可以看到这一木块随着水波的波峰、波谷做上下运动，待水面平静下来，木块仍停留在它原来的位置。由此可见，水的质点本身并不沿着波动前进，而是水波动的能量从一部分水面到邻近的另一部分水面，相继传递。同样，声波在空气中传播时空气层并不跟随声音一起传播出去有关。所以说，声波的传播实际上是声波的能量随声波在传播。有声波存在的空间叫作声场。但是，声波与水波也有不同之处，水波的振动方向与波的传播方向相垂直，因此水波是一种横波。声波的传播方向与振动方向一致，因此声波在空气中的表现形式是纵波。

由上述可知，振动和波动是有密切联系的运动形式，振动是波动产生的根源，而波动是振动传播的过程。声音本质上是一种波动，因此声音也叫作声波。为了便于区分，我们通常把声的物理过程称为声波，把与听觉有关的过程称为声音。

2. 频率、周期、音高

声源完成一次振动所经历的时间称为周期，记作 T，单位为秒(s)。一秒内振动的次数称为频率，记作 f，单位为赫兹(Hz)，它是周期的倒数，即 $f=1/T$。

声源的振动虽能产生声波，但不是所有振动产生的声波都能被人耳听见。这是由人耳的特性决定的。只有当频率在 20～20kHz 范围内的声波传到人耳，引起耳膜振动，才能产生声音的感觉。所以，通常将频率在 20～20kHz 范围内的声波叫作可听声波。低于 20Hz 的声波叫作次声波，高于 20kHz 的声波称为超声波。次声波和超声波都不能使人产生声音的感觉。

音的高低是由频率决定的，每秒振动次数多，音就高，每秒振动次数少，音就低。我国在 1956 年由轻工业部组织召开的乐器专业会议上，把在常温下的中音 A 定为 440Hz，作为乐器制作的标准音高，音叉的频率大多是 440Hz。高频、中频、低频和高音、中音、低音，它们之间不是绝对的对应关系。无线电系统和音频系统以及声乐、器乐对高中低频的概念各不相同。

3. 波长与声速

声波在媒质中每秒传播的距离，叫作声波传播速度，简称声速，记作 c，单位为米/秒(m/s)。声速与温度有关如表 1-1 所示。

表 1-1　声音传播速度与温度的关系

温度/℃	声速/($m \cdot s^{-1}$)	温度/℃	声速/($m \cdot s^{-1}$)
－30	313	10	338
－20	319	20	344
－10	325	30	349
0	332	100	386

温度每增加 10℃，声速相应增加约 6m/s。通常在室温(15℃)下，空气中的声速为 340m/s。

声速在室内声学设计和扩声技术中应用广泛，一般以毫秒(ms)计算。早期反射声都控制在 50ms 以内，在常温下，50ms 所传播的距离为 340×0.05＝17m。50ms 以内的早期反射声，有助于加强直达声，超过 50ms 的反射声会影响声音的清晰度。

声源完成一周的振动声波所传播的距离，或者说声波在传播途径上相位相同的两相邻质点之间的距离叫作声波的波长，记作 λ，单位为米(m)。声速、频率和波长三者的关系为

$$c=f\lambda \tag{1.1}$$

或

$$c=\frac{\lambda}{T} \tag{1.2}$$

声音在不同媒质中的传播速度如表 1-2 所示。

表 1-2　不同媒质中声音的传播速度

媒质(25℃)	声速/(m·s^{-1})	媒质(25℃)	声速/(m·s^{-1})
空气	346	水	1497
煤油	1324	铝	5100

4. 相位

声波的一个振动周期等于 360°。如图 1-2 所示，虚线是对应正弦波的位置。通常，我们在调音台的输入端，可以见到相位开关，该开关用于处理 180°反相关系。如果两支同样的话筒接收同一个信号，话筒的相位相反，其结果互相抵消，如图 1-3 所示。如果相位相同则振幅相加，输出电压提高，如图 1-4 所示。如果不是 180°正反相关系，而是部分移相相加时，则有加有减。两个相同的波，由于一个波的相移(时间差)，相加就形成图 1-5 中的情况。

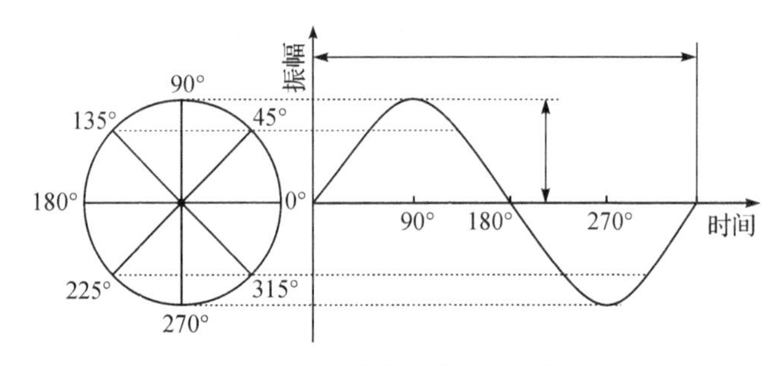

图 1-2　声波的一个振动周期

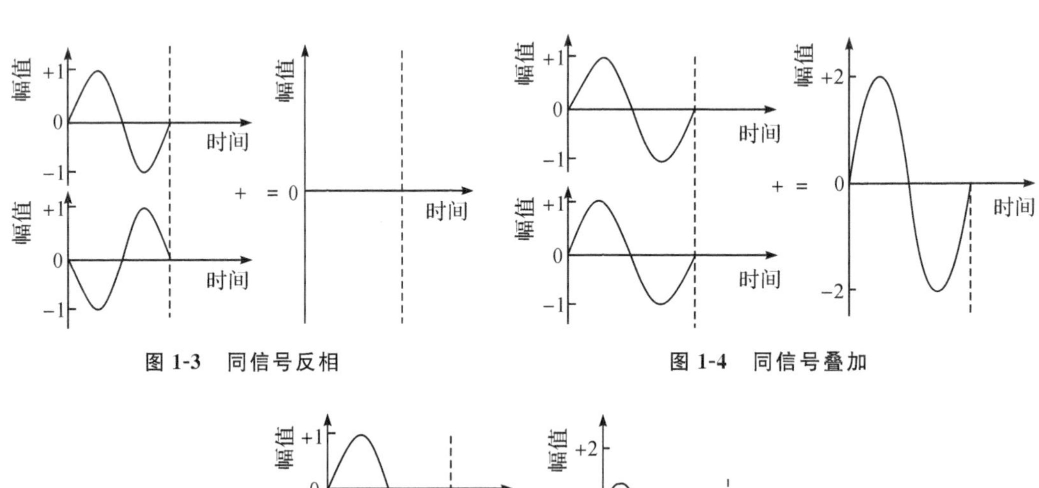

图 1-3　同信号反相　　图 1-4　同信号叠加

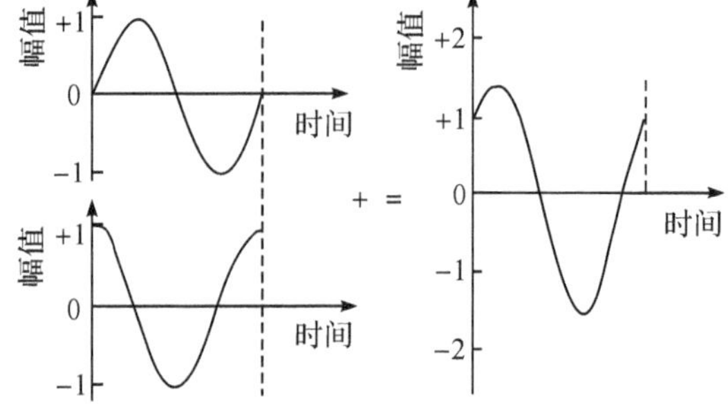

图 1-5　同信号移相叠加

扩声系统中，相位的调整在调音台上只限于180°反相调整。立体声扩声时，一边扬声器反相，会使声像混乱，没有立体效果。

5. 强度与指向性

声的强度与声源的功率成正比，功率增加一倍，声压级增大3分贝。声的强度与传播的面积成反比，称为距离平方反比定律。一个点声源(如庙宇的钟声)，离它的距离愈远声音就愈小，距离每增加一倍，则声压级衰减6分贝，这种情况是指在“自由声场”，即无反射的声场下的几何扩散，如图1-6所示。

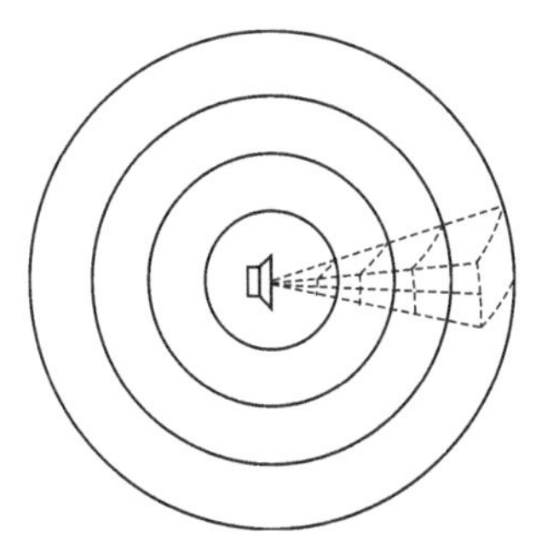

图1-6 声的几何扩散

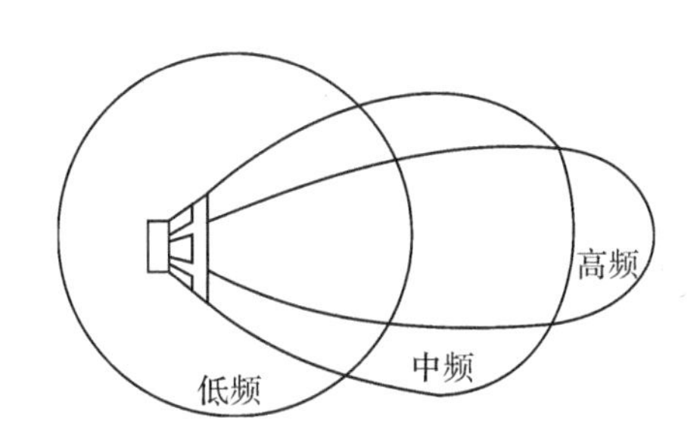

图1-7 不同频率的声音的指向性

如果是在封闭的厅堂内，由于反射、折射、绕射等，声级就不会按照平方反比定律去衰减。一个声源全方位扩散，根据平方反比定律，声音减弱了；如果同样功率按一定方向发射或聚焦在一束，则传播的距离就远得多。从声音的指向性来说，高频率声音的指向性很强，中频率声音有一定的指向性，低频率声音的指向性不明显，如图1-7所示。

由于不同频率的声音指向性不同，所以不同频率的声音，其等响度覆盖面积也不同。低频率声音指向性不强，会向四面八方辐射，声功能损失很大，传播距离短；中频率声音有一定的指向性，比较容易控制；高频率声音指向性很强，覆盖角度窄小，射程远，穿透力强。

6. 声音大小的量度

声音除了与声源的频率有关外，还与声音的强弱有关。声音的强弱可用声压、声压级、声强、声强级、声功率、声功率级等表示。

(1)声压、声强和声功率

声波是由于空气的振动形成疏密波而传播的。若空气中没有声波，则空气中的压强即为大气压。当声波传播时，某处空气时疏时密，使压强在原来大气压附近上下变化，相当于在原来大气压上叠加一个变化的压强，这个叠加上去的压强就叫作声压，记作 p。声压的单位为帕(Pa)。

对于正常人耳来说，当频率为1kHz、声压约为20μPa时，即可听到声音，叫作声音的可听阈。当频率为1kHz、声压约为20Pa时，就会产生震耳欲聋的声音，超过这一数值将使人耳感到疼痛，这个数值叫作痛阈。

声源在单位时间内向外辐射的声能量叫作声功率，记作 W，单位为瓦(W)。

声强也是衡量声波在传播过程中声音强弱的物理量。声场中某点的声强，是指在单位时间内(每秒钟)，声波通过垂直于声波传播方向单位面积的声能量，记作 I，单位为瓦/米^2（W/m^2）。若声能通过的面积为 S，则为

$$I=\frac{W}{S} \tag{1.3}$$

在无反射声波的自由声场中，点声源发出的球面波均匀地向四周辐射声能。因此，距离声源中心为 r 的球面上的声强为

$$I=\frac{W}{4\pi r^2} \tag{1.4}$$

可见，对于球面波，声强与点声源的声功率 W 成正比，而与距离(半径)r 的平方成反比。

(2)声压级、声强级和声功率级

声压级 L_p 是指该点的声压 p 与参考声压 p_0 的比值取常用对数再乘以 20，单位为分贝(dB)，即

$$L_p=20\lg\frac{p}{p_0} \tag{1.5}$$

式中，参考声压 $p_0=20\mu Pa$。

人耳听阈从 $20\mu Pa$ 到痛阈 20Pa 这样声压相差百万倍的变化范围，用声压级表示时，就变成 0～120dB 的变化范围。声压与声压级的关系如图 1-8 所示。

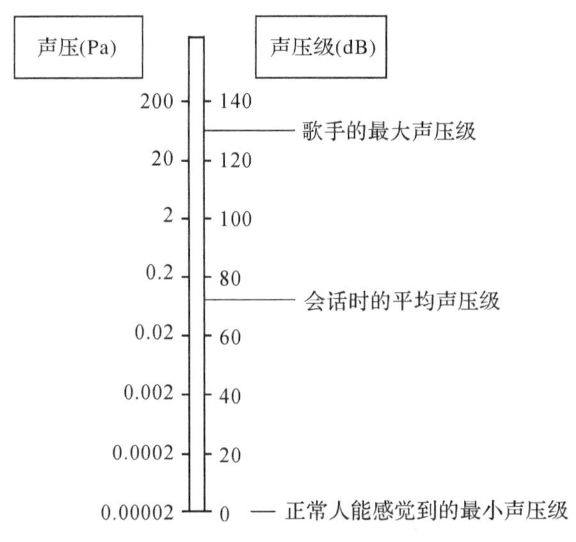

图 1-8　声压与声压级的关系

从图 1-8 中可看出，声压变化 10 倍，相当于声压级变化 20dB；声压变化 100 倍，相当于声压级变化 40dB。

常见声源的声压级示例

声强级 L_I 是指该点的声强 I 与参考声强 I_0 的比值取常用对数再乘以 10，单位也用分贝(dB)表示，即

$$L_I = 10\lg \frac{I}{I_0} \tag{1.6}$$

式中，参考声强 $I_0 = 10^{-12}\,\mathrm{W/m^2}$。

声功率级 L_W 是指所讨论的声功率 W 与参考声功率 W_0 的比值取常用对数乘以 10，也用分贝(dB)表示，即

$$L_W = 10\lg \frac{W}{W_0} \tag{1.7}$$

式中，参考声功率 $W_0 = 10^{-12}\,\mathrm{W}$。

1.1.2　室内声学

声源在室内发声传播时，受到封闭界面各表面的反复反射，出现了非常复杂的声学现象，使得室内声场完全不同于室外的情况。由于每个房间几何形状不同，使用的材料不同，声音在每个房间所引起的声学现象也完全不同。这些现象对听音效果的影响是非常大的。

声源在空间某点发声时，听音者首先听到的是离声源最近的直达声，然后听到墙壁、天花板等处由近到远的早期反射声。这些反射声随着房间各墙面对声音的吸收，最后衰减为零。

1. 几何声学

声波从声源出发，在同一个介质中按一定方向传播，在某一时刻波动所达到的各点包络面称为波阵面。波阵面为平面的波称为平面波，波阵面为球面的波称为球面波。由点声源辐射的声波为球面波，但在离声源足够远的局部范围内，可以近似地把它看作平面波。

2. 声波的反射

当声波在传播过程中遇到一个尺寸比波长大得多的墙面或障碍物时，声波将被反射。如果声波发出的是球面波，经反射后仍是球面波。如图 1-9(a)所示，用虚线表示反射波，它像从声源 O 的像——虚声源 O' 发出似的，O 和 O' 是对于反射平面的对称点。同一时刻反射波与入射波的波阵面半径相等。如用声线表示前进的方向，反射声线可以看作是从虚声源

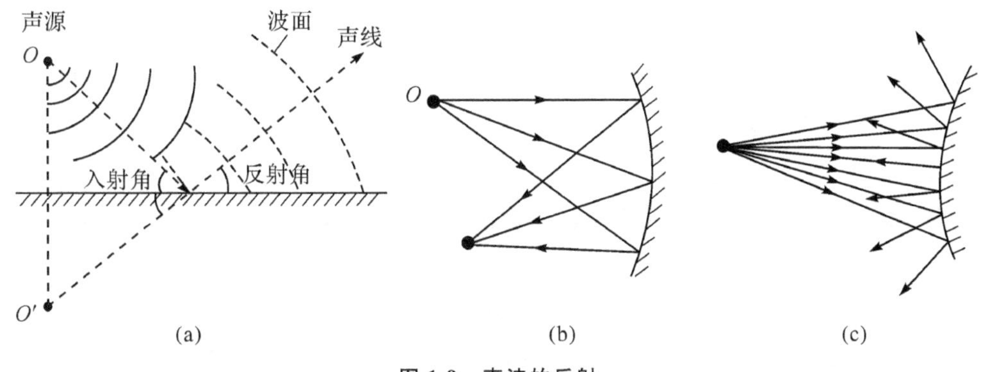

图 1-9　声波的反射

发出的。所以，利用声源与虚声源的对称关系，用几何声学作图法很容易就可确定反射波的方向。如同几何光学反射定律一样，声波反射的反射角等于入射角。低频声由于波长较大，且有绕射，所以不适用于几何声学。

当反射面为曲面时，仍可利用声波反射定律求声波在曲面上的反射声线。例如，欲求曲面上某点的反射线，则以过该点的曲面的切面作为镜面，使其入射角等于反射角，即可确定反射声线。如图 1-9(b)所示，凹曲面反射的特点是使声音汇聚于某一区域或出现声焦点，从而造成声场分布的不均匀，这在室内音质设计中应注意防止；图 1-9(c)所示为凸曲面对入射声波有明显的散射作用，它有助于声场的均匀扩散。

3. 声波的绕射(衍射)

当障碍物或孔洞的尺寸比声波波长小时，声波将产生绕射(又称衍射)，即声波将绕过障碍物或通过孔洞改变前进方向。如图 1-10(a)所示，若孔的尺寸(直径 d)比声波波长 λ 小得多($d \ll \lambda$)，则声波通过孔洞，并不像光线那样呈直线传播，而是能够绕到障碍物的背面改变原来的传播方向。这时小孔处的质点可近似看作一个新声源，产生新的球面波，而与原来的波形无关。若孔的尺寸比波长大得多($d \gg \lambda$)，则新形成的波形比较复杂，如图 1-10(b)所示。平时我们在墙的一侧能听到另一侧的声音，这也是声波绕射的结果。

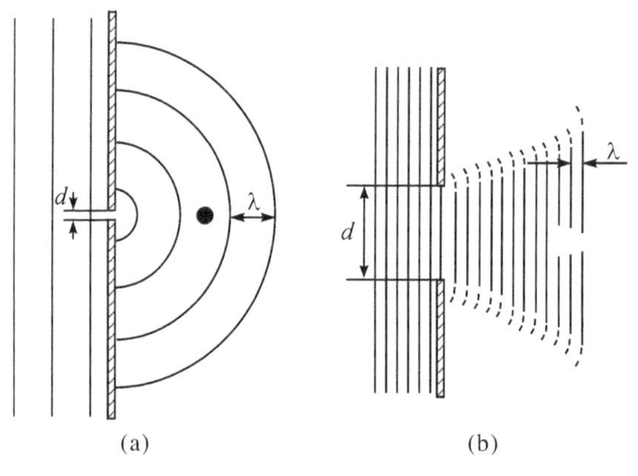

图 1-10　声波的绕射

频率比较低的声波，波长比较长(如 100Hz 的波长为 3.4m)。如果在室内遇到的物体比波长短或相近，则低音很容易绕过这个物体继续传播；高频声波的波长短(如 10kHz 的波长仅为 3.4cm)，则容易被物体挡住，从而被反射或吸收。声源的频率越低，绕射的现象越明显；相反，频率越高，越不易产生绕射，因而传播具有较强的方向性。在厅堂内，中、高音扬声器应放在相对高的地方，否则人或物体就会挡住中、高音的辐射，形成声影区。如有的剧场眺台伸出较长，中高频被眺台挡住，眺台下的观众就听不到直达的中、高音。而低音由于易绕射不易被挡住，所以清晰度很低。因为人耳对低音的方位不敏感，所以低音扬声器可以放在地面或其他合适的位置，但同时必须注意低频声容易绕射，将会对外界产生干扰。高音扬声器安装在一定高度后应调整合适的角度，利用其指向性使高音覆盖全场。一般来说，要听到高音必须是能看到高音扬声器，否则只能听到高音的反射声和混响声。

4. 声波的折射

声波在传播途中遇到不同介质的分界面时，除了发生反射外，还会发生折射。声波折射时传播方向将改变，如图1-11所示，入射角 θ_1 与折射角 θ_2 的关系如下：

$$\frac{\sin\theta_1}{\sin\theta_2}=\frac{c_1}{c_2} \tag{1.8}$$

式中，c_1、c_2 为两种介质中的声速。

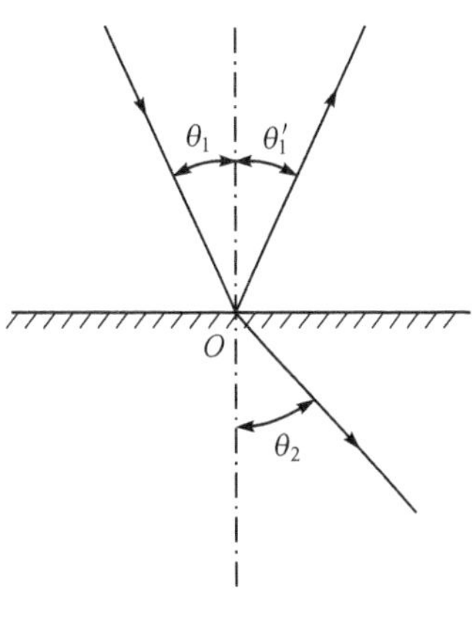

图1-11　声波的折射

由式(1.8)可知，声波从声速大的媒质射入声速小的媒质中时，声波传播方向折向分界面的法线；反之，声波从声速小的媒质射入声速大的媒质中时，声波传播方向折离分界面的法线。因此，声波的折射是由声速决定的，即使在同一媒质中，如果存在速度梯度(声速变化)，则同样会产生折射。

5. 声波的透射与吸收

当声波射入墙壁等物体时，声能一部分被反射，一部分透过物体，还有一部分由于物体的振动或声音在物体内部传播时介质的摩擦或热传导而被损耗(通常称为材料的吸收)。声波遇到坚硬的刚性物体易被反射，遇到多孔的物体或其他吸声构造的物体就会被吸收，遇到稀疏的物体容易被透射。一般来说，好的多孔吸声材料也是一个好的透声体。

根据能量守恒定律，设单位时间内射入物体的总声能为 E_0，反射的声能为 E_r，物体吸收的声能为 E_a，透过物体的声能为 E_t，则有：

$$E_0=E_r+E_a+E_t \tag{1.9}$$

透射声能与入射声能之比称为透射系数 τ，即 $\tau=E_t/E_0$；反射声能与入射声能之比称为反射系数 r，即 $r=E_r/E_0$。通常将 τ 值小的材料称为隔声材料，将 r 值小的材料称为吸声材料。实际上，物体吸收的只是 E_a，但从入射波与反射波所在的空间考虑，常用下式来定义材料的吸声系数 α：

$$\alpha=1-r=1-\frac{E_r}{E_0}=\frac{E_a+E_t}{E_0} \tag{1.10}$$

当 $\alpha=0$ 时，入射声能全部被反射；当 $\alpha=1$ 时，入射声能全部被吸收。因此，α 值为0～1。几种常用材料的吸声特性如表1-3所示。

表1-3　几种常用材料的吸声特性

材料结构	厚度/cm	容重/(kg·m^{-3})	对各种频率的吸声系数					
			125Hz	250Hz	500Hz	1kHz	2kHz	4kHz
大理石、花岗岩			0.01	0.01	0.01	0.02	0.02	0.02
水泥地、混凝土墙			0.01	0.01	0.02	0.02	0.02	0.02

续表

材料结构	厚度/cm	容重/(kg·m^{-3})	对各种频率的吸声系数					
			125Hz	250Hz	500Hz	1kHz	2kHz	4kHz
砖墙			0.04	0.04	0.05	0.06	0.07	0.05
普通木板(贴墙)			0.05	0.06	0.06	0.10	0.10	0.10
石铺木地板			0.04	0.04	0.03	0.03	0.03	0.02
玻璃窗户			0.35	0.25	0.18	0.12	0.07	0.04
甘蔗板(贴墙)	1.3	200	0.12	0.19	0.28	0.45	0.49	0.70
刨花板(距墙5cm)	1.5		0.35	0.27	0.20	0.15	0.25	0.39
木板			0.16	0.15	0.10	0.10	0.10	0.10
地毯(铺在地板上)			0.11	0.13	0.28	0.45	0.29	0.29
矿材料	8	±50	0.30	0.64	0.73	0.78	0.94	0.94
	4	300	0.32	0.40	0.53	0.55	0.61	0.66
玻璃丝	5	100	0.38	0.81	0.38	0.81	0.83	0.74
超细玻璃材料	2	20	0.05	0.10	0.30	0.65	0.65	0.65
	10	20	0.25	0.60	0.85	0.87	0.87	0.85
空皮软椅(指无观众)			0.44	0.64	0.60	0.62	0.58	0.50
三夹板(距墙5cm,龙骨间距50cm×45cm)	0.3		0.21	0.73	0.21	0.10	0.08	0.12
五夹板(距墙5cm,龙骨间距50cm×45cm)	0.5		0.11	0.26	0.15	0.04	0.05	0.10
穿孔三合板(孔径40.5cm,孔间距4cm,距墙10cm)			0.04	0.54	0.29	0.09	0.10	0.19
穿孔石膏板(孔径40.6cm,孔间距2.2cm,距墙18cm)	0.6		0.10	0.50	0.35	0.20	0.20	0.20

吸声系数的大小除了与材料本身性质有关外,还与声波的频率、入射方向等有关。一般来说,坚实光滑的地面和墙面的吸声系数很小,而多孔性的材料则是常用的高效吸声材料。多孔性材料吸声能力与材料厚度有关。厚度增加,低频吸声增大;但材料厚度对高频影响较小。从理论上说,材料厚度相当于1/4波长时,在该频率下具有最大的吸声效果。但对低频来说,这时材料厚度往往要在10cm以上,故不经济。如果用较薄的多孔材料,使它离开后背硬墙面一定的距离,则这时的吸声性能几乎与全部空腔内填满同类吸声材料的效果一样。

吸声与反射在室内声学中是矛盾统一体,为了达到预定的声学效果,要用吸声系数最小的反射面,如大理石来做早期反射声的墙面。厅堂的中间部分则做成各种扩散体,厅堂后面墙体为了避免回声,则做成吸声体。

6. 声波的干涉

在同一空间有2个或2个以上相同频率的声源时,如果场中的某一个点同时接收2个声源，就会发生相互影响。一个声源的波峰和另一个声源的波峰或波谷相遇就会形成加强或削弱，甚至抵消。在某一时刻，每点的加强和削弱程度都不一样，形成厅内某些频率的声波强弱不均，使场内各处声强和频率响应不一样而影响音质。如果是多个相同频率的声源交汇，情况就变得更为复杂。当两个声源同相位时，该点的声压级将增加6dB；反之，当相位相反时，叠加后的声压级比一个声源形成的声压级反而低，即产生干涉。

7. 早期反射声

这是指听众在厅堂内听到直达声以后，最早听到的反射声，50ms以内的早期反射声有助于加强直达声的力度和清晰度。超过50ms以后的反射声，若是语言则会影响其清晰度；若是音乐则可适当延长到70ms，再长则会出现双音的回声效果。

声源信号示意

8. 声扩散

声扩散的目的是使厅堂内声场各个部位声压大致均匀，同时可以消除像颤动回声一类的声缺陷。厅堂内的扩散体可以用半圆体、折体、浮雕、圆雕等，在扩散体中间可安排一些吸声补丁。

9. 混响

当室内声源停止发声后，声音衰减的过程称为混响过程。混响过程可以用混响时间加以度量。混响时间是当室内声场达到稳态时，令声源停止发声，房间内声压级衰减60dB所需的时间，记作 T_{60}。在房间扩散良好的情况下，混响时间的计算公式为

$$T_{60}=\frac{0.161V}{S\alpha} \tag{1.11}$$

式中：T_{60} 为混响时间(s)；V 为房间容积(m^3)；S 为房间墙面的总表面积(m^2)；α 为房间表面的平均吸声系数。

混响时间是音质评价中的一个重要参数，没有混响便没有空间感，在这样的厅堂里人们会感觉声音发干。一般来说，混响时间太短的房间，声音比较干瘪、枯燥，没有温暖感和活力；而如果混响时间太长，前面的混响声掩蔽了后来的直达声和早期反射声，就会产生浴室效应，导致声音含混不清，音质差。混响时间的长短因声源的不同而有所区别：音乐厅要求声音丰满、宏大，因而要求混响时间要长；话剧院则以听清台词为主，因而要求混响时间要短一些。根据实践结果，人们经多年总结得出的参考数据，如图1-12所示。

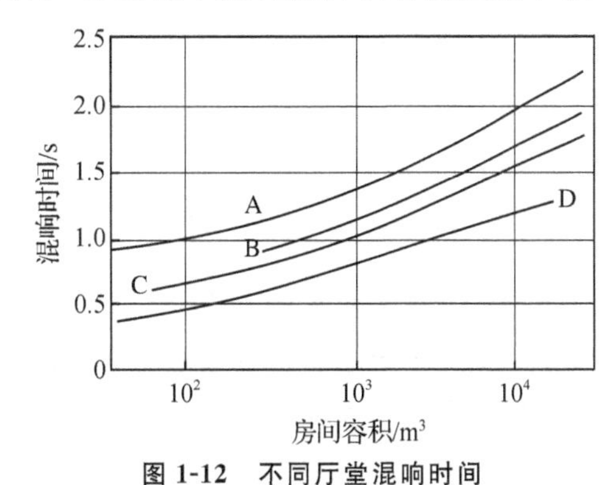

图1-12 不同厅堂混响时间

A—教堂；B—音乐厅；C—话剧院；D—会议厅、影院

另外，各频率混响时间与中频(500Hz)混响时间之间的比值关系也是影响厅堂音质的一个重要参数。低频的混响时间应该高于中频，声音才

能浑厚、丰满，低音有力且有弹性，高频(4k～8kHz)可以平于或略低于中频，声音的明亮感才能反映出来，而且对高音扬声器的负担也不会太重。不同类型厅堂的最佳混响时间(500Hz)如表1-4所示。

表1-4 不同类型厅堂的最佳混响时间(500Hz)

厅堂用途	混响时间/s	厅堂用途	混响时间/s
电影院、会议厅	1.0～1.2	电视演播厅	0.8～1.0
演讲、戏剧、话剧	1.0～1.4	语言录音	0.3～0.4
歌剧、音乐厅	1.5～1.8	音乐录音	1.4～1.6
多功能厅	1.3～1.5	多功能体育馆	小于1.8

在实际应用中，为适应节目的需要，我们必须调整混响时间，因此，一些厅堂在设计时，往往会安装混响时间调节装置。常见的混响时间调节装置有以下几种。

(1)平板错开式

在墙壁上安装许多可移动的护墙板，板面的吸声特性各不相同，调节板的位置，即可改变室内混响特性。

(2)翻板式

板的一面为吸声面，另一面为反射面，根据需要里外翻转，以获得所需要的混响特性。

(3)圆柱翻滚式

柱的一面为吸声面，另一面为反射面，根据需要转动圆柱，以获得所需要的混响特性。

(4)百叶窗式

在墙壁上安装百叶窗，根据需要开或关，以改变混响时间。

(5)帷幕式

在墙壁上悬挂吸声帷幕，利用帷幕的拉开或收拢来改变吸声面积，以调整混响时间。这种方法实现起来比较简单，但混响特性不理想，高频损失较多，声音的扩散性也不好。

1.1.3 音乐声学

1. 音程和倍频程

音阶中频率为2∶1的频率间隔的音程，在电声学中称为倍频程，通常用oct表示，而在音乐学中则称为八度。如钢琴琴键的低音A的频率为220Hz，中音A为440Hz，两者相差一个倍频程或一个八度(音程)。

在声学测量中，频率区间为频带，由上限截止频率 f_2 和下限截止频率 f_1 组成。在声学中常用的频带宽为倍频带，亦称倍频程。一个倍频带是上限频率为下限频率2倍的频带范围，即 $f_2=2f_1$。如果测量精度要求高时，频带可以窄些，例如可采用1/3倍频程。

上限和下限截止频率的一般关系为

$$f_2=2^n f_1 \tag{1.12}$$

式中，n为倍频带的系数，或称倍频程数。它可以是分数或整数。例如，$n=1/3$即指1/3倍频带；$n=1$即指倍频带。1/3倍频程是在两个相距为一个倍频程的频率之间插入两个频率，使这4个频率之间依次成为$2^{1/3}$倍。这4个频率的比例为$1:2^{1/3}:2^{2/3}:2$，即$1:1.26:1.587(1.26^2):2$，从而组成1/3倍频程。

倍频带和1/3倍频带的划分

2.人耳的听觉特性

听觉是人们对声音的主观反应，主要表现在响度、音调和音色三个方面，称为声音三要素。它不但与声波的振幅、频率、频谱等客观物理量有关，还与人耳的听觉特性及心理因素有关。

(1)人耳的听觉范围

人耳只有在一定的频率和声强范围内才能听见声音。正常听觉频率范围为20～20kHz，强度范围为0～120dB。从图1-13中可以看到，音乐和语言只占人耳整个可听区域的很小一部分，人耳最敏感的频率是2k～4kHz，一般最大可听值为120dB。人耳的听觉灵敏度随着年龄增加而下降，尤其是高频下降更多。长期在噪声暴露下，人的听力也会下降。声压级越高越会对人耳造成损伤，并使听觉能力下降的可能性就越大。人耳若在高声压级(120dB)环境下暴露的时间不长，那么经过一段时间休息可以恢复；若暴露的时间很长，则难以恢复。

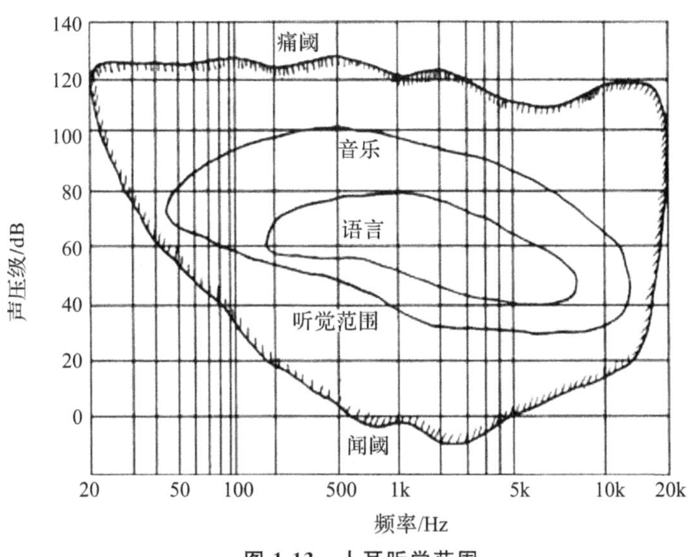

图1-13　人耳听觉范围

低频噪声要比2k～14kHz的噪声对人耳的损伤小一些。大声压级噪声不仅损坏听力，而且危害人的心血管、神经及消化系统。按国际标准ISO规定，人在稳态噪声为96dB的环境下，每天只允许工作2h。在娱乐场所里，虽不是稳态噪声，但也应该注意尽量减少大声压级对工作人员和顾客造成的危害。

(2)响度

响度俗称音量,是人耳对声音强弱程度的主观感觉。它主要取决于声压或声强,正比于声音强度的对数值,而且和声音频率、波形也有一定关系。人耳对不同频率的声音响度感觉不同:声强相同的声音,在 1k～4kHz 听起来最响;而在此频率之外,响度随着频率的降低或升高而减弱;当低于 20Hz 或高于 20kHz 时便听不到了。

响度是人耳判别声音由小到大的强度等级,它不仅取决于声音的强度,还与它的频率及波形有关。响度的单位为宋,1 宋的定义是声压级为 40dB,频率为 1kHz,且来自听者正前方的平面波声音和响度的强度。如果另一个声音听起来比 1 宋的声音大 n 倍,则该声音的响度为 n 宋。

响度级 L_n 的单位是方(phon),它是将一个声音与 1kHz 的纯音做比较,当听起来两者一样响时,这时 1kHz 纯音的声压级数值就是这个声音的响度级。

等响曲线是反映人耳对声压的主观感受的曲线。其测量方法是以纯音作为测试信号,测量不同频率的测试信号听起来一样响时的声压级,并将测出的声压级数值描绘在声压级—频率坐标上,便得到以响度级为参数的等响曲线,如图 1-14 所示。

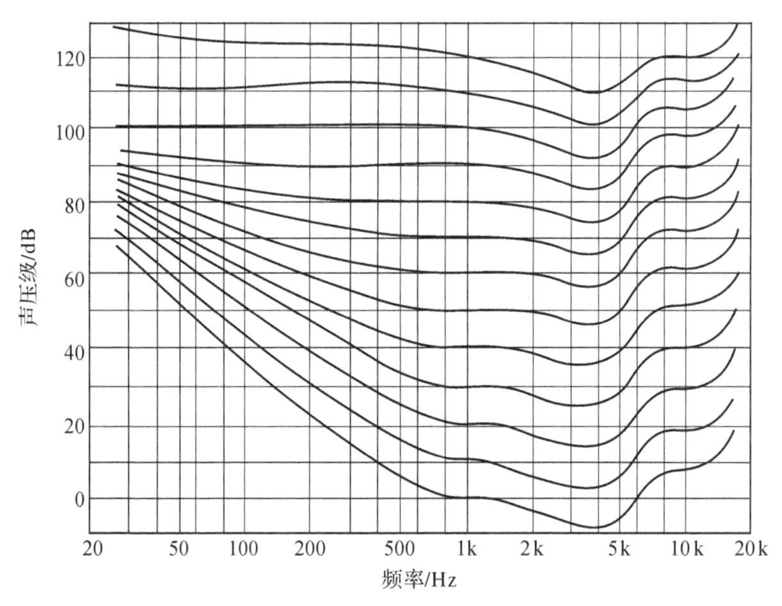

图 1-14　等响曲线

由图 1-14 可以得出以下结论:

①响度级与声压级有关。声压级提高,响度级也相应增大;此外,响度还与频率有关,频率不同时,响度级也不同。

②图中上方的曲线较平直,下方的曲线较弯曲。这说明在声压级很高时,强度相同的声音差不多一样响,与频率的关系不大;但在声强级很低时,低频区的变化率大于高频区的变化率,即这时声压级有一点变化,低频的响度就有很大的变化。

③等响曲线在 1k～5kHz 的中高音区下凹，说明这段中高音特别敏感，其中在 3k～4kHz 频率范围内下凹最明显，说明人耳对 3k～4kHz 范围内的声音最敏感，对低音的敏感度较低。

人耳的听觉响应，对欣赏高保真音乐节目的效果影响很大。在我们重放高保真音乐节目时，若把放音设备的音量调得很大，则感觉高低音均很丰满；若把音量调得较小，由于这时人耳对低音和高音的感觉较为迟钝，因此会感受到声音的频带变窄，高低音都减少了，特别是低音几乎听不出来，这正是等响曲线所反映的特性。因此，要保持原有音色，必须根据等响曲线对不同频率的声音进行不同程度的补偿。一些高保真扩音机中都装有等响控制电路，当音量较小时，按照等响曲线的要求提升低、高频，而当音量较大时则不提升。

等响曲线也可应用于声级计。声级计是测量声音响度级和声压级的一种声学仪器。为使声压级的测试结果更接近人耳的响应曲线，在声级计中设有 A、B、C 三个计权网络，其频率特性如图 1-15 所示。它们大致是参考 40 方、70 方和 100 方三条等响曲线的倒置关系设计的。A 计权网络是参考 40 方等响曲线，对 500Hz 以下的声音有较大的衰减，以模拟人耳对低频不敏感的特性。C 计权网络具有接近线性的较平坦特性，在整个可听声范围内几乎不衰减，以模拟人耳对 85 方以上的听觉特性，因此它可代表总声压级。B 计权网络介于两者之间，对低频有一定的衰减作用，它是模拟人耳对 70 方纯音的响应。有些仪器还有 D 计权，它适用于航空噪声的测量。用声级计的不同网络测得的声级，分别记作 dB(A)、dB(B)、dB(C)、dB(D)。通常测量背景噪声一般都是低声级，应该选用 A 计权，听音乐应选 C 计权。

声音的响度还与声音持续时间有关，当声音持续时间缩短时，人耳会感到响度下降。有代表性声音的声压级和响度感觉如图 1-16 所示。

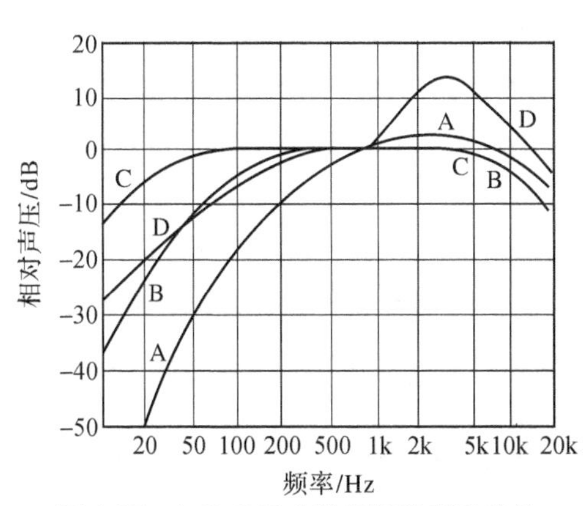

图 1-15　A、B、C 三个计权网络频率特性

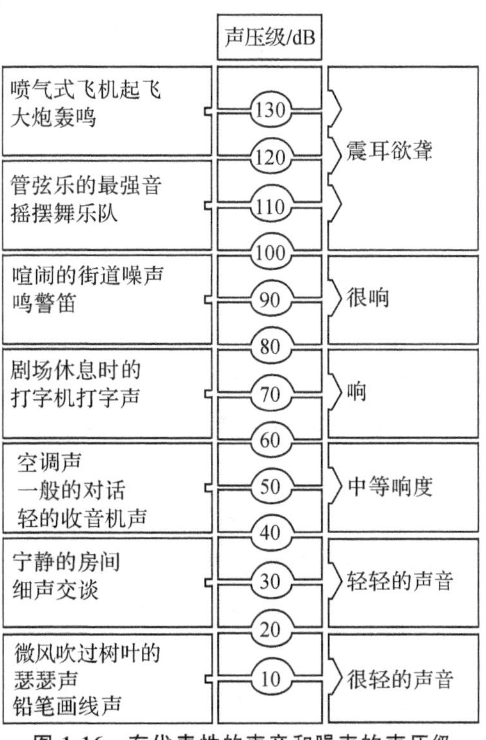

图 1-16　有代表性的声音和噪声的声压级

3. 音调

人耳对声音调子高低的感觉称为音调，又称音高。主观感觉的音调单位为美，通常定义响度级为40方、1kHz纯音的音调为1k美。音调主要与声音的频率有关，但不与频率成正比，而与响度一样，音调的高低也呈对数关系，因此通常用频率的倍数或对数关系来表示音调。频率越高，人耳感觉到的音调就越高。频率增加一倍，即增加一个倍频程，音乐上叫作提高一个八度，如C调中音“do”为261Hz，高音“do”就为522Hz。但是，音调变化给人的感觉与音乐的倍频程关系并不一致，而且在不同频段，人耳对音调的辨别能力也不同，一般在中频段最敏感，高低频段敏感度较差。

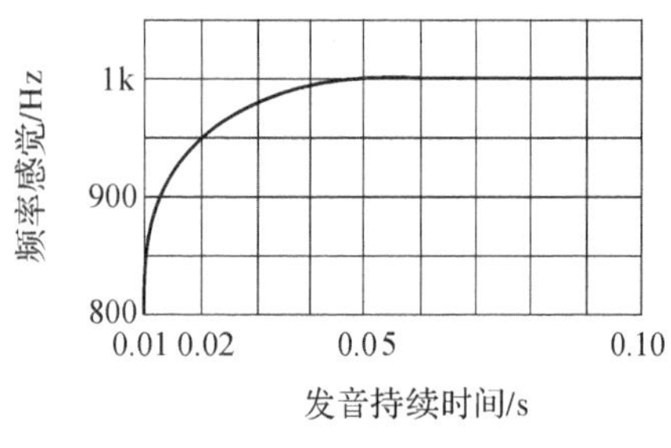

图1-17　发音持续时间

音调还与声音的持续时间、声压级及温度有关。当1kHz纯音的持续时间在0.05s以内，其音调的感觉要比持续时间在0.10s以上时低一些，如图1-17所示。人耳能明确感觉到声音的音调所需的持续时间，随频率的降低而逐渐变长。感受低频声的音调需要比高频声更长的持续时间。只有当信号持续时间达到1.4个周期以上，且时间大于3ms时，人耳才会感觉到音高。

另外，两个频率相同的纯音，若声压级不同，则听起来音调也略有不同。其原因是声压级增大时使听觉器官略有变形，从而产生一种附加声。在低频段，频率不变而声强提高时，音调降低；在1k～5kHz的频率内，频率不变而声强提高时，音调升高。音调也会随着温度的变化而变化，即产生声音的温度效应，原因是气温的变化引起声速变化。当温度升高时，声速变大，声波的波长不变，则声音的频率升高；反之，声音频率降低。

4. 音色

音色又称音品。音色主要是由声音的谐波结构即谐波的数量、强度、分布和它们之间的相位关系来决定的。一个非正弦波的波形可以分解为许多个正弦波成分的综合，亦即频谱。世界上每种声音，不论是人声、乐器声还是自然声，几乎都不是单音，而是复合音，其波形都不是正弦波，但它们都可以分解成若干个强度不同的谐波。两种不同的乐器发出相同的响度和音调时，人耳能清楚地分辨出它们之间不同的音色特征。人耳不能把各种频率成分分辨成不同的声音，只不过是根据声音的各个频率成分的分布特点得到一个综合印象，这就是音色的感觉。

例如，钢琴和黑管的基音都是100Hz，即使演奏同一乐曲，而且响度也一样，仍然可以立即分辨出是两种乐器在演奏。这是因为它们演奏同一音符时的基音虽然相同，但是它们的泛音（谐波）成分及其幅度都不同，亦即频谱不同。钢琴和黑管的基音为100Hz的乐音频谱如图1-18所示。

音色是个复杂的感觉，无法定量表示。波形是声音信号的时域表示，乐音是非稳态连续信号。因为每个音符呈脉冲式激励，是个瞬态过程，所以音色还与声音的建立与衰减方式有着密切关系，如图 1-19 所示。例如，钢琴的声音开始很强，后逐渐衰减；风琴的声音则是逐步增强，在短时间内保持一定声级，然后较快地衰减。这些时间结构和频率成分结构共同构成每种乐器所特有的音色。

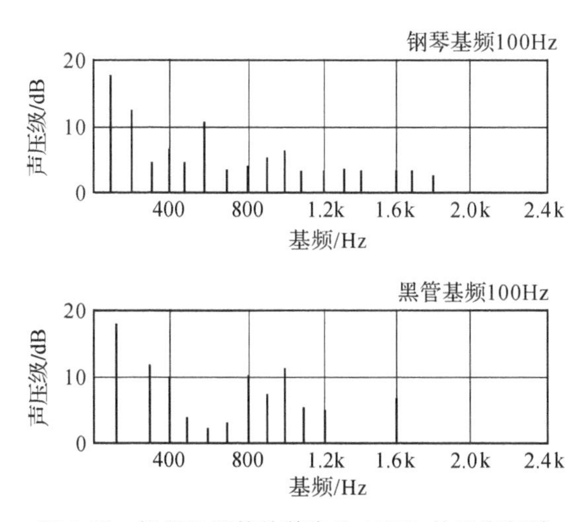

图 1-18　钢琴和黑管的基音为 100Hz 的乐音频谱

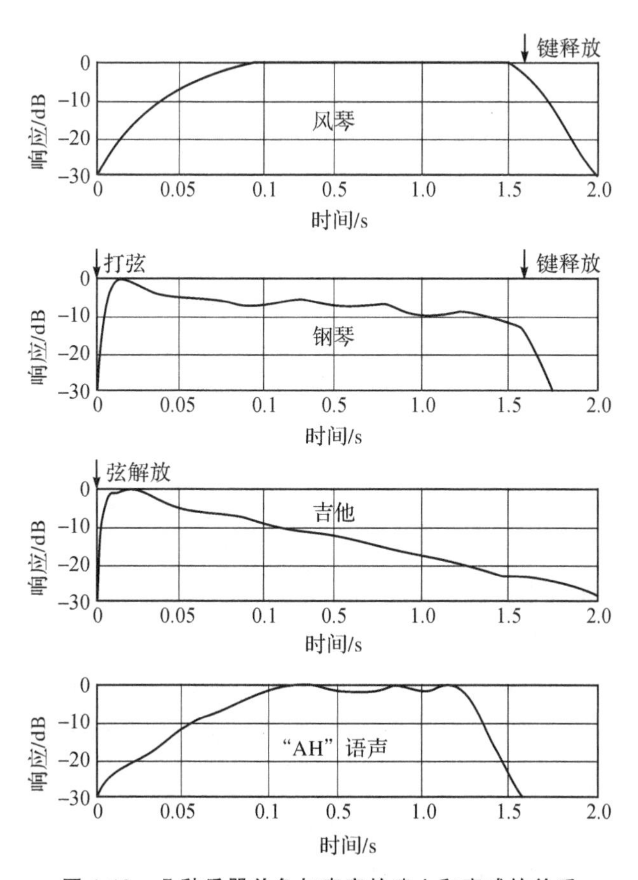

图 1-19　几种乐器单色与声音的建立和衰减的关系

为了进行高保真声音重放，必须尽量保持原来的音色。过分提高或降低声音中的频率成分都会改变音色，降低保真度。不过有时也可按照不同的要求设法改变音色，例如收听音乐时常常提升低音，使低频声更加丰富，声音也更浑厚动听，这实际上就是调整音色。对语言来说，最重要的就是保持良好的清晰度，因而可以减少一些低音或增加一些中音成分，特别是鼻音或喉音很重的人，更需要减少他们讲话中的低音，改变低频部分的音色，以达到明显改善语言清晰度的要求。

音色还与音高、强度、音头、音尾等因素有关。听觉激励器的设计思想就是以基音为准，制造或发出若干高次谐波来补偿在录音中丢失的谐波或增加谐波分量来突出和美化声音。但这些新产生谐波并非和原谐波的强度、分布和相位一致，如果过分使用，易产生较大的音色失真，得到相反的结果。

音高、响度、音色是乐音的三个主要特征。声波的频率范围为 30～16kHz，在不考虑其频谱分布等因素的情况下，简单的纯音声波在各频段内的发音特征如表 1-5 所示。

表 1-5　纯音声波在各频段内的发音特征

频段/Hz	特征	频段/Hz	特征
30～60	沉闷	1k～2k	透亮
60～100	沉重	2k～4k	尖锐
100～200	丰满	4k～8k	清脆
200～500	力度	8k～16k	纤细
500～1k	明亮		

1.1.4　心理声学

心理声学是研究人们对声音的感觉与心理判断相互关系的学科。本节仅对与音响有关的一些内容做介绍。

1. 哈斯效应

哈斯(Haas)通过实验证明：一个声场有两个声源(这两个声源发出的声音是同一个音频信号)同时发声，根据一个声源与另一个声源的延时量不同，双耳听音的感受是不同的，可以分成以下三种情况来说明。

哈斯 20ms

第一种情况：两个同声源的声波，若达到听音者的时间差为 5～35ms，人无法区分两个声源，给人以方位听感的只是前导声，滞后声好似并不存在。

哈斯 40ms

第二种情况：若延时时间为 35～50ms 时，人耳开始感知滞后声源的存在，但听感做辨别的方位仍是前导声源。

第三种情况：若时间差大于 50ms 时，人耳便能分辨出前导声和滞后声源的方位，即通常能听到清晰的回声。

哈斯 70ms

哈斯效应的实际应用可归结为以下三类：

(1)在以表演为主的厅堂内，如因需要必须设较多组扬声器，则应利用哈斯效应确保观众的视觉与听觉保持一致。

(2)为保证扩声效果，在厅堂的建声设计和扩声设备的布置中应注意避免产生明显的回声。

(3)利用音量与延时的关系，在扩声和录音中可以造成空间的声像感。

2.鸡尾酒效应

当举办鸡尾酒会时，餐厅中的长桌上摆满各式各样的食物，你可以根据自己的喜好选择食物。同样地，人耳对不同的声源也有选择功能。例如，在嘈杂的声音中，你完全可以把自己的听力集中在某一个人的谈话上，而把其他人的声音都推到背景杂声中去。这是因为你的大脑会分辨出声音到达两耳的时间差，因此大脑能分析出不同距离声源的音色和音量。

所谓鸡尾酒效应，就是当有多个不同方向声源发声时，听音者只要集中注意力仔细聆听某个声源发出的声音，其他声源发出的声音就会被听音者忽略。人们会将其他声源当成本底噪声，这是人的一种心理声学效应。

但话筒录音就不同了，它把周围环境中在接收范围之内的声音，包括从墙壁、地板、天花板反射的声音都能接收进来。采用单声道扬声器重现多个声音时，鸡尾酒效应由于失去了立体声效果，因此人们无法从混合的单声道里选听某个具体的声音。

3.德·波埃效应

德·波埃效应是听觉判断上的幻象，放置两只同样的扬声器，听音者在两只扬声器的对称线上听音，给两只扬声器系统馈入相同的信号，可得出以下几个结论。

(1)如果给两只扬声器系统馈入相同的信号(强度差0，时间差0)，此时只能感觉到一个来自对称线上的声音。

(2)如果两只扬声器系统的时间差为0，但强度差不为0，则此时听到的声音感觉偏向较响的那只扬声器；当强度差大于15dB时，此时感觉声音完全来自较响的那只扬声器。

(3)如果两只扬声器系统的强度差为0，但时间差不为0，则此时听到的声音感觉向先到达的那只扬声器方向移动；如果时间差大于3ms，则感觉声音完全来自先到达的那只扬声器方向。

4.多普勒效应

人耳听到声音的频率应该和声源振动频率相一致，但也会遇到人耳听到声音的频率不同于声源振动的频率。在这种情况下，人耳听到的声音音高与声源发出的声音音高不同，这是1843年多普勒发现的一种声音传播现象。他发现音高在声源和观察者本身位置有变动时产生表面变化现象：如果声源与观察者距离相近，这时人听到的声音比实际声源发出的声音频率升高；相反，声源与观察者两者距离增大时，则表面音高低于实际音源的音高。例如，当两列火车交会时，你会感到火车鸣笛声由低逐渐变高；而当两列火车远离时，你又会感觉到火车鸣笛声由高变低的变化。其实，火车鸣笛的声音是固定不变的，人们之所以感到它的声音频率在改变，是因为人耳与声源之间的距离发生了变化。

5. 掩蔽效应

人们在安静环境中能够分辨出轻微的声音，即人耳对这个声音的听阈很低，但在嘈杂的环境中轻微的声音就会被掩没，这时需要将轻微的声音增强才能听到。这种在聆听一个声音的同时，由于被另一个声音所掩盖而听不见的现象，或者说一个声音的听阈由于掩蔽声的存在而提高的现象，称为掩蔽效应。

掩蔽效应

例如对 A 声音的阈值已经确定为 40dB，若在这时又出现 B 声音，我们就会发现由于 B 声音的影响使 A 声音的阈值提高到譬如 52dB，即 A 声音要比原来的阈值提高 12dB 才能被人耳听到。这个例子中，B 为掩蔽声，A 为被掩蔽声，12dB 为掩蔽量。

一个纯音引起的掩蔽基本上是由它的强度和频率决定的，低频声音掩蔽高频声音，而高频声音对低频声音的掩蔽作用不大。

两个纯音同时发声时的掩蔽作用如图 1-20 所示。设第一个纯音（掩蔽声）的频率为 400Hz，使第二个纯音（被掩蔽声）的频率发生变化，即可求出图 1-20(a)中在不同声压级的情况下对各频率纯音的掩蔽量。图 1-20(b)表示第一个纯音（掩蔽声）频率为 1.2kHz 的掩蔽情况。

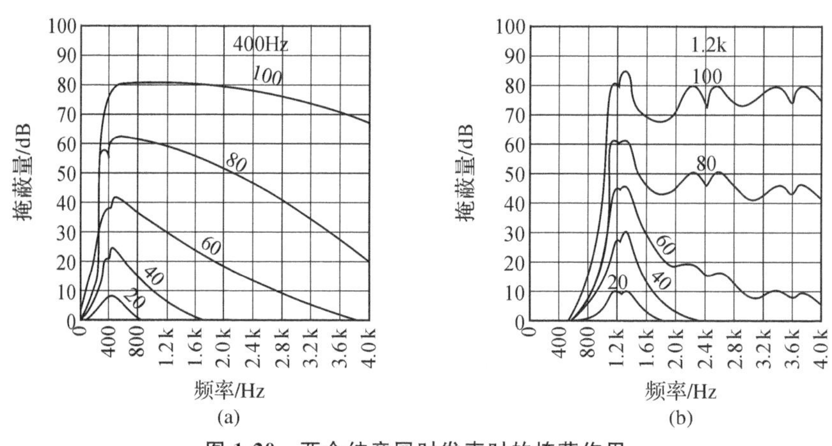

图 1-20　两个纯音同时发声时的掩蔽作用

由图 1－20 可知：

(1)当被掩蔽声的频率越接近掩蔽声时，掩蔽量越大，即频率相近的纯音掩蔽效果显著。在掩蔽声频率处有一个很窄的下凹，这是因为被掩蔽声与掩蔽声两者频率非常接近时出现差拍现象引起的，如果掩蔽声是窄带噪声，就不会出现差拍现象。

(2)掩蔽声的声压级越高，掩蔽量越大，且掩蔽的频率范围越宽。

(3)掩蔽声对比其频率低的纯音掩蔽作用小，而对比其频率高的纯音掩蔽作用大。亦即低频声容易掩蔽高频声，而高频声则较难掩蔽低频声。

(4)掩蔽声的频带越宽，对目标声掩蔽的频带也越宽。

掩蔽效应还会影响音色，例如有一复音，包含频率 400Hz、1.2kHz、2.8kHz 三个频率成分音，它们的声压级分别为60、20、20dB。由图1-20(a)可知，第一个纯音(400Hz)的声压级为60dB的曲线，对于1.2kHz的掩蔽量为28dB，所以1.2kHz被400Hz纯音所掩蔽而听不到。而400Hz对2.8kHz的掩蔽量为8dB，抵消后还有12dB(即在听阈以上有12dB)。所以，人耳只能听到400Hz和2.8kHz两个成分音所形成的音色，复音原来的音色发生改变。

对于噪声的掩蔽作用，如图1-20(b)所示，中心频率为1.2kHz的窄带噪声掩蔽谱。通常，窄带噪声的掩蔽作用大于同样强度的、频率等于窄带噪声中心频率的纯音的掩蔽作用。当声级较低时，窄带噪声的掩蔽谱限于中心频率附近较窄的范围，声级越高，掩蔽区域越宽，且对高于中心频率的声音掩蔽作用大，至于宽带噪声的掩蔽效果可以比窄带更好。

上述的掩蔽现象都是发生在掩蔽声与被掩蔽声同时作用的情况下，称为同时掩蔽。但是掩蔽效应也可以发生在两者不同时作用的情况下，当掩蔽声作用在被掩蔽声之前的称为前掩蔽，掩蔽声作用在被掩蔽声之后则称为后掩蔽。

非同时掩蔽有如下特点：

(1)掩蔽声在时间上越接近被掩蔽声，听阈提高越大，即掩蔽效应越强。

(2)掩蔽声与被掩蔽声相距很近时，后掩蔽作用大于前掩蔽作用，即后掩蔽在实践中更为重要。

(3)当掩蔽声强度增加时，掩蔽量并不成比例增大。例如，掩蔽声增加10dB，掩蔽量只提高3dB，这与同时掩蔽的效果不同。

6. 双耳效应

双耳效应的基本原理是：如果声音来自听音者的正前方，此时到达左、右耳的距离相等，从而声波到达左、右耳的时间差(相位差)、声级差、音色差为0，感觉出声音来自听音者的正前方；声音强弱不同时，可感受出声源与听音者之间的距离。双耳接收同一声音的差别有助于人对声音方位的定位，定位的机理是同一声音到达双耳的时间先后不同、声级大小不同、相位不同、音色不同，从而使人耳可以判断出声源的方位。

7. 耳壳效应

由于耳壳是椭圆形的，垂直方向轴长，水平方向轴短，各部位离耳道的距离不同，形状也不同，因而当直达声经各个部位反射到耳道时，会产生不同延时的重复声，而且这些重复声随着直达声的方位不同而不同。研究表明，垂直方向的直达声、重复声的延时量为20～45μs，水平方向的直达声、重复声的延时量为2～20μs。人耳借助这些重复声的差别，也可判断直达声的方位，这就是耳壳效应。

扫频

1.1.5 音响与音乐

音乐是一种由旋律、节拍和情感组成的十分奇妙的声音。它可以表达情感，产生共鸣、缓解压力、陶冶情操。音乐种类有很多，如爵士、现代音乐、摇滚、古典音乐、民族音乐、乡村音乐等。音乐是音响的灵魂，离开了音乐，再高级的音响设备也会变得毫无意义。所以对音乐进行扩声或录音的音响师需要懂音乐。

1.2 任务实施

1.2.1 准备要求

1. 计算机一台，并安装好虚拟频谱测试软件 Smaart、啸叫软件、分贝测试仪。
2. 基本音响系统一套。
3. 效果器一台。
4. 声卡一台。

1.2.2 工作任务

1. 感知纯音和音调

通过音响设备播放 Smaart 音频测试软件中不同频率的声音信号，仔细聆听，在同一电平下分别感受 80Hz、315Hz、1kHz、3.15kHz、4kHz、8kHz、15kHz 的声音，从声音的厚度、力度、清晰度、明亮度和透明度等方面来评价主观听音感受。

频点试听

2. 感知声压

根据人耳等响曲线图，在调音台上设置 −40dB 的输出电平，通过扫频的方式，播放 20～20kHz 的纯音信号，然后逐渐增加 10dB 改变电平值，重复以上步骤，通过聆听，了解人耳的等响曲线，并记录听觉感受。

感知混响效果

3. 感知混响效果

调试好带效果器的音响系统，先旁路效果器，通过话筒讲话，然后接上效果器，让同学听两者有什么区别，再旁路效果器，听音乐，然后接上效果器，再一次听音乐，让同学感受此时的音乐，记录听音感受。

4. 描绘声音频谱曲线

到听音室播放不同种类乐器的演奏声音，在计算机上开启音频测试软件 Smaart，分析各类音乐的频谱结构。

声音频谱结构

1.3 任务评价

任务评价的内容、标准权重及得分如表 1-6 所示。

表 1-6　任务评价

评价内容		评价标准	权重	分项得分
职业技能	任务 1	能合理评价声音的厚度、力度、清晰度、明亮度和透明度等方面	20	
	任务 2	能正确记录 20～20kHz 纯音信号不同声压级的响度感受	20	
	任务 3	能正确分析带效果器和不带效果器的听音感受	20	
	任务 4	能正确分析各类音乐的频谱结构	20	
职业素养		1. 以诚实守信的态度对待每一个工作任务 2. 工作过程中严格遵守职业规范和实训管理制度 3. 面对问题要学会思考与合作，增强团队意识	20	
总分			评价者签名：	

本模块知识测试题：

声学基础试题

模块 2　基本音响系统

2.1　知识准备

现代音响系统包括扩声系统、录音制作系统、广播系统等多种类型。各类音响系统的基本单元，是以各种电子线路为基础的多种音响设备，以及典型的电声器件——拾音器和扬声器。因此在专业上也将音响系统称为电声系统。

在音响系统中，扩声系统是最常见、用途最广的一种。音乐厅、剧院等专业演出场所需要扩声，KTV、影院等娱乐场所也需要扩声。

2.1.1　基本音响系统的组成

基本音响系统是由音源、调音台、音频功率放大器、音箱组成如图 1-21 所示。

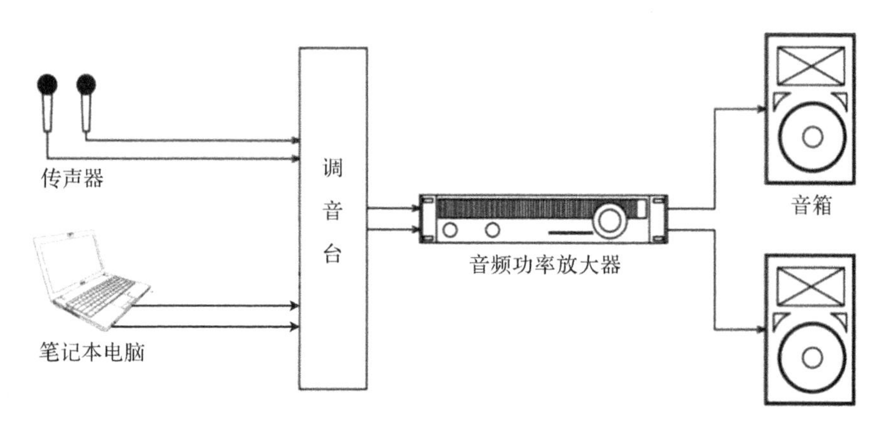

图 1-21　基本音响系统

该系统中的音源是两只传声器，用来将声音信号转换成电信号，以及一台笔记本电脑播放音乐，后接一台调音台，它有多路输入通道，能分别对各输入通道的信号进行放大、加工处理、分配等。按不同应用场合，音频功率放大器需要多台，音箱也需要多套。以上统称为音响系统的基本设备。

基本的音响系统 1

在现代音响系统中，各种音响设备的功能、质量要满足人们的正常需求。除了要求音响实用化、大众化、经济化外，更要突出音响的专业化、个性化设计。

2.1.2　基本音响系统设计概要

这里所说的系统设计主要是指室内扩声系统的功率要求，所需设备选择和设备之间的连接等。

1. 室内音响系统的功率要求

扩声系统的输出功率取决于房间的体积、墙壁、地板、天花板的声学特性，平均噪声电平，系统和重放节目的频率范围以及扬声器系统的效率等许多因素。我们要对其进行精确设计是一件相当复杂的工作，一般很难做到。这里仅介绍利用图表或近似公式对功率进行估算的简易方法。

(1)用曲线图决定放大器的功率

如图 1-22 所示，曲线可用来粗略估算在不同体积房间扩声时对放大器功率的要求。曲线 A 适用于采用高效率号筒式扬声器的低噪声语言扩音。如果噪声电平高且又使用号筒式扬声器，则曲线 B 适用；曲线 B 也适用于使用纸盒式扬声器且电平不高的场合；当噪声电平较高且使用纸盒式扬声器时，适用于曲线 C；噪声电平低时，曲线 C 也适用于一般的音乐扩声；对于音质要求较高以及范围大的扩声，则应选用曲线 D。

(2)用近似公式估算功率

对不同体积的房间，要得到高质量的重放声场，需要有约 96dB 有效峰值的声压级(重放

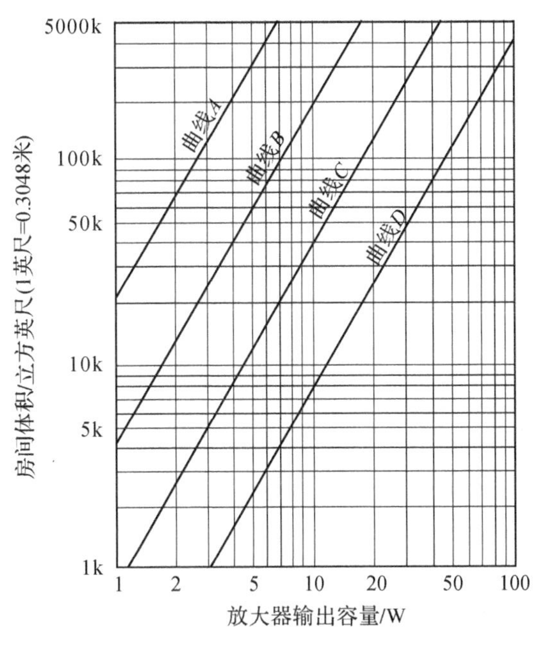

图 1-22　放大器输出功率容量和房间体积的关系

声场的动态范围约 60dB)。利用下式可估算出扬声器系统发射的声功率：

$$W \approx \frac{V}{620} \tag{1.13}$$

式中，W 是以有效峰值声压为单位的发射声功率，V 是以立方米为单位的房间体积。式(1.13)是根据 0.4s 左右的混响时间来近似推算的。

例如：为了在 62m³ 的房间里重放声场达到 96dB 的有效峰值声压级，重放出 60dB 动态范围的音乐信号，需要约 100mW 的声功率。如果扬声器系统效率为 1%(一般扬声器系统的效率约为 0.2%～1.0%)，为了避免有效峰值被衰减，则至少需要 10W 的放大器功率；若是立体声系统，则左右声道中每一声道需要 5W 的电功率。但是，两通道中的信号和功率对于立体声信号来说是不相同的，所以每个声道至少应有 7.5W 的电功率。在实际应用中，为了保证不削波，每一通道应使用 10～15W 的功率放大器。如果希望得到 100dB 的有效峰值声压级，所需功率应为上述功率的 2.5 倍，而且扬声器系统的额定功率要与之相适应；如果扬声器系统的效率为 0.5%，则上述功率还应提高一倍。

必须指出，利用上述两种方法估算的扩声系统功率，仅仅是满足人能基本听清楚这个最低要求所需的功率值。对于现代音响扩声系统而言，要求其能应付音乐高潮到来时的峰值，以避免对瞬时峰值的削波而造成瞬态互调失真，因此，在设计扩声系统时要有更大的功率容量，这是必须考虑的。由于其背景噪声较大，人们要求有更强劲的音响效果，因此要求扩声系统功率在上述估算基础上必须大幅度增加。

实际上，在设计扩声系统的功率容量时，音响技术人员习惯于将厅堂的三维空间简化为二维空间，即按厅堂的面积来估算功率容量。根据经验，按照有效峰值声压级的要求，一般每平方米选取3～5W的电功率(即扬声器系统的连续功率,纯低音音箱功率不计在内)。对音乐厅、剧院等专业演出场所,背景噪声较低,要求96dB有效峰值声压级,通常取下限即可。

2.音响设备的选择

目前,市场上流行的专业音响设备的品牌很多,而且各种品牌也有不同的档次。其价格差异也较大。在对设备进行选择时,我们可根据实际需要及经济条件来决定。

(1)音箱和功率放大器的选择

在进行扩声系统设计时,首先要根据扩声系统的功率容量来决定所用音箱的总功率,然后将总功率按比例分配到主扩声通道和辅助扩声通道的左、右两个声道(体积较小的厅堂可设计一个辅助扩声通道,体积大且较长的厅堂可设计两个或两个以上的辅助扩声通道),从而确定音箱的数量。通常,所选主扩声通道音箱的功率应适当大于辅助扩声通道音箱的功率。如果需要,还可在主扩声通道配一对纯低音音箱。纯低音音箱的功率应大于主音箱功率,且不计入系统功率容量。一些品牌的音箱中有专门与主音箱配对的纯低音音箱。

功率放大器的选择是有一定要求的。首先要根据厅堂的性质、环境和用途来选择不同类型和功率的功率放大器。一般情况下,音乐厅、剧院及以演唱为主的KTV,扩声系统应选用频率响应范围宽、失真度小、信噪比大、音色优美的高品质功率放大器(简称功放)。其次要根据音频功率信号传输的距离远近选用定压式或定阻式功放;对于背景音乐系统或会议系统等远距离分散式扬声器系统,需要选用定压式功放;对音乐厅、剧院、KTV、影厅等扩声系统选用定阻式功放。另外,还应根据音箱的功率来配置功放,功放功率应大于音箱功率。

目前,我国市场上优秀的功放设备主要有美国的CROWN(皇冠)、EV、QSC,以及日本的YAMAHA等品牌。

(2)话筒和调音台的选择

不同的话筒其指向性、频响特性和灵敏度等也不相同,在选择话筒时,要视其拾音对象而定。一般在没有特殊要求的情况下,大多使用动圈式心形或超心形指向话筒;对于话筒的频响特性则要参考乐器或歌唱者的频率特性。例如,男声与女声应使用不同的话筒,这样才能充分表现声源原有的特点。通常,在话筒产品介绍中均列有其主要用途,以便选购者参考。演出中为得到合奏合唱的整体效果,除采用动圈话筒按乐器、声部拾音外,还应适当选用电容式话筒对整场进行拾音。对于舞台上活动范围较大的演出,应配备手持式或领夹式无线话筒。

目前,世界上高品质的话筒产品主要有德国的森海塞尔系列、美国的舒尔系列以及奥地利的AKG等。

在选择调音台时,首先应根据演出规模确定调音台输入通道的路数,然后根据扩声环境来确定调音台的输出通道。通常,在音乐厅、剧院等专业演出场所,应选用多个输入通道(至少24路)、带编组输出(并可考虑矩阵输出)及多路辅助输出的大型专业调音台。

目前,专业扩声系统中常用的主流调音台主要有英国DiGiCo、SSL Soundcraft、Allen &

Heath Midas，日本 YAMAHA。

在选择设备时，应依据设备的品质而定，而不应只选择同一品牌的设备。各厂家都有其特色产品，选择品质优良的产品，能使系统有较高的性价比。

3. 设备之间的互联

音响系统设计中普遍存在设备的互联问题。如果连接不当，轻者会使系统指标下降，重者导致设备和系统不能正常工作。

(1)阻抗匹配

在音响系统中，大多设备采用跨接方式，即设备的输出阻抗很小，输入阻抗却很大。在系统中，信号传输，一般做短线处理。而且信号电平低，要求信号能高质量地传输，且负载的变化基本不影响信号的质量。当信号源设计为一个恒压源，或者说负载远大于信号源内阻抗时，能满足上述要求。信号源内阻低，消耗的功率就小，当输出同一电平值时，要求信号源的开路输出电压也较低。最主要的是，信号源内阻低，可以加大信号的有效传输距离，改善传输的频率响应。

专业音响设备的阻抗基本按上述原则设计，设备互联采用跨接方式，即音响设备的阻抗匹配。在对扩声系统进行设计时，一般不必考虑阻抗问题。但当一台设备的输出端需要连接多台设备时，即一个信号源驱动几个负载时必须采用有源或无源音频信号分配器，以满足设备阻抗匹配的要求(若为两台设备，一般可直接并在前级设备的输出端)。

现代音频功率放大器的输出阻抗都很小，以使功放能适应扬声器阻抗的变化，从而达到优良的瞬态响应。许多优质功放的阻尼系数都在几十以上，有的达到几百(阻尼系数定义为负载阻抗与功放内阻抗之比)。

实际上，功放与音箱是按照功放标称的输出阻抗和音箱标称的输入阻抗来连接的。功放的输出阻抗有 4Ω 和 8Ω 两种，即可接 4Ω 音箱，也可接 8Ω 音箱。接 4Ω 音箱时，功放的输出功率较 8Ω 时大。两只 8Ω 音箱可并联在功放输出端，此时为 4Ω 工作状态。音箱并联时，阻抗会减小，其并联等效阻抗不得小于功放标称的最小输出阻抗，否则会造成功放负载过荷而无法正常工作。

(2)电平匹配

音响设备互联时，电平的匹配也同样重要。如果匹配不好，则会引起激励不足，或者发生过载而产生严重的失真，这两种情况都会使系统不能正常工作。

要做到电平匹配，不仅要在额定信号状态下匹配，而且在信号出现尖峰时，也不发生过载。优质系统峰值因数应至少按 10dB 来考虑(峰值因数定义为信号电压峰值与有效值之比，用分贝表示)。

音响系统中的电平，一般是指电压电平。所谓电压电平，是一个电压与一个参考电压之比的常用对数乘以 20，单位为分贝，即：

$$\text{电平电压}=20\lg\frac{U}{U_{\text{参考}}} \tag{1.14}$$

参考电压可以不相同,国际电工委员会(International Electrotechnical Commission, IEC)规定,通常以1V为参考电压,常用的对应电压电平单位还有dBm、dBu。

(3)平衡与不平衡

音响设备通常有平衡和不平衡两种连接方式。如果一台设备的输入端或输出端对于一个参考点(通常是指"地")具有相同的内阻抗,并且旨在传输对于该参考点来说数值相等但极性相反的信号,则这个端子是平衡的,称为平衡输入或平衡输出,否则为不平衡。当有共模干扰存在时,由于两个平衡端子上所受到的干扰信号数值相差不多,而极性相反,所以干扰信号在平衡传输的负载上可以互相抵消。因此,平衡电路具有较好的抗干扰能力。在专业音响设备中,一般除音箱馈线外,大多采用平衡输入、输出方式。而非专业设备,为了降低成本,经常采用不平衡输入、输出方式。

根据平衡与不平衡关系,音响之间的互联主要有下列几种方式:

①从平衡输出到平衡输入,如图1-23(a)所示。

②从平衡输出到不平衡输入,如图1-23(b)所示。

③从不平衡输出到平衡输入,如图1-23(c)所示。

④从不平衡输出到不平衡输入,如图1-23(d)所示。

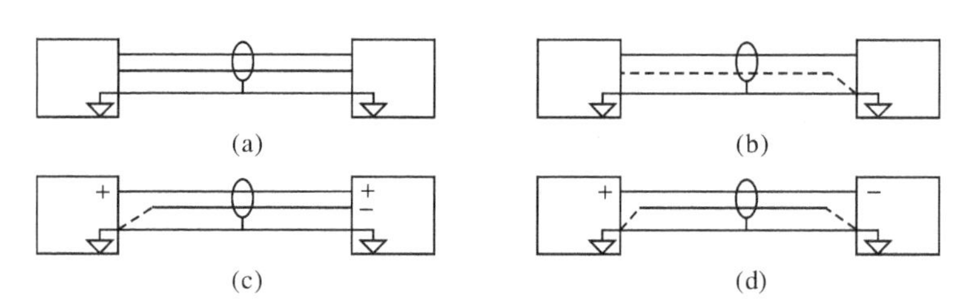

图1-23 音响互连方式

(4)连接线缆的屏蔽层接地

为了安全,音响设备的金属外壳应当妥善接地。音响系统不能与舞台灯光、照明、动力设备等共用地线系统。这样做的目的是防止发生公共阻抗干扰。此外,设备接地时应采用一点接地,即星形接地的方式,如图1-24所示;不能像图1-25那样接成链形或环形。接成链形,会发生公共阻抗干扰;接成环形,不仅会发生公共阻抗干扰,还会产生地环路现象。当空间中的交变电磁场穿过地环路时,根据法拉第电磁感应定律就会在环路中激发出感应电动势,形成干扰。

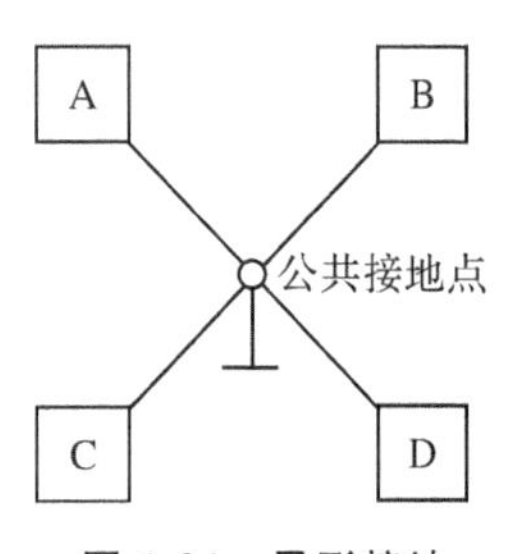

图1-24 星形接地

检验设备接地是否正常的方法很简单,就是在设备接地线中串入一节干电池和一个小电珠如图1-25(c)所示,看小电珠是否发亮,如果发亮,则说明有多点接地或有地环路现象存在。

当设备互联用的信号电缆屏蔽层接地时,应尽量避免或减小地环路电流的影响,一般地平衡输入、输出,只将屏蔽层在一端接地,就能避免因互联而形成地环路。由于输入阻抗大

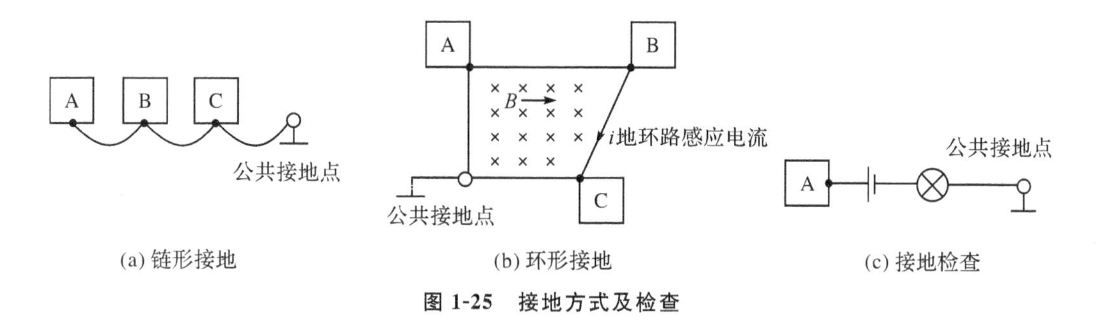

(a) 链形接地　　(b) 环形接地　　(c) 接地检查

图 1-25　接地方式及检查

于输出阻抗，故屏蔽层通常在输入的一侧接地，这样感应噪声电平较低。当输出都是不平衡的时候，则应将屏蔽层两端都接地，此时虽产生地环路电流，但该电流不流经负载，如图 1-26 所示。

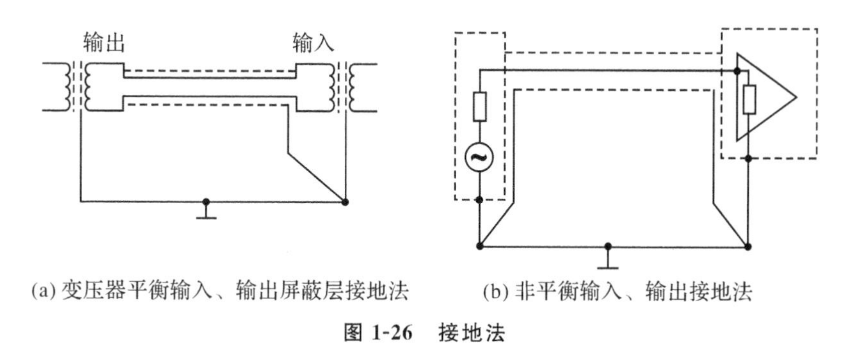

(a) 变压器平衡输入、输出屏蔽层接地法　　(b) 非平衡输入、输出接地法

图 1-26　接地法

此外，在工程布线时，为减少干扰，应将传输距离较长的连接话筒的电缆和连接音箱的馈线穿入金属管道，并且不得与电力线平行。

2.2　任务实施

2.2.1　准备要求

1. 动圈式传声器、电容传声器、驻极体会议传声器等不同用途传声器若干只。
2. 笔记本电脑数台。
3. 调音台数台。
4. 音频功率放大器数台。
5. 音箱数对。
6. 音频线若干。

2.2.2　工作任务

1. 认识基本音响系统设备的品牌、型号和功能，并记录到表 1-7 中。

表 1-7　基本音响系统设备

序号	设备名称	品牌	型号	设备功能	电源插口、开关机
1	动圈话筒				
2	电容话筒				
3	会议传声器				
4	调音台 1				
5	调音台 2				
6	调音台 3				
7	调音台 4				
8	音频功率放大器				
9	主音箱				
10	返听音箱				
11	超低音箱				

2. 画出基本音响系统的基本框图。

基本音响系统的连接

3. 将话筒、笔记本电脑正确连接到调音台，调音台连接到音频功率放大器，音频功率放大器连接到音箱。

4. 操作并记录开关机顺序，分析顺序不同对整体音响系统设备所带来的影响。

2.3　任务评价

任务评价的内容、标准、权重及得分如表 1-8 所示。

表 1-8　任务评价

评价内容		评价标准	权重	分项得分
职业技能	任务 1	基本音响系统各设备介绍完整、正确，错误一处扣 1 分	10	
	任务 2	基本音响系统框图绘制准确无误，错误扣 10 分	10	
	任务 3	将传声器、笔记本电脑正确连接到调音台，错误一处扣 5 分，扣完为止；将调音台连接到音频功率放大器，将音频功率放大器连接到音箱，错误一处扣 5 分，扣完为止	40	
	任务 4	正确操作设备开关机，操作错误全扣；说明开关机顺序不同对设备所造成的影响，错误一处扣 10 分	20	
职业素养		1. 以诚实守信的态度对待每一个工作任务 2. 工作过程中严格遵守职业规范和实训管理制度 3. 面对问题要学会思考与合作，增强团队意识	20	
总分			评价者签名：	

本模块知识测试题：

基本音响系统试题

模块3　传声器

3.1　知识准备

传声器，俗称话筒，又称麦克风，是一种将声音信号转换为电信号的声电转换设备。

专业传声器是指用于专业音响系统的传声器，在专业音响系统中配备数量最多，使用最频繁的信号源设备。传声器在音响系统中起着重要作用，无论是扩音还是录音都离不开它，在一些重要会议和大型文艺演出中，其作用更是举足轻重。了解传声器的结构，学会选择传声器，掌握其正确的使用方法，对音响技术人员来说是非常重要的。

3.1.1　传声器的种类

各式各样的音源都有其不同的声音特点，目前还没有一种传声器能把所有声音的最佳音色结构和特性都完美地拾取下来。为此，音响工程师设计出各种不同类型的传声器，以适应不同音源特性的需要。传声器的分类方法很多，可按换能原理、指向性、传输方式、用途、使用功能、输出阻抗等进行分类。

按换能原理可分为：动圈式传声器、带式传声器、电容式传声器、驻极体传声器。

按指向性可分为：全指向传声器、双指向传声器、单指向传声器、强指向传声器。

按传输方式可分为：有线传声器、无线传声器。

按用途可分为：会议传声器、演唱传声器、录音传声器、测量传声器。

按使用功能可分为：单声道传声器、立体声传声器、混响传声器。

按输出阻抗可分为：高阻传声器(20k～50kΩ)、低阻传声器(200～600Ω)。

3.1.2　传声器的工作原理

1. 动圈式传声器

动圈式传声器是一种最常用的传声器。其主要由振动振膜、音圈和永久磁铁等组成。它的工作原理是当振膜受到声波的压力后，带动线圈在磁场中做切割磁力线的振动，线圈两端就会输出一个随声波变化而变化的声频感应电压，从而完成声电转换。它的结构和实物如图1-27所示。

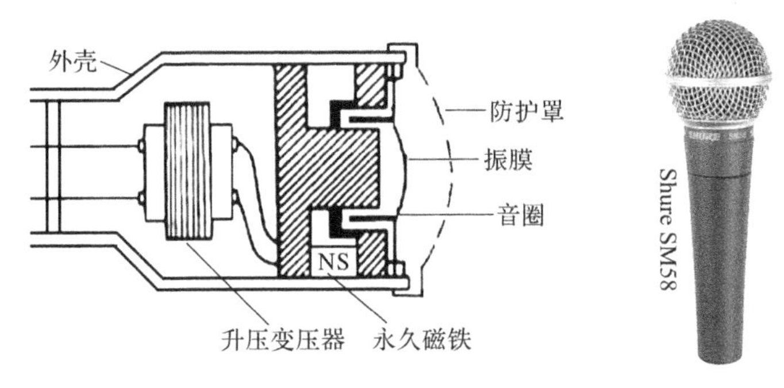

图 1-27　动圈式传声器结构及其实物

动圈式传声器具有结构简单可靠、性能稳定、无须馈送电源、使用方便等优点，可广泛应用于各种演出、语言、广播中。

动圈式传声器的特点：灵敏度低，演唱时杂音不容易拾进来。其拾音距离为 1～10cm。远距离拾音使信号频率变窄，音色变差，故常用于近距离的人声演唱和乐器的拾音。

2. 带式传声器

带式传声器也是一种电动式传声器，与动圈不同，它有一片很薄的带状导体（一般是铝带），松弛悬挂在磁隙中。此薄带既是振膜，又相当于动圈式传声器中的音圈。在声波作用下，薄带振动，切割磁力线，两端就有相应的感应电动势。由于此薄带既轻又柔，所以带式传声器的声电换能效率较高，高低频响应较好，具有其他类型传声器所没有的特性，音色柔和清澈，非常适用于语言拾声。

带式传声器的缺点是：价格高，体积较大，工艺复杂。一般振带要求采用 1～2μm 厚的铝带，适宜在播音室、录音棚中悬挂使用。

3. 电容式传声器

电容式传声器是靠电容量的变化而工作的。它的结构如图 1-28 所示，主要由振膜、后

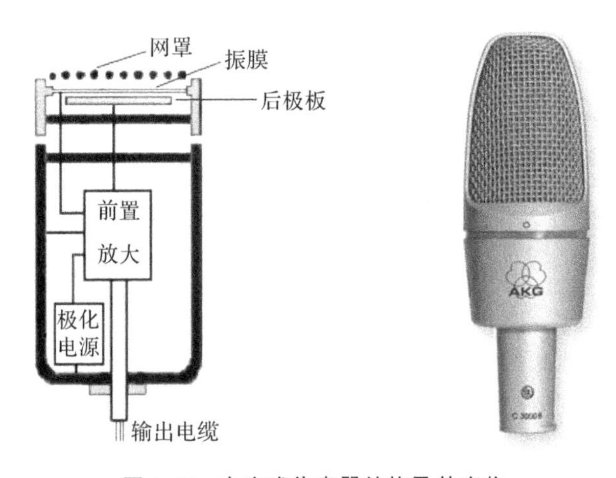

图 1-28　电容式传声器结构及其实物

极板、极化电源和前置放大器组成。电容式传声器的极头实际上是一只平板电容器,一个固定电极,一个可动电板,可动电板是极薄的振膜。振膜和后极板构成了一只电容器,两极板之间距离很近,约 20～60μm,极板间形成一个以空气为介质的电容,其静电容量可达 50～200pF。当到达的声波振动顶部的振膜时,两极板之间的距离就会发生变化,从而改变两极板间电容量的变化,引起极板上电荷量的改变,电荷量随时间变化形成电信号,这样就完成了声电转换。要把电容变化量变成电信号有多种方法,在电容式传声器中通常有两种:一种是直流极化式,另一种是驻极体式。直流极化式基于电场原理,通过电场的作用将机械振动变成电信号,这种形式的换能器称为静电换能器。

电容式传声器的优点:频率范围宽,灵敏度高,失真小,音质好。缺点:结构复杂,成本高,保存和使用条件有所限制。一般用于小合唱、大合唱、美声歌唱的拾音,拾音距离为 10～60cm。

4. 驻极体传声器

驻极体传声器构造与一般的电容式传声器相似。不同的是它所使用的振动膜片和固定极板的材料中存在着永久性电荷,所以不需要极化电压,从而减少传声器的重量和体积。驻极体传声器的结构和实物外观如图 1-29 所示,它被广泛应用在各种音频设备的拾音中。

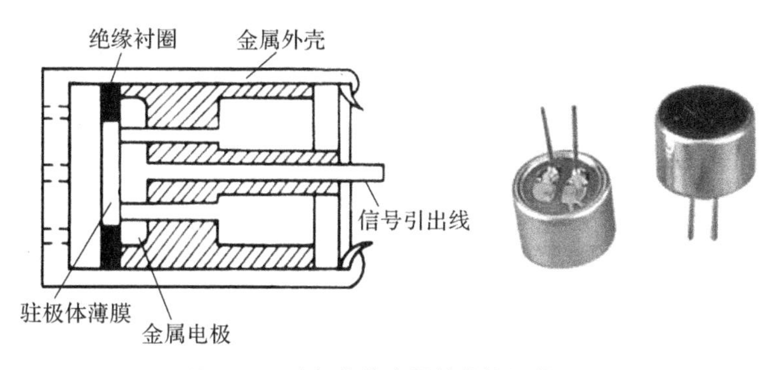

图 1-29 驻极体传声器的结构及其实物

3.1.3 传声器的主要技术指标

1. 灵敏度

灵敏度表示传声器声电转换能力的一个指标,是指传声器在声电转换过程中,把不同强度的声压转换成电压的能力。灵敏度以膜片受一单位声压作用时,其输出端开路时输出电压的多少来表示。通常规定在自由声场中,传声器在 1kHz 的恒定声压作用下,声信号从传声器正轴向输入时,传声器输出端开路状态下测得的输出电压称为开路灵敏度。一般动圈式传声器的开路灵敏度为 0.1～0.5mV/μbar,电容式传声器的开路灵敏度为 1～4mV/μbar。传声器灵敏度也有用 dB 值表示的,它是将灵敏度 E 与基准量 E_0 相比取对数,称为传声器的灵敏度级,公式如下:

$$L_E = 20\lg\frac{E}{E_0} \tag{1.15}$$

一般动圈式传声器的灵敏度级约为－70～－60dB；电容式传声器的灵敏度级约为－50～－40dB(1mV/Pa＝－60dB，1V/Pa＝0dB)。

灵敏度的选择应视实际需要而定，并非灵敏度越高越好。如在录制一般乐器时，则应选择灵敏度较高的传声器；在录制鼓类等打击乐时，如果选择灵敏度高的传声器，则往往容易失真；在录制语言信号时，如果选择灵敏度较低的传声器，则可以避免其他噪声的进入。在现场扩声中，需要信号在场内达到一定的声级，即厅堂会场内有足够的传声增益，因此倾向选择灵敏度高的传声器。

2. 频响特性

传声器在不同频率的声波作用下的灵敏度是不同的。一般中频灵敏度高，低频(100Hz以下)或高频(10kHz 以上)灵敏度降低。以中频灵敏度为基准，把灵敏度下降到某一规定值的频率范围特性叫作传声器的频率特性。频率特性范围宽，说明该传声器对宽频带的声音具有较高的灵敏度，扩音效果好。理想的传声器频率特性范围为 20～20kHz。

传声器正向灵敏度随频率变化而变化的特性曲线即频率响应曲线。通常频带范围愈宽，频响曲线愈均匀、平滑，表示传声器的频响特性愈好。传声器的频率失真小，若在某一频率有凸起，就可能在此处引起自激。电容式传声器的频响特性曲线分别如图 1-30、图1-31所示。

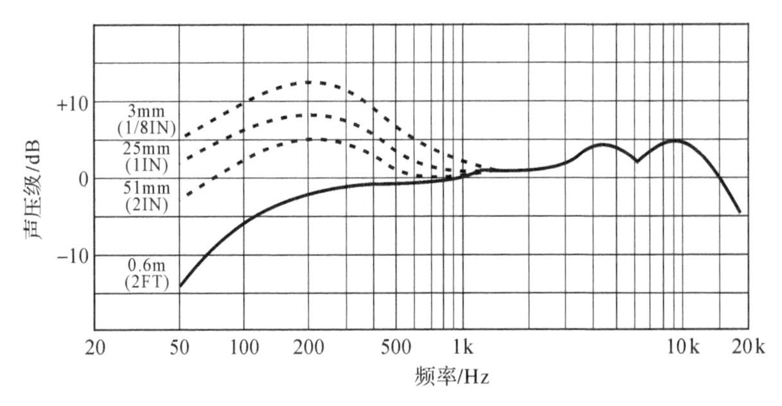

图 1-30　动圈式传声器频响特性

动圈式传声器的频率响应在 80～13kHz 范围内，一般在 100～10kHz 是普及型，用于KTV、广播、教学等场合。电容式传声器的频率相对较宽，一般为 40～16kHz，较好的产品能达到 30～18kHz。

不同的使用场合，对传声器频响的要求也不同。语言的声音频率范围比音乐窄，大型乐队演奏比独唱、独奏等宽。传声器频响曲线在高频段有“上翘”时，声音明亮；在低频段有“上翘”时，重放声有“浑厚”感。调音师可根据特定的需要来补偿。

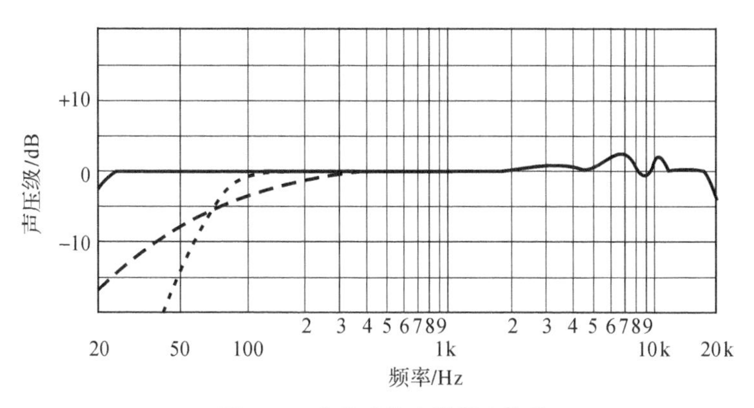

图 1-31　电容式传声器频响特性

3. 指向性

传声器的指向性是指在某一特定频率下，随着声波入射方向的不同，其灵敏度的变化特性也不同。单方向性表示只对某一方向来的声波反应灵敏，而对其他方向来的声波基本无输出。无方向性则表示对各个方向来的相同声压的声波都有近似相同的输出。指向性是传声器十分重要的电声指标。亦有用 0°～180°的频率响应之差来表示，0°～180°的频率响应相差越大，说明传声器单指向性越好。常见的指向性有全指向性、双指向性、单指向性、超心形、强指向性等几种。各种指向性图示极性如图 1-32 所示。

全方向性传声器对从各个方向的声波呈现出基本相同的灵敏度。其结构特点是：振膜裸露在声场中，振膜后面是密封的，声波无法入射。具有这种结构的传声器对所有方向的声波入射都具有相同的灵敏度。

双指向性传声器对于正面入射的声波和背面入射的声波呈现出相同的灵敏度，但对侧面入射的声波则呈现出很低的灵敏度。双指向性传声器振膜后面不封闭，因此，振膜的振动取决于前面和后面的瞬时声压差，即对声压梯度产生响应。显然，从前面 0°和后面 180°入射的声波，都可以产生很大的声压梯度，所以接收能力最强，具有较高的灵敏度。从侧面 90°和 270°入射的声波，到达振膜前后两面的强度相等，因而声压梯度为 0，传声器没有射出，灵敏度为 0。

单指向性图是个心形，在 0°方向的灵敏度最高，180°方向的灵敏度最低，极性图呈心形。单指向性传声器是现场扩声中使用最普遍的传声器，可以提高传声增益，避免声音反馈引起的啸叫，适合会议和演唱时使用。单指向性又分心形、超心形两种。

强指向性传声器是专门为了拾取一定距离和方位的音源声音的传声器。它采用驻极体或电容式传声器作极头，将左、右两侧和后面的声音排斥在传声器拾取空间之外。利用声波相互干涉的原理，采用声波干涉管制作的一只细长的管状传声器，人们称之为枪式传声器。强指向性传声器用途广泛，可在歌剧、话剧、戏曲的舞台台口和新闻采访中使用。

4. 输出阻抗

输出阻抗是指从传声器输出端测得的交流阻抗，在频率为 1kHz，声压为 1Pa 时测得，常

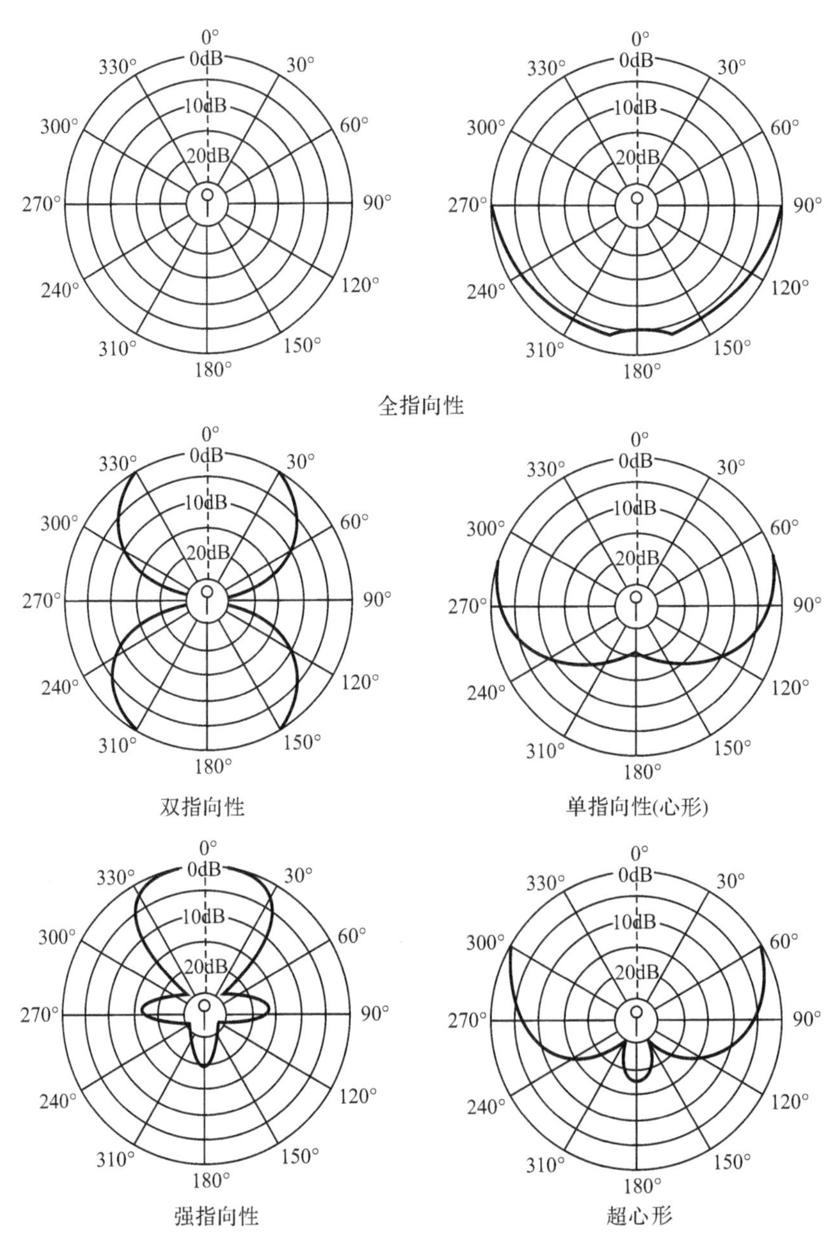

图 1-32 指向性图示极性

分为低阻抗、高阻抗。一般 1kΩ 以下为低阻抗，1kΩ 以上为高阻抗，可直接和放大器相接。高阻抗传声器灵敏度有所提高，但引线电容所起的旁路作用较大，使高频下降，同时也易受外界的电磁场干扰，所以，话筒引线不宜太长，一般以 10～20m 为宜。而低阻抗为 50～1kΩ，要经过变压器匹配后，才能和放大器相接。国家标准“传声器通用技术条件”中规定，阻抗优先选值为 200Ω、600Ω、高阻 20kΩ。舞台演出等专业用基本上都采用低阻抗，不宜引起干扰，电缆也可较长。

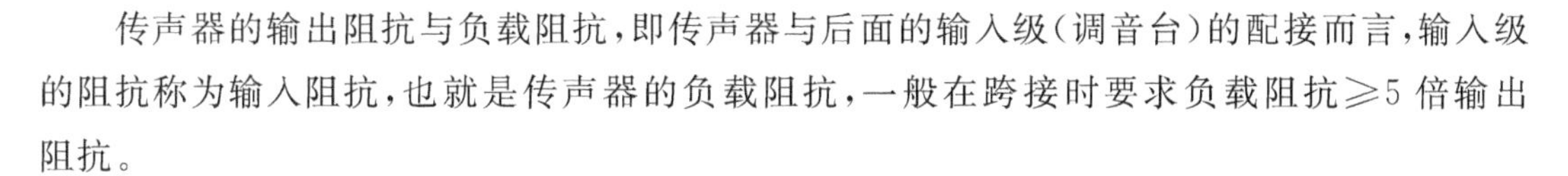

传声器的输出阻抗与负载阻抗，即传声器与后面的输入级（调音台）的配接而言，输入级的阻抗称为输入阻抗，也就是传声器的负载阻抗，一般在跨接时要求负载阻抗≥5倍输出阻抗。

5. 等效噪声级

传声器在理想条件下，作用于传声器的声压为0时，传声器输出端的电压为0，如仍有电压，即为噪声电压。

6. 动态范围

动态范围是指传声器输出最小有用信号和最大不失真信号之间的电平差。动态范围小，会引起声音失真，音质变差，因此要求有足够大的动态范围。

7. 瞬态响应

传声器的瞬态响应特性是指传声器的输出电压跟随输入电压急剧变化的能力，目前还没有固定的测量标准。通常认为，输出电压频率特性在较宽频带内平直，不含尖锐的峰谷是瞬态特性良好的条件。不同传声器之间的响应能力区别较大，所以不同型号的传声器音色会不同。比如，动圈式传声器振膜较大，而且线圈和芯体的质量较大，所以动圈式传声器对声波的响应较慢，得到的声音较为粗实。相对地，电容式传声器的振膜质量更轻，厚度仅为0.038mm。这意味着，对声波的机械阻抗小，故全频带范围内的瞬态响应相对较好。

3.1.4　无线传声器

无线传声器又称无线话筒，是利用无线电波在近距离内传递声音信号的传声器。它是由无线话筒发射部分和接收机两部分组成。无线话筒部分相当于一台小型超高频（或特高频）发射机，将音频信号以无线电载波形式发射出去。接收机通常设置在调音台附近，它将接收来的信号进行解调，还原成音频信号，送入调音台进行录音或扩声。无线传声器体积小、使用方便、音质良好，话筒与接收机间无线传输，移动自如，且发射功率小，因此在舞台、教室、电视摄制方面得到了广泛的应用。

1. 无线传声器的分类

（1）按振荡回路方式划分

按振荡回路方式的不同，无线传声器可分为调谐振荡回路式、石英晶体控制电路式、锁相环频率合成式。

调谐振荡回路式：电路简单，频率稳定度较差，是普及型产品。

石英晶体控制电路式：频率准确稳定，频道固定。

锁相环频率合成式：频率精确稳定，且为可变换频率的多频道型。

（2）按载波频率划分

按载波频率的不同，无线传声器可分为FM型、VHF型、UHF型。

FM 型：工作在调频波段 88M～108MHz。

VHF 型：低频段 VHF 型，工作在 30M～50MHz；高频段 VHF 型，工作在 150M～250MHz。

UHF 型：低频段 UHF 型，工作在 300M～600MHz；高频段 UHF 型，工作在 700M～1000MHz。

(3)按接收方式划分

按接收方式的不同，无线传声器可分为单接收机单频道接收机、单接收机多频道接收机、双接收机单频道接收机。

2. 无线传声器的特点

(1)真实感和细腻感

现代流行歌曲讲求唱出感情，而感情的表达有很多细微之处，如歌声的始振状态、弱声演唱、吐字、齿音、气息等的表达都很细腻。无线传声器的极头和口形接近，所拾取的声音都是绝对的直达声，有很高的清晰度，所以能将歌声表现得真真切切，具有明显的真实感和细腻感。

(2)亲切感

当音源和人耳的距离缩短时，人在聆听心理感受上就增加了亲切感。

(3)临场感

领夹式传声器可以把演员的自言自语、哭泣、叹气以及人物的语气都适当地、完美地表现出来，使演员的歌声、语言与观众的距离变近了，犹如演员就在你面前表演一样。这大大提高了音响的艺术表现力和整体的艺术魅力。

(4)自由感

当演员手持有线传声器演唱载歌载舞的节目时，演员的舞蹈动作受到了很大的限制。如果使用无线传声器演唱，则可更好地发挥演员的表演能力。

3.1.5 传声器的选择及使用

1. 传声器的选择

不同的传声器对不同的声源有不同的拾音效果，因此在选择传声器之前必须了解传声器本身的技术特性，性能优劣以及使用场合。

剧场演出的高品质扩声，除需选用质量较高的动圈式传声器外，还应选择频率响应宽，频率传输特性均匀、平滑，失真度小的电容式传声器，以获得对声源拾音的高质量重放。

演员会在舞台上来回走动，此时可选择无线传声器，利用无线传声器接收机将声源信号馈送至调音台入口。佩戴式传声器可以夹在演员的外套和衣领上，使用起来比较方便。

在语言广播和会场扩声中，应减少桌面反射对拾音的影响，以提高语言清晰度。由于桌面的反射声与直达声的时间差，常规传声器的放置方式会降低扩声系统的语言清晰度。采用特殊压力区或称界面传声器，可以消除桌面反射声的影响，并对周围听众的噪声有抑制作用。

对于乐队中使用的传声器多半采用单指向性传声器，由于各种乐器声学特性差异很大，故需选用不同类型的传声器。

(1)按传声器与设备配合选用

传声器的输出电平与调音台或其他前置放大设备的输入电平应能恰当的配合，为了保证信号电平的匹配度，应考虑以下两个因素。

①灵敏度

就整个系统而言，从传声器输出到放大器输出的传输应是一个合理的配接，以发挥系统的整体工作水平。即应有较合理的增益，较高的信噪比，避免接口匹配不合理而产生失真。

在讨论传声器灵敏度时，通常将声压为 1Pa，声压级为 94dB 作为标准值，如果不另外标明，传声器的输出电平就是指在这个标准声压级下的输出电平。

在标准声压级下，通常动圈式传声器的输出电平为－55～－50dB，电容传声器的输出电平为－45～－35dB。近代音乐的动态范围很大，某些演奏片段的最高声级可达 130dB(特别是近距离拾音)，对电容式传声器其输出电平可达 0dB 左右。

在选用传声器时，需根据后级设备的输入电平，增益以及动态范围去确定传声器的灵敏度，使之适合配接。

②输出阻抗

传声器的额定输出阻抗，目前国内外基本上有两种，即专业级传声器和民用级传声器。专业级传声器的额定阻抗为 150～200Ω，对地平衡输出；民用级传声器的额定阻抗为 20k～47kΩ，对地不平衡输出。

由于传声器是个电压源，不是功率源，所以它与前级放大器连接时不要求阻抗匹配。实际上，传声器是在接近开路状态下工作，此时由于传声器输出电阻尼极小，所以它的瞬态响应、非线性畸变、频率响应等电声技术指标，都得到了很大的改善。传声器的最佳负载阻抗，国际上通常选用传声器额定输出阻抗的 5 倍以上，只有在这种连接状态下，才可以认为传声器在接近开路状态下工作。例如，额定阻抗为 200Ω 的传声器，其最佳负载阻抗应等于或大于 1kΩ，用 20kΩ 的传声器，则需要与负载阻抗为 100kΩ 以上的后级设备相配接。

高阻抗传声器的输出电压虽然较高，但在传声器以及其他传输电缆内，高频损失较多，容易串入交流声等外界干扰信号，不适合在专业系统中应用。而低阻抗传声器的输出电压低，要求配备增益高、技术指标先进的前置放大设备，因此对民用系统也不宜使用。这是在系统配接时，需注意的问题。

(2)从厅堂的声学特性考虑

在设有扩声系统的厅堂场馆中，接收声音信号的传声器与重放这些信号的音箱处于同一空间，存在着声反馈的问题。因此，厅堂扩声用的传声器，其指向性指标比它的灵敏度指标更为重要。例如，在厅堂中选用一只无指向电容式传声器，其使用效果往往比不上使用一只具有指向性的动圈式传声器。前者灵敏度高，但无方向性，拾取厅堂内混响声大，容易引起声反馈，致使系统无法正常工作，为了保证厅堂音质，在选择传声器时，可根据音箱的布局方式、厅堂内扩声系统的功能，去选择合适的指向特性。

①集中式或半集中式布局的放声系统，传声器的指向性应为心形或超心形。

②分散式布局的放声系统，一般应选择心形传声器，如果传声器距放声音箱较远，厅堂混响时间不长，亦可选择无方向性传声器。

③有时为了表现出观众席的声响效果，可以选择"8"字形传声器。

④当声源十分贴近传声器时，可使用近讲传声器。

(3)无线传声器的选用

①音色：要有足够宽的频率响应，音质上与有线传声器无太大的差异。

②频率的稳定性：要有可靠的接收功能。

③抗干扰性和适应性：抗空间其他电源的各种干扰与噪声。

④发射机：体积要小，易于佩戴。

⑤要有足够的动态范围：因为传声器距嘴部较近，有时声压级很高，在大信号时要保证不产生失真，所以要有足够的动态范围。

⑥选用无线传声器时，发射功率要尽量大一些，这样，它的接收距离范围也就大一些，可相对减少盲点的出现。

2.传声器的使用

(1)对专业传声器的要求

除了对一般传声器的要求以外，专业传声器对技术参数力有较严格的要求：

①高保真，传声器的失真度要小于0.3%。

②宽频率响应范围，保证音色的泛音能够良好地通过。

③良好的信噪比性能。

④有较大的动态范围。

⑤有良好的声电转换能力，即有较高的灵敏度。

(2)传声器的使用要点

①在使用传声器之前，应先了解传声器的类型和特性。一般静态技术指标稍低而瞬态特性好的传声器，比静态指标较高而瞬态特性较差的传声器更好一些。电容式传声器使用时需加幻象电源。

②传声器位置附近不应有大的反射面，如墙壁等，避免强烈的反射声引起声音相位干涉而破坏声音的自然度。传声器与音箱之间的位置关系也十分重要，一般要求将传声器安放在音箱的后面，避开音箱辐射方向。

③传声器的插接件要牢固可靠。作为传声器插接件的卡侬或大二芯插头、插座，与传声

器线焊接要求规范，不允许有虚焊、接触不良等现象存在。传声器须使用优质屏蔽电缆传送信号。由于传声器输出信号微弱，一旦窜入干扰信号就会产生杂音，为此须选用金属屏蔽线（俗称话筒线）传输信号，将屏蔽线的一端与传声器的外壳良好连接，另一端接音响设备的外壳。屏蔽线的长度应尽量短。话筒线越长，分布电容越大，容易引起干扰信号，也会造成声音信号的损耗。一般来说，不平衡连接时，传声器连线的长度不宜超过 10m。若须加长连接线，则应尽量采用平衡接法，减少外来干扰。

④声源与传声器的距离要适当。当演唱抒情歌曲时，演员常常将传声器靠近嘴边，以充分利用近讲效应，提升低音效果。近讲话筒与嘴部的距离可在 1～20cm。演讲时，为了提高语言清晰度，传声器离嘴部宜为 20～30cm，必要时可切除某些低频。

一般演唱或演讲用的传声器使用单指向性，使用时应注意嘴部与话筒中心轴线之间的夹角。夹角大小会影响拾取声音信号的频率特性。演唱时，嘴部对准话筒中心轴线夹角为 0°，话筒输出的频响特性最佳；嘴部偏离中心轴线越远，频率特性变差，高音损失越严重，且话筒输出电压也会减少。一般心形传声器，嘴部与中心轴线的夹角宜保持在上 45°内，对强指向性传声器则应保持在上 30°内。

⑤良好的减震装置。拾音单元固定在套架上，高档传声器有减震装置，防止传声器意外掉在地上或因磕碰产生强大的声冲击，损坏功放或音箱的高音单元。常用的减震装置有橡胶减震支架、橡胶传声器夹子、橡胶传声器夹子垫、弹簧传声器夹子。使用手持话筒时，不要握住话筒网罩，以免堵塞后面进气孔，造成失真，影响效果。使用无线话筒时，其载频应避开当地调频广播或无线电话通信的频率，以免相互串扰。

⑥抗干扰性能要好。声场中不可避免地存在着某种磁场和电场，如空调、电源线和人体的静电感应等。作为传声器的拾音单元若存在很小的杂音，经过调音台和功率放大器放大后，送入扬声器就会形成很强的杂音，损害声音的质量，故要求传声器结构、外壳有良好的屏蔽作用；要求全金属结构，防磁性能良好；要用良好的屏蔽传声器导线。

在使用多个传声器进行拾音时，应使各传声器的相位保持一致。对一个声源如需用两个传声器进行单声道拾音时，应将两个传声器尽量靠近，或保持每个传声器与声源的距离相等，以免信号相加时产生相位干涉现象。对两个以上声源如需用两个以上传声器拾音时，应使每个传声器之间的距离大于声源与传声器之间的距离的 3 倍，以减小信号相加时产生相位干涉现象。

⑦要注意防风、防震、防潮。露天、室外演出要注意防风，避免风吹金属网发出的呼啸声；空气中的灰尘进入传声器，影响磁隙的清洁度，会造成声音失真；近讲传声器，口形与传声器离得很近，口中的湿气容易损害传声器的膜片，须使用防尘、防潮罩。传声器的结构比较精密，强烈的震动不仅会使传声器的输出电平过大，使扩声系统严重过载，还容易损坏其机械结构，使磁铁退磁降低灵敏度，使音圈与磁路相碰等，故须注意防震。电容式传声器，若在带电工作时遇到强烈震动，有可能因振膜击穿而损坏，所以电容式传声器均有防震支架。若要移动传声器，电容式传声器应先关闭电源再移动。此外，注意不宜用吹气或用手敲打传

声器的方法来试音。

⑧传声器的相位。例如，一台调音台同时输入多只传声器，有两只传声器相位相反，当两只传声器信号送入调音台混合电路中，信号会相互抵消，声音反而会减小，需要进行调整。因此，使用多个传声器时，尤其是不同型号的传声器同时混合使用，传声器的相位要求应一致。相位鉴别可用下述方法进行：先将所用的两只传声器放在一起，同时接收一个声源，当声音提高时，送出声响也随之增大，说明两只传声器相位一致；当讲话声音提高时，送出声响反而减小，并出现失真，说明两只传声器相位不一致。将其中一只传声器接线调整过来，以达到同相，然后按同样程序再试其他的传声器。

(3)传声器的特殊装置

①传声器的低切装置

传声器的低频切除亦称低频衰减，通过在传声器输出端跨接电容来实现，用于解决对中音和高音频率的音源拾音和传声器近讲变音问题，对近距离演唱或乐器的录音很有用处。

对不同乐器进行拾音时，其对不同频率特性的处理是十分严格的，要想达到较高水平的声音质量，对传声器的频率特性要求也非常严格。对不同的音源进行拾音，有时需将低频衰减，增强声音的纯净性，减少低频噪声的干扰。传声器不衰减时，频率特性曲线从100Hz开始平滑下降，经过衰减，从200Hz开始平滑下降，低频被衰减，对于一般女声和中高音乐器的拾音，音色会变得更加纯净、清澈，增加了声音的清晰度。此外，近讲低音过重，影响清晰度，使声音变得混浊，也要衰减低频。纽曼公司的U-87，AKG的D-202、D-222和森海塞尔的MD-441型传声器等较好地解决了这个问题。

例如，森海塞尔的MD-441型传声器对低频声音进行衰减有5个挡位，每挡相差3dB。从500Hz开始向低频段依次为M、1、2、3、S。S挡衰减15dB，M挡衰减3dB。在拾音时，可以根据不同的中高音乐器，选择不同程度的衰减。对某些富有高音特性的乐器进行拾音时，如长笛和双簧管，则可以将1k～2kHz的频率进行适当的提升，这样会使音色变得明亮、清透、华丽。MD-441型有中频提升装置，可将2kHz以上频率加以提升，对中高音乐器的拾音可以取得最佳的效果。MD-441型有一个明亮度开关，中频提升装置在3kHz以上可提升5dB，3kHz以上的这段频率对明亮度有明显的效益。

②电平衰减选择

电平衰减是装配在传声器内的电压放大电路输出端，大多传声器有此装置。例如，C414EB传声器有0dB、−10dB、−20dB三挡，而U-87传声器只有−10dB一挡。电平衰减选择的主要作用是防止对大功率声源拾音时产生失真现象。

③传声器开关

一般电路和设备中开关是串接在电路的电源回路中，但传声器的开关位置有所不同。如按常规串接开关的方法连接，会产生严重的干扰噪声。因为当开关接通时，传声器音圈回路接通，可以正常工作；当开关断开时，传声器回路断开，不能工作，但此时传声器一端接地，另一端悬空，相当于一支天线插入调音台的信号输入接口中，造成很大的干扰噪声。有时，还会将广播电台的播音信号收入调音台中，出现电台的广播干扰噪声。为了消除这种干扰声，动圈式传声器的开关在结构上做了一些改进，当开关处在开路状态时，传声器可以正常工作；当开关处在闭合状态时，传声器音圈短路，此时，传声器导线两端都和调音台的地线接通，消除了干扰噪声源。在维修传声器时，应注意此开关的焊接。它的开关位置是：当K断开时，传声器工作；当K闭合时，传声器不工作。这与其他电路的开关位置正好相反。

(4)无线传声器的使用要点

①舞台上使用的无线传声器载频都选在甚高频或超高频频段，接收机的天线尽量要与发射机近一些。

②其间最好没有障碍物，尤其要避开金属结构、通风管道等金属框架，否则信号会被吸收或引起超短波的反射，使接收机上的天线感应场强下降，噪声增大。

③发射机天线一定要顺着人体垂直于地面。

④所有发射机天线不能与外壳相碰，否则会产生“喀喀”声。

⑤避开盲点区：无线传声器在舞台上有时会听到“沙沙”声，拾音消失。这就要求在演出前调试时找出盲点区，并做记录，让演员在舞台上避开盲点区。此外，还可以调整天线角度来消除盲点区。

⑥双接收式无线传声器：为了提高无线传声器的质量，目前各厂家都选用石英晶体振荡器。这样频率在较大的温度变化环境下，仍能取得比较稳定的工作状态。为了更好地保证接收的稳定性，采用了双接收机，即一部无线传声器接收机用两根天线同时接收一个频率的信号，进入两个高放电路中，然后进行比较，将其中信号大的一路送到下一级；将另一路电路关闭，电子开关速度很快，人耳辨别不出来，从而减少在舞台上出现盲点的现象。

⑦音响师不仅要懂得使用无线传声器，而且要指导演员使用，如佩戴传声器时如何操作，包括调节位置、距离、角度等。

⑧传声器拾取声音的大小与传声器和声源之间的距离平方成反比，所以演员在演唱时，嘴部和传声器之间要保持一定的距离，以保证语言、歌声动听。

⑨传声器和声源之间的距离要合适，否则会产生以下缺陷：距离太远，传声器输出信号电压过低，噪声相对增大，声音轻微，其音色细节难以表现，缺乏亲切感。距离过近，低音容易失控，产生近讲效应，造成声音模糊不清，在大信号时，容易使传声器过载，而使音色严重失真。

⑩在正常使用无线传声器时，因电池电量不足引起音频信号失真或频率干扰。为了防止这种现象发生，操作人员可在正常使用无线传声器时，适时地使用调音台PFL预听功能，用耳机监听无线传声器的信号，若发现声音清晰度稍有降低或噪声稍有增大，就应马上更换电池，尽可能避免由于电池电量不足给操作者带来的心理压力。

3.1.6 典型专业传声器

专业传声器品牌有很多，世界知名品牌，如美国的舒尔(Shure)、德国的森海塞尔(Sennheiser)、日本的铁三角(Audio-technica)、丹麦的DPA、奥地利的AKG等。此外，还有一些专用的传声器，如人声专用传声器、乐器专用传声器等。

Shure的SM58是一款行业公认的人声传声器类型。有线动圈手持，其频率响应为50～15kHz，指向性为心形，灵敏度(1kHz)为－54.50dBV/Pa(1.85mV)。Shure的SM57可以满足舞台上的大多数拾音要求，能对乐器声音进行真实还原，可以对吉他、贝斯、通鼓或萨克斯等乐器进行拾音。外观如图1-33所示。

SM58　　SM57

图1-33 Shure

3.2 任务实施

3.2.1 准备要求

1. 动圈式传声器、电容式传声器、无线传声器等不同类型的传声器若干只。
2. 笔记本电脑数台。
3. 调音台数台。
4. 音频功率放大器数台。
5. 音箱数对。
6. 音频线若干。

话筒的使用

3.2.2 工作任务

1. 熟悉各种类型传声器的使用特性及应用范围。
2. 无线传声器的对频。

无线话筒频率同步

3.3　任务评价

任务评价的内容、标准、权重及得分如表 1-9 所示。

表 1-9　任务评价

评价内容		评价标准	权重	分项得分
职业技能	任务 1	动圈式传声器的准确使用	20	
	任务 2	电容式传声器的准确使用	20	
	任务 3	无线传声器的对频及使用	40	
职业素养		1. 以诚实守信的态度对待每一个工作任务 2. 工作过程中严格遵守职业规范和实训管理制度 3. 面对问题要学会思考与合作，增强团队意识	20	
总分			评价者签名：	

本模块知识测试题：

传声器试题

模块 4　调音台

4.1　知识准备

调音台(mixing console)也称混音控制台，是专业音响系统的中心控制设备。它具有多路输入的特点，每路的声信号可以单独进行处理，如放大，高音、中音、低音各段的音质补偿，声像定位等；还可以进行声音的混合，混合比例可调；拥有多种输出(包括左右立体声输出、编组输出、混合单声输出、监听输出、录音输出以及各种辅助输出等)。调音台在诸多系统中起着核心作用，它既能创作立体声、美化声音，又可抑制噪声、控制音量，是声音艺术处理必不可少的一种电子设备。

4.1.1　调音台的分类

1. 按使用形式分类

(1)便携式调音台

便携式调音台有 2～4 个通道，台上装有简单的高、低音补偿器，有输入、输出、混合电路。它多用于扩声或现场录音，优点是携带方便，易于操作，如图 1-34 所示。

图 1-34　便携式调音台

图 1-35　半移动式调音台

（2）半移动式调音台

半移动式调音台有 4～6 个通道，台上装有高、中低频率补偿器，有的还装有高、低通滤波器及自动音量控制，输出电路多为双声道。它主要用于语言录音，在电影厂中使用最多，如图 1-35 所示。

（3）固定式调音台

固定式调音台有大型与中型两类，大型调音台有 24 个通道以上，甚至上百个通道，中型调音台一般有 12～24 个通道，功能齐全并附有混响器、压限器等周边设备。它多用于剧场、音乐厅、电台、影院、音像制作部门等场所，既可扩音又可录音，输出声道多，配合多轨录音机，可以进行多声道录音，如图 1-36 所示。

图 1-36　固定式调音台

2. 按结构形式分类

按结构形式不同，调音台可分为一体化调音台和非一体化调音台。

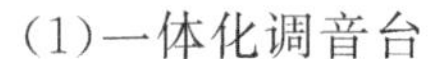

(1)一体化调音台

一体化调音台是集调音台、功率放大器、图示均衡器和效果器等功能于一身，装在一个机箱之内。外形基本保持调音台的样式不变。这种调音台有时被称为“四合一”调音台。其输出功率较小(一般不超过 2×250W)，操作简便，特别适用于流动性演出。

(2)非一体化调音台

非一体化调音台最显著的特征是不带功率放大器。

3. 按用途分类

按用途不同分类，调音台可分为录音调音台、现场调音台、播出调音台和迪斯科调音台(DJ 调音台)。

(1)录音调音台

录音调音台有极高的技术指标、较完善的功能，有的还有电脑控制功能或配置可选的计算机系统，是调音台中档次最高的。它多用于电台、电视台、电影制片厂、唱片公司的录音棚中，进行高质量的多轨节目录制，如图 1-37 所示。

图 1-37　录音调音台

(2)现场调音台

现场调音台将各音源经合适的影响度平衡、频率补偿、效果配置以及声像定位等方面的调整后，混成一组立体声信号，送入功放进行扩音。它多用于舞台表演艺术现场扩声等场合，如图 1-38 所示。

图 1-38　现场调音台

(3)播出调音台

播出调音台为现场直播而设计,操作简单、直观,能简化复杂的工作任务流程,如图 1-39 所示。

图 1-39 播出调音台

(4)迪斯科调音台(DJ 调音台)

DJ 调音台通常规模较小,不超过 8 路,但每路都是立体声输入。它带有可方便切换音源的控制开关,一个左右移动的“交叉衰减器”,俗称横推子,如图 1-40 所示。

图 1-40 DJ 调音台

4. 按信号处理方式分类

按信号处理方式不同,调音台可分为数字调音台和模拟调音台。

(1)数字调音台

调音台内的音频信号是数字化信号,可以方便地实现全自动化,总谐波失真和等效输入噪声均很低，如图1-41所示。

图1-41　数字调音台

(2)模拟调音台

模拟调音台采用传统的模拟方式进行信号处理，其优点是技术成熟、成本低。

5. 按输入路数分类

按输入通道数(通常称输入路数)的多少，调音台可分为6路、8路、12路、16路、24路、48路等多种，各输入通道性能、结构相同，每个输入通道可接受一路话筒或线路电平信号，若是立体声信号则要占用两个通道。

4.1.2　调音台的工作原理

首先，要了解调音台的系统框图，这是掌握调音台的关键。在调音台的系统框图中，应重点捋清信号流程、输入和输出单元的构成、规律和特点。其次，结合系统框图，掌握调音台面板上旋钮和控制键的排列、规律和功能。

1. 调音台的信号流程

调音台具有多个输入通道和输出通道，基本功能之一是要将多路输入信号混合后重新分配到各输出通道。因此，调音台的信号流程是多向的，其基本原理框图及电平图如图1-42所示。

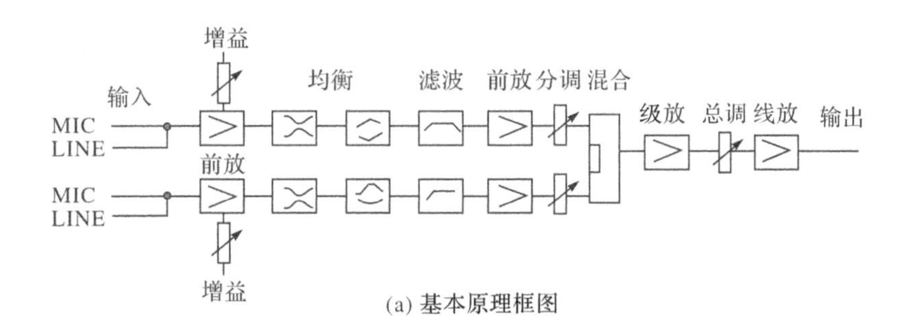

(a) 基本原理框图

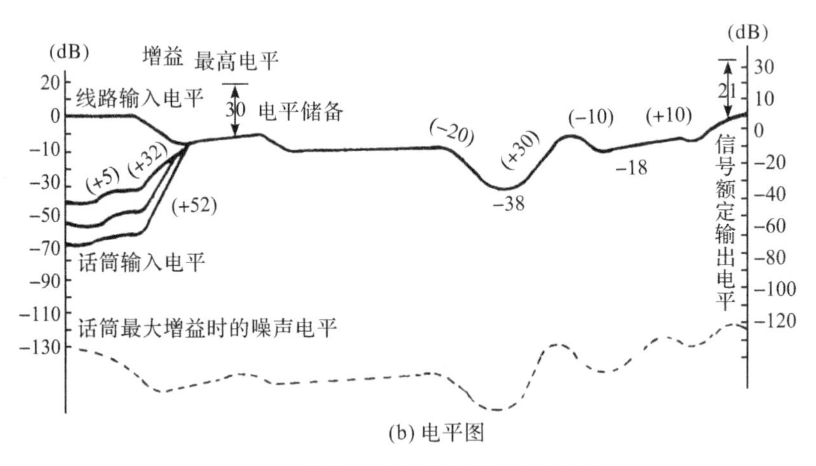

(b) 电平图

图 1-42　调音台基本原理框图及电平图

通常,调音台输入单元在面板上的排列顺序由上而下为:增益控制(GAIN)、均衡器(EQ)的音调调节(高、中、低音)、辅助音量控制(AUX,可有多个)、声像电位器(PAN)及推子(FADER)等。结合系统图理清调音台上各输入、输出接口(插口)的作用与接法,明确系统的接线。此外,还要了解系统各级电平图。

2. 调音台的输入部分

调音台的输入部分是由多路相同的输入单元组成,每一个单元可以接受一路输入信号,对于 32 路的调音台,就有 32 个相同的输入单元。图 1-43 中包含四个基本部分:输入放大器(HA)、均衡器(EQ)、音量控制(FADER,俗称推子)、声像电位器(PAN)。不同型号的调音台,会在这四个基本部分的中间或前后,增设一些功能键、插口或部件。

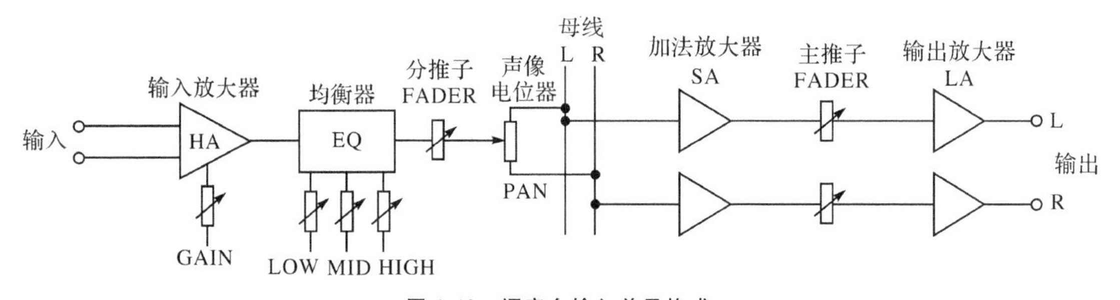

图 1-43　调音台输入单元构成

输入放大器用来调节输入信号放大量(增益)的大小,是输入信号的第一级放大器,其放大增益的调节,由增益(GAIN)电位器实现。均衡器(EQ)用作频率均衡或补偿,以美化音色为主,通常分为高频(HF)、中频(MF)、低频(LF)三段电位器可调,也有四段(高频、中高频、中低频、低频)。一般中心频率不变,通过电位器旋钮的提升或衰减来调节音色。近年来,在中频(MF)段也常用半参量调节,即分为中心频率(MIDFREQ)和均衡量调节。

音量控制(FADER)是一个直推式电位器,用以调节该输入通道音量的大小。当多路信号输入经混合输出时,它实际上是调节该路信号在总输出信号中所占的比例大小。直推电位器之后是声像电位器(PAN),它可调节该输入通道信号分配给左(L)、右(R)两路主输出的比例大小,从而通过 L、R 两路输出的强度差实现该输入信号的声像定位。

母线(BUS)是各路输入通道信号的汇流处,可以看作调音台输入部分与输出部分的分界线。各路输入信号在这里汇合并送往输出部分进行叠加。母线的多少与调音台的功能有关,通常母线越多,调音台的功能越强。一般调音台有四条母线:左(L)输出母线、右(R)输出母线、监听母线和效果母线,后面两条母线是辅助(AUX)母线。复杂的调音台母线可达十几条。

为扩展功能,如监听和效果功能,输入单元还增设了监听和效果两条支路,如图 1-44 所示。这两条辅助支路从输入单元主干通道上取出信号,分支点位置通常有两个:一个是在输入通道的分推子之前(PRE),一个是在直推电位器之后(POST)。效果用支路一般在推子后面取出,这样可使用于效果声在输入通道进行响度调整时,能与之同步变化;监听用支路则通常在推子前面取出信号,这样能使监听信号的响度平衡另行设置而不受输入通道推子的影响。另外,有些调音台为了使其更具通用性,还配置信号取出位置选择开关,用来选择取出点位于推子之前或之后。调音台的监听和效果所用的英文缩写,各个厂家不尽相同。例如,监听(MON),有的用选听(CUE)、返听(FB)等,通常取自推子之前信号的监听使用 PFL 按键,取自推子之后的用 AFL 按键。

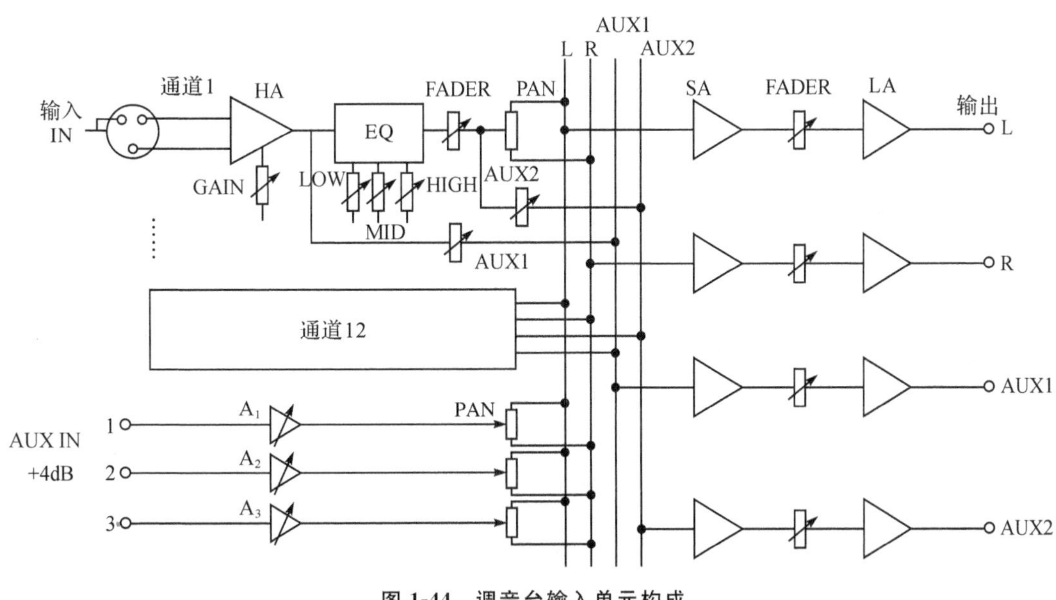

图 1-44 调音台输入单元构成

不同型号调音台为了适应不同的使用要求,还增设一些其他功能开关或插口。例如,在输入单元的输入端,通常设有传声器输入(MIC IN)和线路输入(LINE IN)两种插口。传声器输入插口为低电平输入(如－60dB),一般为低阻(LOW-Z),接插件多为平衡式的卡侬插头,并配以幻象供电(PHANTOM)开关,供电容式传声器使用;而线路输入为高电平,一般为高阻(HIGH-Z),使用非平衡式插头。在输入放大器之前,有的调音台接有衰减量为－20dB的固定衰减器(PAD)按键,按下该键使该输入通道的输入信号衰减20dB,从而拓展了输入通道的动态范围。

此外,在输入放大器与EQ均衡器之间设置插入(INSERT)插口,在此处可外接压限器、噪声门及频率均衡器等周边设备。有的调音台在输入通道中,设置倒相开关(ø或PHASE INV)、滤波器(低切或高切)、编组开关(GROUP)、哑音控制(MUTE)等。

3.输出部分

如图1-45所示,调音台的输出单元从母线开始,通常以"加法放大器(SA)—音量控制(FADER或音量电位器)—输出放大器(LA或PA)"形式构成。加法放大器SA的功能是将各个输入单元的信号进行叠加、放大。音量控制既可以采用直推式电位器(FADER),也可采用旋转式电位器。输出放大器完成放大和阻抗变换的功能。通常而言,一条信号母线就有一路输出单元。因此,母线越多,输出端口也越多。

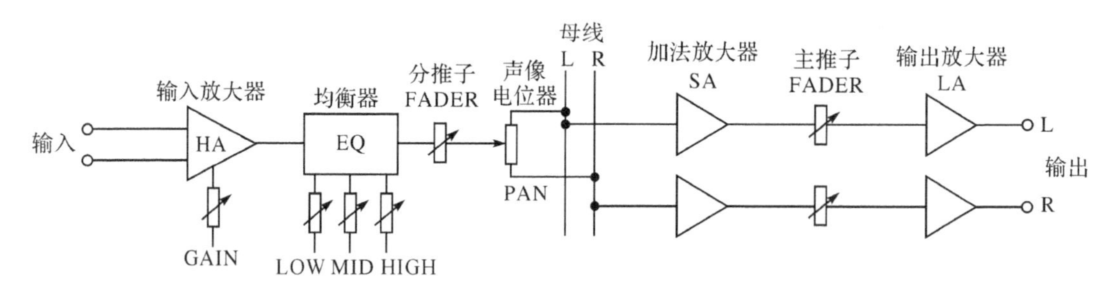

图1-45 调音台的输出单元

在带功放的调音台中,输出部分还包含图示均衡器、功率放大器和效果器等。

4.1.3 模拟调音台功能键介绍

调音台是将多路音频信号混合在一起,按照一定的通路输出到下一级的音频设备。

1.调音台输入输出接口

调音台输入输出接口有三种:一是XLR卡侬接口,二是TRS接口(6.35mm),三是莲花RCA接口。

2.调音台的主要作用

调音台将多路输入信号进行放大、混合、分配、音质修饰和音响效果加工,是现代电台广播、舞台扩音、音响节目制作等系统中进行播送和录制节目的重要设备。

调音台一般分4个部分:信号输入、调整处理、信号显示和信号输出。信号输入部分为

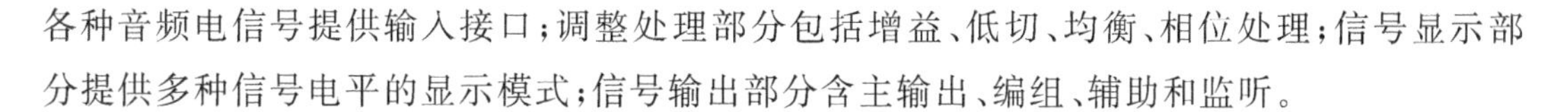

各种音频电信号提供输入接口；调整处理部分包括增益、低切、均衡、相位处理；信号显示部分提供多种信号电平的显示模式；信号输出部分含主输出、编组、辅助和监听。

3.调音台各控制器件的种类和用途

调音台的控制器件主要有按键、旋钮和衰减器(推子)等三大类。不同的功能、位置，有着不同的用途和操作方法。

(1)按键

调音台上的按键分为三种类型：一是能够改变信号特性的按键(如输入部分的预衰减、相位、低切、均衡器插入等按键)；二是能够控制信号分配和通断的按键(如声像、通道、编组、哑音、衰减器前/后等按键)；三是按键并不直接参与控制调音台上的各种信号，只是用来辅助操作而设置的按键(如通道选听、衰减器后监听，对讲、振荡器信号分配、表头切换、监听扬声器切换以及振荡器开关等按键)。

这三种类型的按键中，第一类按键直接影响信号的音质或调音台及其他系统设备的安全，在没有把握的情况下不要轻易操作。第二类按键要确定好后再根据需要操作，否则会造成信号分配混乱或没有信号输出。第三类除振荡器开关和对讲开关外，虽然操作时不会影响信号，但错误的操作会使整个调音台判断错误。对于振荡器开关和对讲开关，演出前一定要检查是否已经关闭，否则在演出时因振荡器信号或对讲声音输出到扩声系统而破坏整个演出的效果。

(2)旋钮

调音台上的旋钮也有三种类型：一是能够改变信号特性的旋钮(如均衡器增益、Q值调整、选频，以及通道上的声像等旋钮)；二是能够控制信号分配和大小的旋钮(如输入增益、辅助输入/输出、矩阵等旋钮)；三是不直接参与控制调音台上的各种信号，只是用来辅助操作而设置的旋钮(如耳机音量、对讲音量、振荡器输出等旋钮)。

这三类旋钮的操作，须根据听到的声音变化和表头指示进行缓慢调节，禁止大幅度调整，以免损坏系统设备。

使用前一定要检查旋钮的位置，须将调音台所有的旋钮复位(即将所有的电平调节旋钮旋转到最小的位置、将所有的均衡器增益旋钮旋转到没有提升和衰减的0位置、将声像旋钮调到中间位置)。

(3)衰减器(推子)

衰减器包括通道衰减器、编组输出衰减器、矩阵输出衰减器和主输出衰减器四种。矩阵输出衰减器也有使用旋钮来进行输出控制的。

各个衰减器的操作与旋钮操作基本相同，但必须注意，在调音台加电和断电前所有的输出衰减器必须退回到最大衰减量的位置。对于已经调节好的位置可以记住刻度后退回。当无法判断信号大小时，一定要由小到大进行调整，不能将衰减器开大后再往回调整。

4.调音台的输入部分

(1)调音台的输入接口

调音台的输入接口有低电平输入接口和高电平输入接口两种。其中,低电平输入接口称卡侬输入接口,是一种平衡式输入接口,通常接入传声器,也称 MIC 插口。高电平输入接口称线路输入接口,可作为平衡和非平衡信号的输入接口,一般用于除话筒外的其他声源的输入插孔。

(2)低切开关与增益旋钮

低切开关的作用是切除如 100Hz 以下的频率,如果该通道是传声器作为语言拾音,此开关就可以按下,切除人声 100Hz 以下频率的"噗噗"声。如果放送音乐就不能按下这个开关,否则 100Hz 以下频率的音乐就会被切除,对音乐低频的厚度声音有很大的影响。

增益控制旋钮也称输入信号电平调整旋钮,作用是对输入信号进行电平调整,通常控制在 0dB 以下。

(3)通道均衡器(EQ)

通道均衡器是对该通道的音频信号进行频率的提升或者衰减。一般模拟调音台有两段、三段、四段等,高级调音台还配有扫频旋钮。

通道均衡器也称参量均衡器,它可以美化声音,修饰该输入通道音频信号的音色,能够对音频的高、中、低频进行提升或衰减。

(4)辅助与监听

辅助(AUX)功能是调音台添加周边设备到该通道的控制旋钮,如果调音台具有四路辅助通道,则可加入四种周边设备,监听按键可以控制推子前或推子后的声音,按下 PRE 开关为推子前效果。

(5)声像/静音/监听/编组/主声道/推子

PAN 声像旋钮,可以将该通道的信号进行声像调整。L 表示左,R 表示右,该旋钮可以根据需要调到任何位置。

MUTE 静音按键,按下此键该通道处于静音状态,MUTE 显示灯亮。

CLIP 显示灯,此灯亮时表示此路信号已经削波。

SOLO 监听键,是可以母线输出前监听该声道的信号。

1—2 编组按键,3—4 编组按键,MAIN 主输出按键,分别表示不同母线的输出按键,将以上按键按下,推子向上推动,信号就会由小到大进行变化。

(6)辅助发送(AUX SENDS)

辅助发送(AUX SENDS)是调音台辅助通道总的控制旋钮和监听按键。当它处于 $-\infty$ 的位置时,所有通道的辅助旋钮都打开也不起作用。

(7)立体声辅助返回插口(AUX RETURNS)

这些插口是连接周边设备的输入接口,对于调音台而言就是返回插口。

(8)监听输出插口(MON OUT)

有些调音台配有专门的监听输出接口,可以供音响师现场监听时使用。

(9)立体声录音输入输出接口

DVD机/电脑音频输入与输出接口。

(10)监听耳机插孔(PHONES)

该插口可以连接一个立体声的监听耳机。

(11)编组母线/立体声母线推子按键

这部分是调音台总的输出调整控制中心,推子在最下边的时候,没有输出信号,当放送声音的时候,随着推子的上移,电平由$-\infty$向0dB送出。

4.1.4 调音台的主要技术指标

1. 增益

增益表示调音台输出电平与输入电平之比,记作K,单位是dB,计算公式为:

$$K=20\lg\frac{U_o}{U_i} \tag{1.16}$$

式中,U_o为输出电压,U_i为输入电压。

调音台的增益有额定增益和最大增益两种。话筒输入的额定增益应当不小于70dB,最大增益可达90dB以上。线路输入的额定增益为0dB,由于调音台在正常工作时,通常留有约20dB的动态余量,因此最大增益在20dB以上。从调音台的线路输入角度看,调音台的增益为0dB,在调音台内部也有放大环节,主要是为了弥补在调音过程中的信号衰减。

2. 等效输入噪声电平

调音台的噪声是一个重要的指标,它标志着调音台放大传声器输出的微弱信号的能力。调音台的噪声指标有两种,分别对应线路输入和传声器输入,线路输入用信噪比表示,一般大于80dB。

对传声器输入通道是用等效输入噪声电平表示,即将输出端总的输出噪声电平折算到输入端来衡量。考虑到信噪比的要求,应留有一定的余量,通常专业调音台的等效输入噪声电平应在$-126\sim-124$dBV。

3. 频率响应

调音台的频响应保证不窄于传声器的频响,一般频率范围为20～20kHz,不均匀度在整个工作频率范围±1dB内。调音台的频响不宜太宽,否则会增加噪声能量,影响音响效果。

4. 非线性谐波失真

调音台的谐波失真通常是指在额定输出电平时,整个工作频段内的总谐波失真值。一般传声器的失真小于等于0.5%,调音台应小于此值。专业调音台的非线性谐波失真一般应小于0.1%。

5.动态余量

调音台的动态余量 D 叫作峰值储备，是指最大不失真输出电平与额定输出电平之差，用 dB 表示，计算公式为：

$$D=20\lg\frac{U_{om}}{U_{or}} \tag{1.17}$$

式中，U_{om} 为最大不失真输出电平，U_{or} 为额定输出电平。

动态余量越大，声音的自然度也就越好。一般调音台应具有 15～20dB 的动态余量，较高档的设备可在 20dB 以上。

剧场演出时平均声压级为 85～95dB，有些大动态的节目在高潮时声压级可达 120～125dB，瞬时值可达 125～130dB。当调音台在额定状态下工作时，由于有一定的峰值储备量，因此即使某一瞬间的节目达到较大的动态量也不至于引起限幅失真。

6.串音

调音台的串音指标用来衡量相邻通道间的隔离能力，一般用串音衰减表示。即某一通道的信号与串入其相邻通道的该信号之比的对数，记作 S，计算公式为：

$$S=20\lg\frac{U_{AA}}{U_{BA}} \tag{1.18}$$

式中，U_{AA} 为 A 通道中的 A 信号，U_{BA} 为串入相邻的 B 通道中的 A 信号。

串音越小，通道之间的隔离度越好。隔离度还与信号的频率有关，高频段的串音比中、低频严重。在 100～10kHz 范围内，要求调音台的通道间串音衰减在 50～60dB。

4.1.5 调音台的基本操作方法

1.调音台与传声器连接的电平调节

传声器连接到调音台上，调音台上的增益旋钮和 PAD 上 20dB 衰减开关，可配合使用，在－60dB 和 0dB 之间对动圈和电容话筒进行调整，增益控制旋钮逆时针方向旋到头时增益最小，顺时针方向旋到头时增益最大。0dB 电平时相当于电压为 775mV，－60dB 电平时相当于电压为 0.77mV。通常，大约－50dB 输入灵敏度的调整值用于动圈式传声器，－40dB 用于电容式传声器，－20dB 用于低电平线路输入信号，0dB 用于高电平线路输入信号。所以，接入手机、笔记本电脑、DVD 等音源时，最好将 PAD 衰减器开关－20dB 按下后，再进行增益旋钮细调，以防信号失真。

模拟调音台典型设备介绍

2.通道频率补偿控制旋钮的调节

低频补偿控制旋钮可以在低频范围调整通道的频率响应，当置于中间位置(0 位置)时，没有频率补偿，低频提升(顺时针方向旋转)可使吉他声等更加丰满，使管乐器的声音更加圆润，低频衰减(逆时针方向旋转)则可消除箱体谐振和避免来自打鼓时所发出的过多能量，并可降低电源交流声和舞台噪声。

中频补偿控制旋钮可以对以该频率为峰点(中心频率)进行提升或衰减。提升 2.5k～3kHz 的中频能够增加整个声音的“近场感”,衰减中频则具有相反的效果,总体声音则变得“更加淡薄”。演出中如果想使人声特别清楚地表现出来,衰减伴奏乐器的中频,略微提升人声的中频,可以调节中频段。

高频补偿控制旋钮可以通过调节高频来调整通道的频率响应。高频提升可使弦乐中发出的声音更加“有棱有角”,更具“穿透力”,使打击乐器更具“冲击力”。高频衰减可以消除来自管乐器的一些气流声,降低用手指弹拨吉他弦的碰击声,减小“咝咝”声。

频率补偿要适当,例如鼓这种乐器,只要将传声器的位置移动 2cm 多一点,便能够显著地改变其音色,可不必调整频率。

3.调音台的基本操作要点

(1)开机准备

开机前,将调音台的分推子、主推子调到最小位置,均衡器(EQ)和声像电位器(PAN)置中央位置,输入通道增益(GAIN)、辅助电位器(如效果 EFF、返听 FB 电位器)置最小位置,以防止浪涌电压冲击各声音处理设备和功放设备。

(2)掌握正确的开关顺序

先打开电源开关,然后按照信号流程顺序,依次打开声源、调音台及周边设备电源,最后打开功放的电源。关机之前,应先将各衰减推子拉至最小位置,同时将功放电平调节旋钮调至最小,依照信号流程顺序,依次关闭功放电源、调音台电源及其他设备电源。

(3)选择合适的输入电平

PAD 定值衰减键与 GAIN 增益控制旋钮需配合使用,以调节输入电平的大小。信号电平过大,如 VCD、DVD 等高电平音源,按下 PAD 键,保证信号电平不超过输入电平的动态范围,使之处于正常的工作状态。当输入电平较小时,可通过 GAIN 旋钮来调整合适的增益。

(4)正确调整输入电平与输入增益

分电平推子与输入增益控制要配合适当,如分推子过低时,增益已过大,那么当大信号输入时,分推子已无下调余量,容易造成过载。正确的调整方法是:

①开始时,分推子和增益旋钮均调到最小。

②分推子调至 70%左右(不超过主推子)。

③缓慢旋转增益旋钮到 CLIP 灯未闪烁之前的位置,如该路输入通道接的是话筒信号,则旋转增益旋钮,当话筒即将产生啸叫时,再往电平小的方向旋回一点即为合适位置。正常演出使用中不可通过调节输入增益来改变音量大小,这样引起的过载失真或信噪比降低,后级无法弥补。要改变本通路信号强弱,即音量大小,应调节该通路推子。

(5)调音台上的音色和效果的调节

调音台输入通道的均衡器(EQ)是用来补偿输入信号的音色。通常,调音台的输入均衡器分为三段,即高频(HF)、中频(MF)、低频(LF),其中,中频又往往为中心频率可调(半参量式）。三段的中心频率或可调频率一般为：高频（10kHz）、中频（350～5kHz 可调）、低频（100Hz）。

高频（10kHz＋15dB）主要影响乐器高音区的高频谐波。提升时，金属声增多，音色比较尖，提升过多则会使噪声明显。衰减时，可去除“呲呲”声，衰减过多则高音区的透明度就会下降。

对于中频，若中心频率调为 3kHz，则主要影响乐器和人声的高音区。提升时，音色明亮，质感较硬，若提升过多则听觉容易疲劳；衰减时，音乐或声音的平衡感会倾向低音。若中心频率调为 1kHz，则主要影响乐器和人声的中音区。提升时，音色轮廓明确，声像会向前突出，鼓声音头强，衰减时，声像会后缩。若中心频率调在 500Hz，则主要影响乐器和人声的中低音区。提升时，音色厚实有力，提升过多则会出现电话音色；衰减时，音头较硬，平衡倾向高音，衰减过多质感变薄。

低频（100Hz＋15dB）主要影响乐器的低音区。提升时，音色浑厚，若提升过多则齿音不清晰；衰减时，音响较轻松，齿音良好，背景噪声和嗡声可有效去除。

调音台还常用四频段 EQ 方式。通常四段为：高频（HF）为 6k～16kHz，它主要影响音色的表现力、解析力；中高频（HF）为 600～6kHz，主要影响音色的明亮度、清晰度；中低频（LF）为 200～600Hz，主要影响音色的力度感和结实度；低频（LF）为 20～200Hz，主要影响音色的浑厚感和丰满度。

在人声的调音过程中，如果衰减低频（LF），即在 100Hz 附近衰减 6dB 左右，或衰减到 9dB，中频 250～2kHz 提升 3～6dB，高频 6kHz 以上衰减 3～6dB，这样处理可大大增强清晰度而且音质明亮。

如果将人声 100Hz 以下的频率切除，可消除低频噪声，使音色更加纯净；如在 500～800Hz 做少量衰减，则音色不会太生硬；在中频 2k～4kHz 提升 3～6dB，可提高声音明亮度，提升 2kHz 附近频率，能使声音有力且浑厚；为防止不必要的气音或嘶音，可对 7kHz 以上频率进行适当衰减；对于一般人声，提升 200～300Hz 可增加声音的响度。

4.2 任务实施

4.2.1 准备要求

1. 动圈式传声器、电容式传声器等若干支。
2. 笔记本电脑数台。
3. 调音台数台。
4. 音频功率放大器数台。
5. 音箱数对。
6. 音频线若干。

模拟调音台的基本功能及使用

4.2.2　工作任务

调音台背后接口介绍

熟悉调音台上的各个按键、旋钮、推子的功能，能正确连线，并会操作使用。

4.3　任务评价

任务评价的内容、标准、权重及得分如表 1-10 所示。

表 1-10　任务评价

评价内容		评价标准	权重	分项得分
职业技能	任务 1	正确调整各路输入信号电平	10	
	任务 2	正确使用调音台上的均衡器，美化修饰声音	20	
	任务 3	合理使用低切按键及声像选择	10	
	任务 4	合理分配各类信号输出口	40	
职业素养		1. 以诚实守信的态度对待每一个工作任务 2. 工作过程中严格遵守职业规范和实训管理制度 3. 面对问题要学会思考与合作，增强团队意识	20	
总分			评价者签名：	

本模块知识测试题：

调音台试题

模块 5　音频功率放大器

5.1　知识准备

音频功率放大器简称功放，在扩声系统中起着重要作用。它是将音频电压信号转换成音频功率信号并驱动扬声器发声的一种设备，如图 1-46 所示。通常，传声器、笔记本电脑等输出的微弱声频电信号先经过调音台放大、均衡器处理成 1V 左右的信号电压，然后输入功率放大器加以放大，以便为扬声器系统提供足够的功率使它发出声音。音频功率放大器的输入端所需要的推动电压有两种标准：一种是0dB(0.775V)；另一种是+4dB(1.228V)。如果没有音频功率放大器，扬声器就不能放声，也就无扩声可言。与其他音响设备相比，它的重量、体积都比较大，音频功率放大器的输出功率大，如果长时间在高电压、大电流状态下工作，容易出现故障。

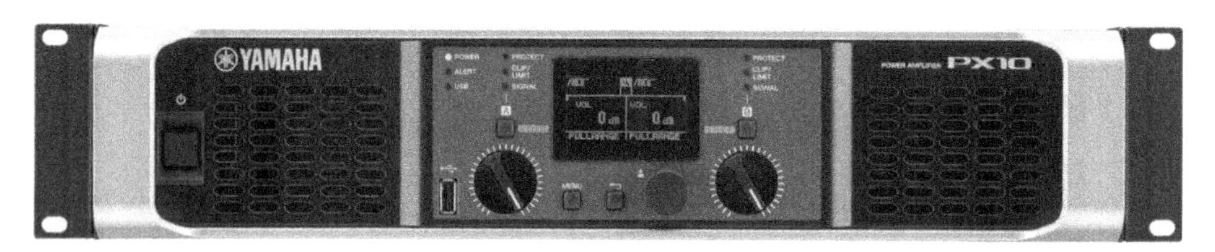

图1-46　功率放大器

5.1.1　音频功率放大器的类型

音频功率放大器的种类、型号、品牌非常多，一般有以下几种分类方法。

1.按输出级与扬声器的连接方式分类

按输出级与扬声器的连接方式不同，功放可分为变压器耦合、OTL、OCL和BTL。

(1)变压器耦合。这种方式由于效率低，失真大，一般在高保真度功放中使用得较少。

(2)OTL。即无输出变压器，它属于单端推挽电路，是一种输出级与扬声器之间采用电容耦合的无输出变压器方式。

(3)OCL。即无输出电容，它也属于单端推挽电路，是一种输出级与扬声器之间不用电容器而直接耦合的方式。

(4)BTL。即无平衡变压器输出，它属于桥式推挽电路，是一种平衡式无输出变压器电路，又称桥式推挽功率放大电路，它的输出级与扬声器之间以电桥方式连接。

2.按功率管的偏置工作状态分类

按功率管的偏置工作状态不同，功放可分为甲类功放、乙类功放和甲乙类功放。

(1)甲类功放

甲类功放又称A类功放，在输入正弦波电压信号的整个周期中，功率输出管一直有大电流通过，需要大容量的电源电路，功率管热量很高，并且容易击穿烧坏。A类功放的优点是音质好，失真小；缺点是输出功率和效率低，消耗电量大。

(2)乙类功放

乙类功放又称B类功放，输出功率管只导通半个周期，另外半个周期截止。也就是说，正半周由一只管工作，负半周由另一只管工作，在输出端合成一个完整的波形与输入的波形完全相同，用来驱动扬声器系统。一个输入信号由两路分别进行放大是B类功放的特征。B类功放的优点是输出功率大，效率高；缺点是失真比较大，不适宜在要求高的场所中使用。

(3)甲乙类功放

甲乙类功放又称AB类功放，即功率输出管导通时间大于半个周期，但又不到一个周期，有较短时间截止。为获得不失真的信号输出，采用两只相同特性功放管组成推挽放大电路。

3.按放大器所用器件分类

按放大器所用器件的不同，功放可分为电子管功放、晶体管功放、集成电路功放。

目前，市场上电子管功放之所以比较少，是因为电子管功放制作成本高、体积重、耗电量大。但电子管功放具有独特的音色，备受一些电子管爱好者喜爱。

5.1.2　音频功率放大器的组成

音频功率放大器通常由3部分组成：前置放大器、驱动放大器、末级功率放大器。

前置放大器起匹配作用，其输入阻抗高(不小于10kHz)，可以吸收前级设备的大部分输出信号，输出阻抗低(一般在几十欧姆以下)，驱动负载能力强。

驱动放大器起桥梁作用，它将前置放大器送来的电流信号做进一步放大，将其放大成中等功率的信号去驱动末级功率放大器正常工作。如果没有驱动放大器，末级功率放大器不可能送出大功率的声音信号。

末级功率放大器起关键作用，它将驱动放大器送来的电流信号形成大功率信号，带动扬声器发声。它的技术指标决定了整个功率放大器的技术指标。

5.1.3　音频功率放大器的主要技术指标

1.额定功率

1kHz正弦波输入，在一定的负载阻抗下，谐波失真小于1%时，功率放大器所能输出的最大功率(有效值)，额定功率单位为W/CH(瓦/声道)。

2.总谐波失真

高次谐波占基波的百分比，总谐波失真愈小愈好，目前好的功放都能达到0.02%。

3.转换率

单位时间上升的电压幅值，它反映了功放对瞬态声信号的跟踪能力，是一种瞬态特性指标。例如对打击乐信号的跟踪，此值愈大愈好，目前，好的功放转换率为200V/μs以上。

4.阻尼系数

阻尼系数是指音频功率放大器的额定负载(扬声器)阻抗与音频功率放大器实际阻抗的比值。阻尼系数大，表示音频功率放大器的输出电阻小。阻尼系数是放大器在信号消失后控制扬声器音盆运动的能力。

5.输出阻抗(额定负载阻抗)

输出阻抗通常有8Ω、4Ω、2Ω等，此值愈小，反映功放负载能力愈强。就单路而言，额定负载为 2Ω 的功放，可以带动 4 只阻抗为 8Ω 的音箱发声，并且失真小。

6. 动态范围

通常而言，信号源的动态范围是指信号中可能出现的最高电压与最低电压之比，以 dB 表示，而放大器的动态范围则是指它的最高不失真输出电压与无信号时输出噪声电压之比。显然，放大器的动态范围必须大于节目信号的动态范围，这样才能获得高保真的重放效果。

5.1.4 定阻输出功率放大器与扬声器的配接

每台定阻输出功率放大器都规定了额定负载阻抗和额定输出功率。大多数定阻输出功率放大器的额定阻抗是 8Ω，也可以接 4Ω、16Ω 的负载阻抗。有的功率放大器甚至可以接 2Ω 的负载阻抗，但一定要看说明书，了解该功率放大器在接不同负载阻抗时，功率放大器的额定输出功率是多大。由于大多数的定阻输出功率放大器的额定负载阻抗是 8Ω，所以扬声器系统的阻抗也是 8Ω。在不少定阻输出功率放大器的技术说明书中标明，负载阻抗是 8Ω 时，其额定输出功率是多少瓦；负载阻抗是 4Ω 时，其额定输出功率是多少瓦。此时，就要注意所用扬声器系统的阻抗与功率，并与功率放大器在该额定负载阻抗时的额定输出功率对照，一般不提倡采用将两只音箱串联或并联的方式与功率放大器相接。万不得已时，用扬声器系统串联、并联的方法来与功率放大器的负载阻抗相匹配，这时一定要注意每个扬声器系统的阻抗和扬声器系统的额定功率。在串联情况下，阻抗大的扬声器将分到多的功率；在并联情况下，阻抗小的扬声器将分到多的功率。要严格计算阻抗，使每个扬声器的功率不超过其额定功率。

1. 功放的匹配

功放的最佳工作状态是前后的匹配，也就是输入端应与信号源相匹配，输出端应与扬声器负载 R_L 相匹配。在此情况下，功放的效率能得到充分的发挥，功放能长期可靠地运行，传输率高，声音信号不失真。通常信号源的输出阻抗在 600Ω 左右，而专业功放的输入阻抗大都在 10kΩ 以上，显然，信号源的输出信号大部分都能输入到功放的前置放大级。功放的输出是声音的功率信号，这些功率信号能有效地传送到扬声器，转换成声音。

(1)阻抗相配

功放的输出阻抗等于扬声器音箱的负载阻抗。

(2)功率相配

功放工作时输出的功率等于音箱的额定功率。这样，音箱发声效率高，能长期运行。

(3)阻尼系数相配

阻尼系数太小，音箱放声浑浊；阻尼系数太大，音箱发声生硬且单调。阻尼系数一般控制在(200∶1)～(600∶1)为宜。

(4)功率储备量相配

功放储备量是功放的最大不失真功率与功放的工作功率的比值。功放的最大不失真功率是指负载为 8Ω，总谐波失真小于 1%的情况下，功放所能输出的功率，通常等于功放额定功率的 2 倍。而功放的工作功率则指功放工作时所输出的功率，这种功率与输入信号的大小有关。如果让其等于扬声器的额定功率，功放的储备量通常取 3～8，若储备量取 3，则有：

$$功放的工作功率=扬声器的额定功率=\frac{2\times 功放的额定功率}{3}$$

以上公式可用于功放额定功率与扬声器额定功率的配置，适用于音响工程设计。

功放工作在音乐信号下，为了使功放长期可靠地运行，不过载烧毁，在工作时需留有余量。功放额定功率愈大，造价愈高，一般取 3 即可。

2. 功率放大器的使用

音频功率放大器的操作方式简单，一般只有电源开关和音量控制衰减器两项。衰减量为零时，进入放大电路的信号最大，这时输出功率也最大。衰减器旋至最左边，衰减量为无限大，即进入放大电路的信号为零，放大器无输出。功放的衰减器一般不需要调整。

功率放大器与扬声器在配接时必须注意两个问题：一个是阻抗的匹配，另一个是功率的匹配。如果两者匹配得合理、精确，就既能保证扬声器声音高质量不失真的重现，给人以美的享受，又能保证扬声器的安全；反之，既达不到好的声音效果，又容易损坏扬声器，特别是扬声器的高音单元。

使用中必须根据实际用途、空间面积、服务对象及经济条件等因素，来选择功率放大器和扬声器。现代的音频功率放大器，在电路结构上多采用双声道输出，典型输出功率一般有：2×200W、2×250W、2×300W、2×350W、2×400W、2×500W、2×600W、2×800W、2×1250W 等。当然，还有更大输出功率的放大器。

功率放大器的输出阻抗通常为 2Ω、4Ω、8Ω 及 16Ω，应用较多的是 4Ω 和 8Ω。功率放大器的性能指标很多，如输出功率、频率响应、失真度、信噪比、输出阻抗、阻尼系数等。

功率放大器有定阻输出和定电压输出两种形式。双声道输出功率放大器有三种连接方式：一是立体声接法，二是并联单声道接法，三是桥接单声道接法。多只同功率、同阻抗的扬声器是通过串、并联方式工作的，一般背景音乐扩声系统都采取这种方式。

功率放大器与扬声器连接时应该注意正负极性，必须正接正，负接负，否则扬声器相位相反，声音会相互抵消，特别是在立体声扩声时，则会发生相位抵消现象。另外，在某种特殊场合下，为了能得到更大的输出功率，双声道输出功率放大器可以利用桥接的方式来提高功率放大器的输出功率。虽然桥接可以使输出功率提高，但桥接的方式只能作为单路输出，而扬声器的接法应该按照功率放大器上面标明的接法去连接。通常桥接时应接在左(L)、右(R)两个声道输出"正"端上，两个输出"负"端不用。功率放大器的工作特点是输出电流大，输出电压相对较小，负载阻抗不同会影响功率放大器的输出功率。只有在功率放大器与扬声器两者达到完全匹配时，即扬声器负载阻抗与功率放大器输出阻抗接近一致时，两者之间才能获得最有效的耦合，功率放大器也才能有效地输出所规定的额定功率。这时功率放大器输出功率最高，失真最小。如果负载阻抗过大或过小都将造成不良的影响，使功率放大器产生更大的失真，造成输出功率减小，达不到额定的输出功率。例如，一种功率放大器的指标如下。

(1)立体声模式

400W，2Ω，表示音箱阻抗为2Ω时，功率放大器每通道输出功率为400W；

320W，4Ω，表示音箱阻抗为4Ω时，功率放大器每通道输出功率为320W；

220W，8Ω，表示音箱阻抗为8Ω时，功率放大器每通道输出功率为220W。

(2)桥接单声道模式

750W，4Ω，表示音箱阻抗为4Ω时，功率放大器每通道输出功率为750W；

655W，8Ω，表示音箱阻抗为8Ω时，功率放大器每通道输出功率为655W。

在桥接模式下，通常扬声器是连接在功放输出左右两个声道的“+”端，两个“-”端不用。

使用桥接模式时，扬声的高音单元容易损坏，主要有以下几个原因：其一，功率放大器与扬声器配置得不合理；其二，由于扬声器长时间超负载工作，使扬声器音圈过热，接点烧断，甚至烧焦，所以在正常工作条件下，音圈的温度可达250℃左右，如果温度再升高，必然将音圈烧坏；其三，由于使用者技术素质不高，操作不当，特别是回授产生极端刺耳的啸叫声，损坏高音单元；其四，由于“强震动”造成的损坏，比如说，当一个非常大的功率送到扬声器或突然有强烈冲击力的信号，都会使音箱产生“强震动”，造成纸盆破裂，使音圈脱离磁隙散开。

关于功率放大器与扬声器的配置问题，为了合理配置必须弄清两个问题：一个是音乐信号的自然属性；另一个是功率放大器输出功率的性质。

音乐的音符所具有的能量是完全不相等的，它在低音区的能量要比在中音区和高音区的能量相对大得多。一般情况下，高频段的能量要比低频段和中频段的能量低10～20dB，即在一个音箱内，高音单元所需承受的功率相当于低、中音单元的1/10。例如，可以承受100W功率的扬声器系统中的高音单元，它实际能承受的功率只有10W。假设高音单元选用能承受20W功率的扬声器，那么系统中高音单元就可达到百分之百的安全。也就是说，该扬声器系统中的各单元的功率容量与音乐信号的能量分布属性是相吻合的。

功率放大器的输出功率，在某些工作条件下并不是绝对的。比如，控制音量电位器调得很大或输入信号特别大时，这时功率放大器输出功率就有可能超过厂家所规定的输出功率值。如果需要输出更大的功率，那么功率放大器在这种情况下也可以满足，但这时输出电平将会大大增加，造成严重失真。例如，功率放大器的额定输出为10W(20～20kHz，8Ω负载)在失真不超过0.5%时，这个功率放大器可以过载驱动，因为扬声器可以提供40W的输出功率；50W的功率放大器可以提供100W的输出功率，但是这种输出功率的失真正好表现在高音区段。由于过载的功率放大器所产生的输出信号中含有大量的谐波失真，这时失真的谐波成分是比原始信号高几倍的高频谐波，这对扬声器高音单元来讲危害就特别大。由于严重失真，所以容易使扬声器高音单元损坏。

功率放大器在正常工作状态下,信号波形的顶部和底部保持着十分圆滑的正弦波形,平均输出功率是峰值输出的一半。当功率放大器过载驱动时,信号波形的顶部和底部都将被削掉,信号波形接近方波形状,这时放大器的平均功率接近峰值功率。平均功率提升约一倍,放大器地输出却造成了极大的失真。当出现上述情况时,功率放大器送给高音驱动单元额定输出功率将加倍,高音单元不可能承受这种超载负荷。这时如果能换一台输出功率较大的功率放大器,既可以满足所需要的大功率,不会出现削波失真,又能保证扬声器系统所接收的节目信号能保持正常的能量分布,扬声器的高音单元就不容易被烧坏。

为了保证扬声器的安全,对于那些瞬间很大的信号,要求提供的功率可能是平均功率的10倍。在配置音频系统时,要选用额定功率比需要功率大一些的功率放大器。如果功率放大器有足够的储备能量,那么对瞬间很大的信号,声音听起来仍很清晰、明亮;否则声音就会发暗,浑浊不清。

另外,在使用时一定要防止大信号的突然冲击,例如扬声器出来的声音又进入传声器而产生的回授啸叫声,或在工作时随意拔插信号线所产生的"噼啪"声,以及因建声条件不好或声源质量不佳,在均衡器上过分提升高频而产生的失真,或盲目追求低音强调现场响度气氛,把音量电位器开得很大等,都会损坏高音单元。

总之,为了使功率放大器与扬声器合理地配置,一般情况下,功率放大器的输出功率是扬声器额定功率的1.5～2倍为宜。例如,扬声器的额定功率是200W,功放的输出功率就不应低于300～400W,这样的配置,既能保证声音不失真,又能减小扬声器损坏的可能性。

5.1.5 定压输出功率放大器

所谓定压输出功率放大器,是指其技术指标中标明额定输出功率是多少,输出电压是多少。例如,某台功率放大器的说明书是这样标的:额定输出功率250W;额定输出电压120V/240V。也就是说,不论你以120V输出,还是以240V输出,其额定输出功率均为250W;一般来说,定压输出功率放大器其内部放大器的输出端接输出变压器。所以相对于定阻输出功率放大器而言,其技术指标,如总谐波失真、频率响应等会稍低些,或者说其保真度要稍微低些。

定压输出功率放大器不是以额定负载阻抗作为技术参数,而是以额定输出电压作为技术参数。至于额定输出功率,则与定阻输出功率放大器一样,是一项主要技术指标。目前,国内生产的定压输出功率放大器的额定输出电压多为120V、240V,且大多数既可以120V定压输出,又可以240V定压输出。实际上,在功率放大器的内部,是在输出变压器上绕了两组相同的输出绕组,每组输出120V,两组绕组并联时以120V输出,电流为两组绕组输出电流之和。在接成240V时是把两组120V绕组串联使用,输出电流等于流过每组绕组的电流。显然在120V输出时,输出电压低,输出电流大;在240V输出时,输出电压高,输出电流小。两种情况下的额定输出功率是一样的。对于一台定压输出功率放大器来说,既可以接成120V输出,也可以接成240V输出,但不能在一台定压输出功率放大器上既接120V输出，又接 240V 输出。需要说明的是，额定 120V 输出，并不是只要有信号，输出信号电压总是 120V，每个节目、每个时间的输出电压都是在变化的。其平均值远远不到 120V，大部分时间电压表的指针在 30～50V 摆动。所谓定压输出功率放大器，只是其规定的技术指标是额定输出电压和额定输出功率，而定阻输出功率放大器规定的技术指标是额定负载阻抗和额定输出功率。国外有的定压输出功率放大器规定的额定输出电压有 70V，也有 100V。

一般而言，定压输出功率放大器的输出电压高，同样输出功率时其输出电流就小，所以适用于扬声器距离功率放大器较远、扬声器接线长的场合使用。接线长，在导线截面相同的情况下必然电阻大，所以选用高电压、小电流的方式传输，以便减小线路上的信号压降和消耗功率。当扬声器距功率放大器不太远时，可以接成 120V 输出，而当距离较远时，则应接成 240V 输出，以减少线路上的功率消耗。

由于定压输出功率放大器的额定输出电压是 120V 或 240V，所以扬声器系统也应是额定输入电压为 120V 或 240V，只有相一致才能匹配。实际上，扬声器系统并不是把音圈阻抗做成能接 120V 或 240V 的，而是用 8Ω 或 16Ω 的扬声器，通过一个变压器变压来达到。例如，一个额定功率为 10W 的扬声器，其音圈阻抗是 8Ω，则在额定功率为 10W 时加在音圈两端的电压大约是 9V，如要与 120V 定压输出功率放大器相接，则要设计一个初级为 120V，次级为 9V 的音频变压器；若要接 240V，则变压器的初级为 240V，次级为 9V。事实上，扬声器系统中的输入变压器和定压输出功率放大器中的输出变压器一样，往往做成两个 120V 绕组，并联时用于 120V 定压，串联时用于 240V 定压。若定压输出功率放大器的额定输出功率是 250W，接成 240V 定压输出，对于扬声器系统来说，只要看扬声器系统的额定输入电压是不是 240V，若是，则不论该扬声器系统的额定功率是 3W、5W 或是 10W，只要它不超过 250W，都可以接到这台功率放大器的输出端，不会因为扬声器的额定功率是 3W，功率放大器的额定输出功率是 250W 而把扬声器烧坏。相反，对于功率放大器而言，所有接到这台功率放大器输出端上的扬声器功率之和均应小于其额定输出功率，否则会因为负载过重而损坏。

5.2 任务实施

5.2.1 准备要求

1. 动圈式传声器、电容式传声器等若干支。
2. 笔记本电脑数台。
3. 调音台数台。
4. 音频功率放大器数台。
5. 音箱数对。
6. 音频线若干。

5.2.2　工作任务

功放的使用

1. 合理选择功率匹配的功放。
2. 实现功放与音箱的连接。
3. 正确选择功放使用模式。
4. 正确调整功放输入电平实现扩声。

5.3　任务评价

任务评价内容、标准、权重及得分如表 1-11 所示。

表 1-11　任务评价

评价内容		评价标准	权重	分项得分
职业技能	任务 1	合理选择功率匹配的功放	20	
	任务 2	实现功放与音箱的连接	20	
	任务 3	正确选择功放使用模式	20	
	任务 4	正确调整功放输入电平实现扩声	20	
职业素养		1. 以诚实守信的态度对待每一个工作任务 2. 工作过程中严格遵守职业规范和实训管理制度 3. 面对问题要学会思考与合作，增强团队意识	20	
总分			评价者签名：	

本模块知识测试题：

音频功率放大器试题

模块 6　扬声器与扬声器系统

6.1　知识准备

扬声器、音箱和分频器三者合称为扬声器系统。由于扬声器与分频器大多装在音箱内部成为一个整体，所以用“音箱”代表一个简单的扬声器系统，把其中的扬声器称为“单元”。

扬声器是整个音响系统的终端，其作用是把音频电能转换成相应的声能，并把它辐射到空间中去。它是音响系统极其重要的组成部分，担负着把电信号转变成声信号以供人耳聆听的任务。

6.1.1 扬声器的分类

扬声器常见的分类方法有：按换能方式、按辐射方式、按用途、按振膜形状及按组合方式分类。

1. 按换能方式分类

按换能方式的不同，扬声器可分为电动式扬声器、电磁式扬声器、静电式扬声器、压电式扬声器、离子式扬声器和气动式扬声器。

(1)电动式扬声器

电动式扬声器又称动圈式扬声器，实际应用广泛，它是应用电动原理的电声换能器件，其外形与结构如图 1-47 所示。

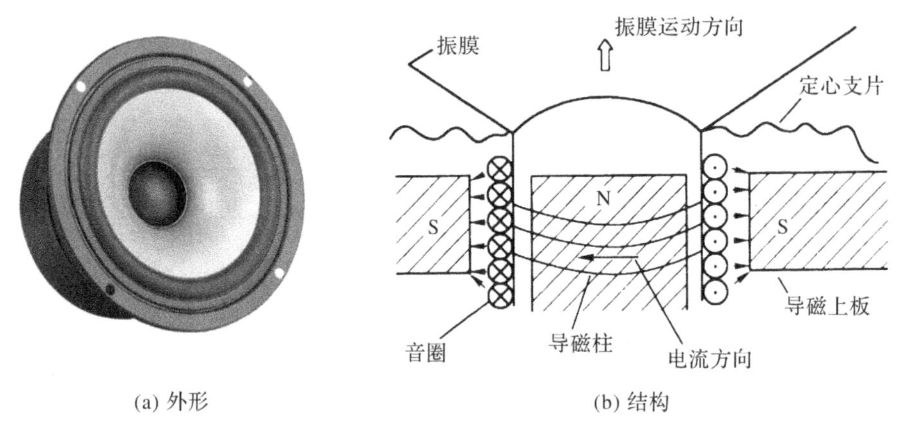

图 1-47 电动式扬声器外形与结构

当线圈中有音频电流，在磁场的作用下，线圈受到一个电动力，其方向符合左手定则。由于音频电流是交变的，线圈就受到一个交变的电动力的策动，产生交变运动，带动纸盆振动，反复推动空气而发出声音。

(2)电磁式扬声器

电磁式扬声器又称舌簧式扬声器，其结构如图 1-48 所示。在永磁体的两极之间有一可动铁芯的电磁铁。当电磁铁的线圈中没有电流时，可动铁芯受永磁体两磁极相等吸引力的吸引，在中央保持静止；当线圈中有电流时，可动铁芯被磁化，成为条形磁体。随着电流方向的变化，条形磁体的极性也出现相应变化，使可动铁芯绕支点做旋转运动。可动铁芯的振动由悬臂传到振膜，

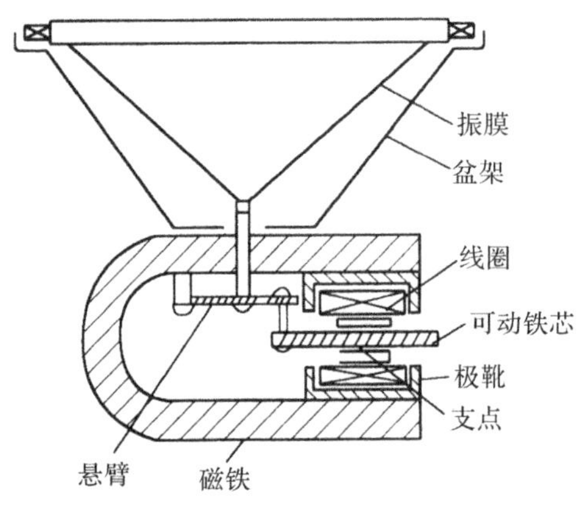

图 1-48 电磁式扬声器结构

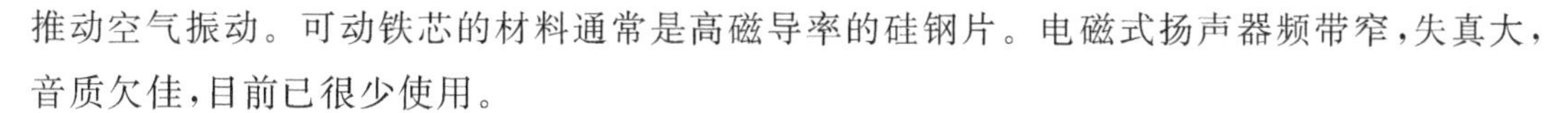

推动空气振动。可动铁芯的材料通常是高磁导率的硅钢片。电磁式扬声器频带窄，失真大，音质欠佳，目前已很少使用。

(3)静电式扬声器

静电式扬声器又称电容式扬声器，利用加到电容器极板上的静电力工作。两块厚而硬的材料作为固定极板，极板上的孔可以让声音透过，中间一片极板用薄而轻的材料，作为振膜。将振膜周围固定、拉紧与固定极板保持相当距离，保证在大振幅下，不与固定极板相碰。这种方式的静电扬声器是一种推挽式扬声器，即振膜在平衡点两侧振动。静电扬声器为单端式，它的结构是用一个固定电极和一个振膜的方式。为了减轻振膜的质量，通常在塑料薄膜上喷涂金属。

静电式扬声器的优点是整个振膜同相振动，振膜轻，失真小，可以重放极为清脆的声音，有很好的解析力，声音逼真；缺点是效率低，需要高压直流电源，容易吸尘，不适合重放大音量和低音，价格比较昂贵。

(4)压电式扬声器

利用压电材料的逆压电效应工作的扬声器称为压电扬声器。电介质在压力的作用下发生极化，使两端表面间出现电位差的现象称为“压电效应”。它的逆效应使置于电场中的电介质发生弹性形变，这种现象称为“逆压电效应”或“电致伸缩”。压电扬声器根据介质不同，可分为压电高聚物扬声器、压电晶体扬声器和压电陶瓷扬声器。

压电扬声器同电动式扬声器相比，不需要磁路；同静电式扬声器相比，不需要偏压。它结构简单，价格便宜，缺点是失真大，且工作不稳定。

(5)离子式扬声器

离子扬声器是在两个相对的金属电极之间，加上受音频信号调制的高频高电压，在两个电极间产生离子放电引起空气振动发出声音。为了使空气电离，要加上 20MHz 的高电压，再叠加音频信号产生声波。离子扬声器由高频振荡部分、音频调制部分、放电腔及号筒组成。其中，放电腔由直径为 8mm 的石英管组成，中间插入电极，另一电极呈圆筒形套在石英管外面。

离子扬声器与其他扬声器相比，不同之处是没有振膜，所以瞬态特性和高频特性很好。它的音量不大，效率低，结构复杂，从而限制了它的使用。

(6)气动式扬声器

气动式扬声器利用压缩空气作为能源，用音频电流调制气流发声的扬声器。它的输出功率可达数千到上万瓦。这种扬声器由气室、调制阀门、号筒和磁路组成。压缩气流由气室经过阀门时，受外加音频信号调制，使气流的振动按照外加音频信号的变化而变化，同时被调制的气流经号筒耦合，提高系统的效率。阀门的调制可分电动式和电磁式两种。气流扬声器主要用作高强度噪声环境试验的声源或远距离广播和对近海船只预报雾警及其他报警项目，作用距离达 10km，频率范围达 100～10kHz，声压级可达 165～175dB。

2. 按辐射方式分类

按辐射方式的不同,扬声器可分为直接辐射式扬声器和号筒式扬声器。

(1)直接辐射式扬声器

通常见到的纸盆(锥形)扬声器、球顶形扬声器都属于直接辐射式扬声器。它的特点是扬声器振膜直接向空气中辐射声波,缺点是效率比较低。

(2)号筒式扬声器

目前,大功率专业音箱中用得最多的是号筒式高音扬声器,此类扬声器辐射效率高(是直接辐射式扬声器的数十倍)、可以制成恒定指向性且辐射距离远。电动式号筒扬声器又称为号角喇叭,工作原理与电动式纸盆扬声器一样,但声音的辐射方式不同。号筒式扬声器在振膜振动后,声波经过号筒再扩散出去,属于间接辐射式扬声器。其结构如图 1-49 所示。

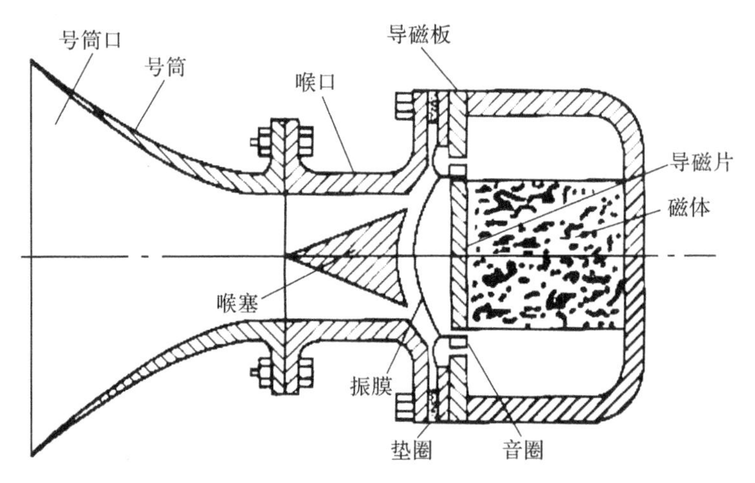

图 1-49　号筒式扬声器结构

号筒式扬声器包括驱动单元和号筒两部分。驱动单元与球顶扬声器相似,其振膜一般做成球顶形,用铝合金、钛合金、纯钛或聚酯压成,振膜的振动通过号筒与空气耦合而辐射声能。号筒的形状有圆柱形、锥形、矩形、抛物线形等。当频率提高时,振膜各部分辐射声波的相位不一致会引起干涉,使扬声器频响曲线出现峰谷起伏,为此可加入喉塞,以消除干涉。

与直接辐射式扬声器相比,号筒式扬声器的最大优点是,电声转换效率高,非线性失真小于纸盆扬声器。新型的液磁式号筒扬声器能承受较大功率,其缺点是重放频带较窄,指向性窄,但在某些场合这也算是优点。号筒式扬声器给人的感觉是发音较“硬朗”,不如纸盆和球顶式扬声器柔和。号筒式扬声器目前广泛应用于体育场馆、剧院等场所,作为高频单元使用。

6.1.2　扬声器的性能指标

扬声器的主要性能指标如下。

1. 额定功率

额定功率是扬声器在一定的谐波失真范围内所允许的最大输入功率(有效值)。

2. 音乐功率

音乐功率是模拟播放音乐状态下工作时的使用功率,即播放1分钟休息1分钟,连续工作8小时而不发生损坏的功率,通常是额定功率的3～5倍。

3. 峰值功率

峰值功率是扬声器在某一瞬间所能承受的最大峰值功率,且设备没被烧毁,通常是额定功率的8～10倍。

4. 灵敏度与灵敏度级

扬声器的灵敏度是指在自由场条件下,扬声器输入1W功率的粉红噪声信号,在距离扬声器正面轴线1m处所产生的声压大小。此处所指的自由场为没有声反射的空间。通常利用消声室来测量参考,如图1-50所示。

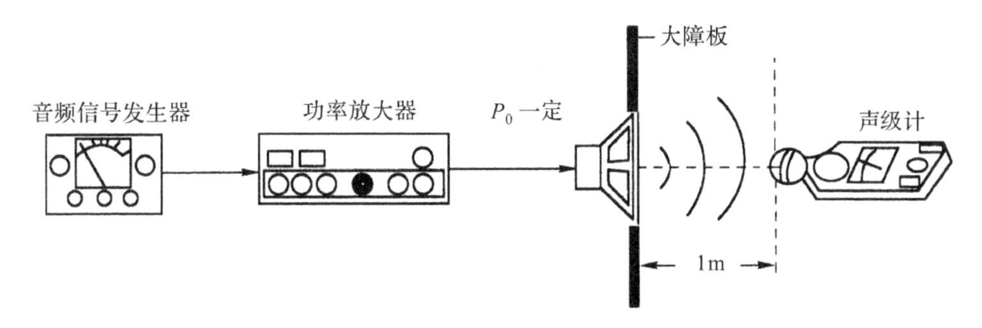

图1-50　在消声室内进行参数测量

灵敏度级是以对数表示特性灵敏度,即灵敏度与基准声压比值的对数乘以20,用dB表示。

上述所说的粉红噪声和白噪声一样是一种无规则噪声,具有连续的功率谱。"白"和"粉红"是指噪声频谱不同。白噪声中包含各种频率的噪声,并且能量分布均匀。粉红噪声的功率谱密度与频率成反比。在对数坐标系中,为一条水平直线;在线性坐标系中,输出以每倍频程3dB的速度下降,即粉红噪声的低频成分比白噪声要丰富。

5. 频率响应特性

扬声器的频率响应是指在自由场或半自由场的条件下,相对于参考轴和参考点的指定位置,以规定的恒定电压测得的作为频率函数的声压级。所得的声压级—频率关系曲线为频率响应特性曲线。

频率响应曲线可以确定有效频率范围,如图1-51所示。规定在用正弦信号测得的频率响应曲线上,在灵敏度最大的区域内取一个倍频程带宽,在其中按1/3oct取4点计算其声压级的算术平均值,下降10dB画一条平行于横坐标的直线,它与频率响应特性曲线高低端的交点所对应的频率范围，即为有效频率范围。对于谷值的频带宽度小于 1/9oct 的部分不计算在内。

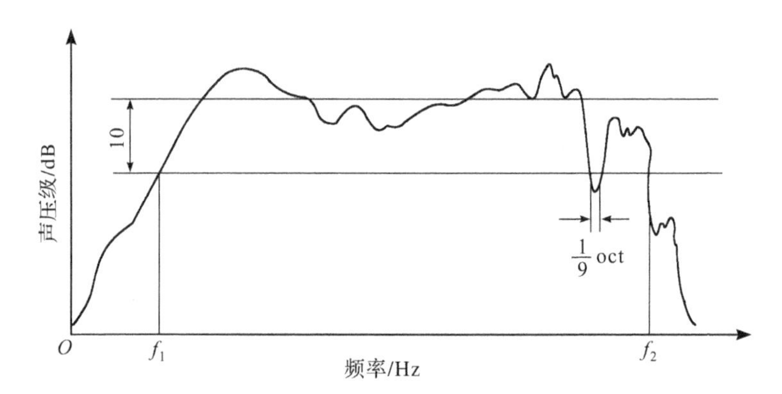

图 1-51　扬声器的频率响应曲线及有效频率范围

6. 指向性

扬声器的指向性也称发散性，是指扬声器辐射声音的方向，不同频率辐射是不同的，通常低频分布比高频要宽一些。扬声器的指向性与频率辐射关系如图 1-52 所示。

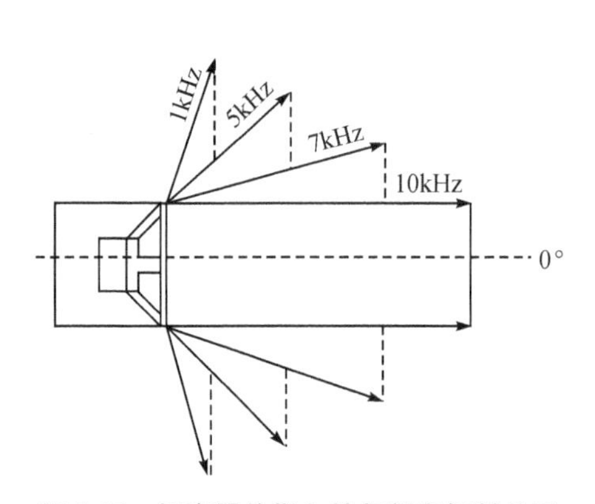

图 1-52　扬声器的指向性与频率辐射关系

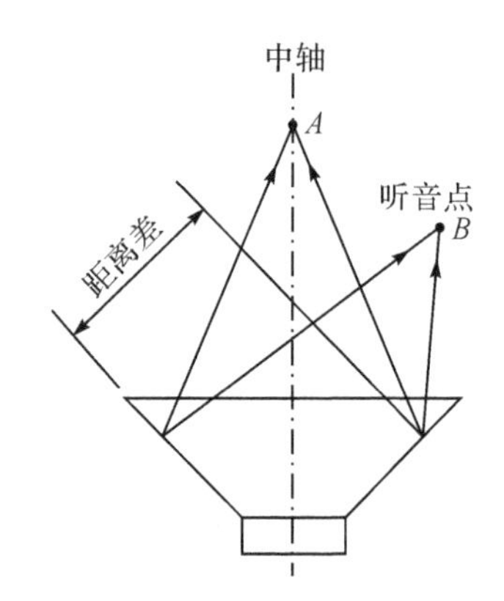

图 1-53　扬声器指向性结构

指向性是由扬声器工作原理、结构决定的。例如，对于锥形扬声器，在正面轴方向从锥体各部分发出的声音距离大体相同。在偏离轴线方向上，锥体各部分到观察点产生了距离差，频率高且距离差为波长的 1/2 时，声波反相，相互抵消。为此，在波长比较短的高频区，不同方向的强度就会不同，即产生指向性，如图 1-53 所示。通常，扬声器厂家用有效频率范围来标明这个特性，如 50～16kHz，120°，±6dB，说明如果在扬声器中心轴两边 60°范围内，测到的 50～16kHz 频率范围内声音的响度在±6dB 以内变化。

指向性有多种表示方法，这里介绍两种：指向性图和指向频率响应。指向性图是指在自由场条件下，包含参考轴在内的规定平面上及规定的测试距离处，所测得的辐射声压级随辐射方向变化而变化的图形，测量是在不同频率下进行的。指向频率响应是在偏离参考轴不同方向上的特定距离处，测得的一组频率响应曲线。指向性的测量设备连接如图1-54所示。

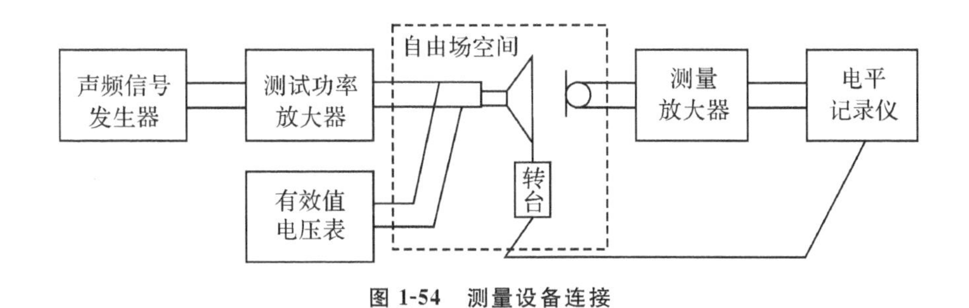

图1-54　测量设备连接

馈入扬声器以额定噪声功率的正弦信号，扬声器安装在能够自动旋转的转台上，用极坐标图记录扬声器的声压级随辐射方向的变化而变化的图形。测量频率点在额定频率范围内按1/3oct或1oct选取，应包括500Hz、1kHz、2kHz、4kHz、8kHz(如不在扬声器的额定频率范围内则不需要测量)。这种极坐标的图形即为指向性图，如图1-55所示。

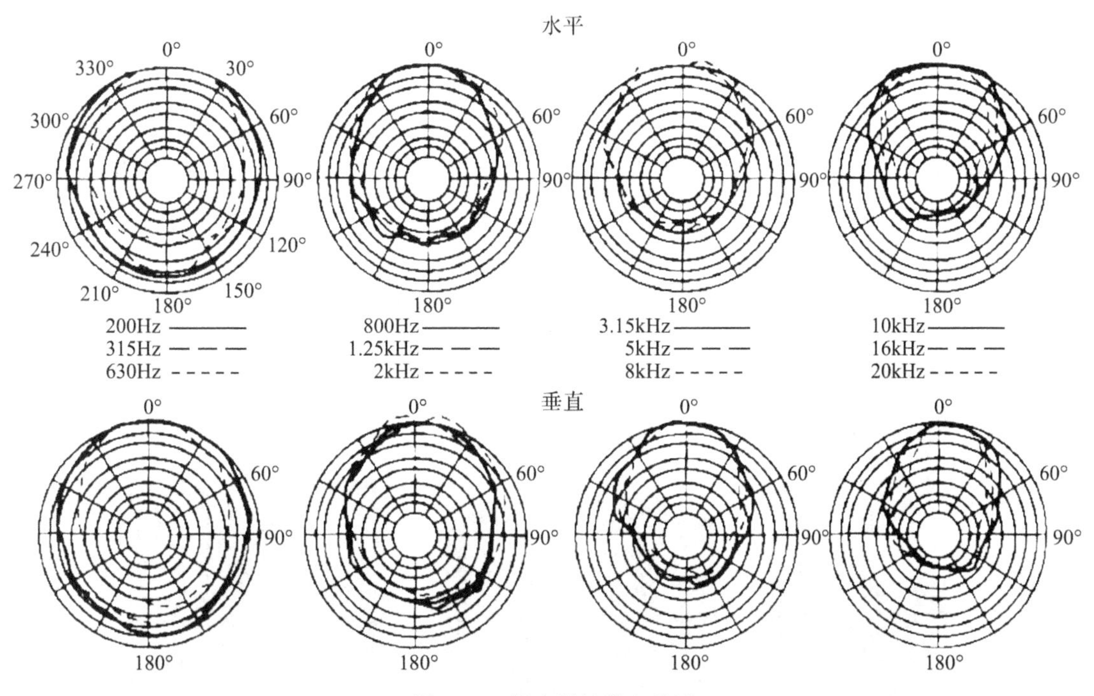

图1-55　扬声器的指向性图

指向频率特性是分别测出扬声器轴向和偏轴的频率响应曲线。偏轴15°为一挡，分别测15°、30°、45°、60°等角度的频率响应，如图1-56所示。从曲线上可以看到，不同方向上扬声器特性的变化，在偏轴度增加时，声压级有下降趋势。通常所说的某扬声器指向性强，是指其声能集中向某方向辐射。

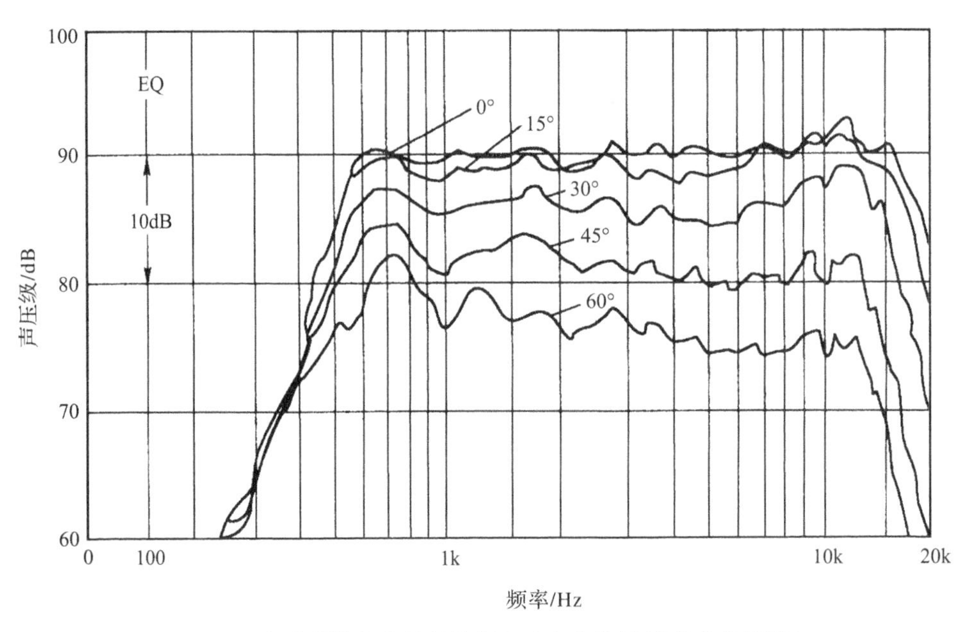

图 1-56 扬声器轴向和偏轴的频率响应曲线(频率为趋势取值)

6.1.3 扬声器系统

单只扬声器不管是低音、中音、高音都只能承担一段频率的信号重放,不能覆盖从低音几十赫兹到高音上万赫兹的重放。在实际使用中,各种类型的音乐和演奏都包含着宽频带内容,要保证正常地播放演出,单只扬声器满足不了要求。将高、中、低频扬声器利用分频器组合在一起装入箱体内,可解决这个问题,即音箱。音箱的内部结构及不同扬声器外观如图1-57 所示。

图 1-57 音箱内部结构及不同扬声器外观

1.音箱功能设计

音箱应具有如下功能：

(1)防止纸盆后面的反相声辐射引起的干扰。当纸盆向前运动时，纸盆前方的空气受到压缩，后面的空气松弛，这是一个声波的两种完全相反的情况。在低频时，声波的绕射使声波传不出去，所以一个音箱必须阻挡这种反相压力加到外部空气中，或改变相位，增加振膜的向前压力，加大正向声波。

(2)音箱对纸盆和带波纹的定心支片等部件的低频谐振起阻碍作用，需设置适当的声阻。

2.音箱的组成

音箱由一只或多只扬声器单元、箱体、分频器、衰减器、匹配变压器及其附件组成。根据使用场合、结构简易程度不同，一只扬声器一个箱体为最简单的音箱，对于一般厅堂扩声用的音箱，大多数是由箱体、扬声器、分频器组成的两分频音箱。

3.常用音箱的几种形式

音箱有封闭式音箱、敞开式音箱、平面障板倒相式音箱、声柱等。广播、扩声和录音中最常使用的有密闭式音箱、倒相式音箱和声柱。下面分别介绍几种音箱的形式：

(1)密闭式专业音箱。密闭式专业音箱为箱体全封闭的音箱，流行于欧美。它将扬声器背面辐射的声波完全隔离在扬声器的箱体内，消除声短路及干涉现象。纸盆的振动会使箱体内的空气压缩或膨胀，如果音箱板材的厚度不够，容易产生振动而影响声音的清晰度。密闭式专业音箱的共振频率与扬声器的共振频率成正比，要获取较低频率声音的重放，必须靠增加扬声器的直径和降低扬声器共振频率来实现。箱体大小也直接影响声音的质量，箱体大低音软，箱体小低音硬。密闭式专业音箱的最大优点是音箱结构简单，调试方便，易于设计制作，音箱音色柔和，适用于高保真音响制作；缺点是箱体大，使用效率较低。

(2)倒相式专业音箱。倒相式专业音箱是目前较流行的音箱，它利用扬声器背面辐射声波通过箱体上的 1～2 只倒相孔，对声波相位倒转 180°来实现声波的反相和扬声器正向辐射的声音叠加，提高扬声器低频使用效率。它提高了低频辐射的声压和低频重放的下限频率，同时还具有箱体小、失真小等特点。其缺点是设计结构繁杂，不易制作。

(3)号筒式组合音箱。号筒式组合音箱是在扬声器纸盆的前面加木质或塑料的号筒式音箱。号筒式专业音箱制作的目的是提高音箱指向性，使音箱有足够大的混合半径，且号筒角度越小，指向性越好。强指向性的音箱主要用于大型专业扩声系统的主扩声系统。

4.分频器

分频器根据处理信号电流的大小、电压的高低以及分频电路在系统中所处的位置不同分成两类：一类为电子分频器(有源网络)，由电感、电容及放大电路组成，在功率放大器之前，与均衡器的输出端连接；另一类为功率分频器，又称分频器(无源网络)，由电阻、电感和电容组成，在功率放大器的输出端，与各频段的扬声器相连接。由于功率分频器处理的是高电压、大电流的功率信号，因此只能用电阻、电感与电容网络来进行滤波处理，以达到分频的目的。

5. 衰减器

为了使扬声器频率特性平直，要求各频段的扬声器灵敏度相等，但在实际制作中难以达到，为此常用衰减器来衰减送入灵敏度高的信号，以达到声信号大小一致的目的。另外，在声音的放送中，有时希望高频信号的大小能够根据节目内容进行调整，因此也需要衰减器。衰减器本身是一个功耗元件，其使用的电阻采用线绕电阻或线绕电位器，目的是能够承受大功率。

6.1.4 扬声器系统的类型

1. 扬声器类型

(1)主扬声器

主扬声器是对听众播放声音，给听众以足够的声压，将真实、清晰、饱满、不失真的声音送至听众。

主扬声器应具有大功率、宽频带、高声压级的特点。为了有效控制声波的辐射，高频扬声器单元都选用指向性强的号筒式，有些用于室外扩声的扬声器，中音单元也采用号筒式。主扬声器系统的形式主要有两种：一种是用于小型扩声系统的全频带扬声器，由号筒式高音和中、低音纸盆扬声器组成；也有高、中、低音多单元扬声器组成的扩声系统。另一种是由各频段独立制成的扬声器组成的扩声系统，采用电子分频网络，单独对各频段进行放大；也有的把高音和中、低音扬声器制作成一体的音箱和独立的超低音音箱组合使用。为满足不同声波的投射角度，不但可选用高音扬声器，而且可以把整个音箱制成号筒式，即在扬声器的纸盆前面加木质号筒来提高中、高音的辐射强度。

(2)返送扬声器

返送扬声器主要用于演员或乐队成员监听自己演唱、演奏的声音效果。由于演员和乐队成员多数在舞台上演出，而主扬声器又位于舞台前的两侧，面向听众，在舞台上是很难听清声音效果的，如果没有返送扬声器，演员或演奏人员就找不准感觉，不能和整个演出效果配合，严重影响演出、演奏效果。

返送扬声器一般都采用 2 分频网络，高音单元选用号筒式扬声器，中、低音单元为 15 英寸(38.10cm)纸盆扬声器，音箱的面板做成斜面型放在舞台上，扬声器轴线与地面呈 45°。这样的构造既不影响舞台的造型，又不影响观众的视线。

(3)监听扬声器

监听扬声器一般设置在音响控制室或录音室，为音响师监听节目真实效果所使用的扬声器。监听扬声器的性能要求很高，应具有失真小、频响宽、特性曲线平直、对声音信号不加任何修饰并能真实反映节目的演出效果等特点。

监听扬声器系统分近场监听和中场监听。一般近场监听又分为有源监听和无源监听，大多数由球顶式高音单元和8英寸(20.32cm)纸盆中低音单元扬声器组成。中场监听多为无源监听,采用球顶式或号筒式扬声器作为高音单元,多由中音单元为5～8英寸(12.70～20.32cm)的纸盆扬声器、低音单元为10～15英寸(25.40～38.10cm)不等的纸盆扬声器组成。

2.扩声系统中对扬声器摆放的要求

(1)有良好的声像感

正确摆放扬声器的位置,应让人感觉不到扬声器的存在,仿佛声音就是从演员或乐手的位置发出来的;在重放高保真音乐时,对音乐中各音源不同的位置能清晰可辨,有效增加空间感和距离感。

(2)有良好的均匀度

扩声场地上的听众位置有远有近、有左有右,必须通过扬声器的摆放位置和角度加以修正,让整个扩声场地声压均匀扩散,不要让前面的听众听得感天动地,后面的听众却听不清楚。扬声器高音单元指向性强,容易被挡住,为使声音能均匀扩散,在转动主扬声器水平方向及调整角度仍不能均匀扩声的情况下,可以采用辅助音箱系统对盲区进行补音。

(3)有一定的清晰度

扬声器摆放位置不合适会与其他物体发生共振。特别是低音音箱,其功率大,应把低音音箱放在不易振动的花岗岩、水泥地等硬质地面上,减少共振或反射过强造成的声音混浊不清现象。

(4)位置摆放合理

啸叫的原因主要是扬声器的声音通过某种途径回到传声器,达到一定的强度而产生。为防止啸叫,扬声器的摆放应避开传声器的入口方向。同时,扬声器合理摆放还可以提高扩声声压,增强整个系统的扩声效果。下面介绍几种扬声器的摆放。

①主扬声器的摆放

主扬声器是扩声系统的核心。根据演出场地的大小,主扬声器应摆放在舞台口两侧,面向听众,音箱应向下倾斜,倾斜的角度是使高音号筒指向中间的听众区,并应向内倾斜一个小角度,这个角度通常在10°～30°;距后墙的距离在0.5m以上,距离不适宜会使低音反射过强而产生低频“隆隆”声。由于低音无方向性,有极强的穿透力,振动的频率和周围物体很容易发生共振,所以摆放时应把超低音音箱放在舞台的平地上,或水泥地面、花岗岩、地毯等上面。不能放在容易产生共振的地板、木箱或架子上,也不要放在墙角,否则会因低频反射过多而使声音混浊。

②返送扬声器的摆放

返送扬声器主要用于演员和乐队监听,应摆放在舞台口,面向舞台,背向观众。一般流动演出或室外演出,可把返送扬声器摆放在舞台口,若是只有一对返送扬声器,则可摆放在舞台口两侧,指向舞台中心,与舞台中心呈等腰三角形;若在大型舞台上,则可使用多只返送扬声器,均匀地摆放在舞台口的边上;若在固定的室内演出,为避免演出走动而引起的啸叫,则可以把返送扬声器吊装在舞台前方，面向舞台，向下倾斜，指向舞台中央。

③监听扬声器的摆放

监听扬声器用于音响师对演出节目和录音节目的监听，是节目质量的主观鉴别标准。一般小型监听扬声器应摆放在调音台的台子上，面向音响师，高度与音响师的头部相平或略高，向内侧与音响师呈等腰三角形，2只音箱间的距离在2～3m，也可用音箱架，架高音箱使之与人耳相平或略高。大型监听音箱和中型监听音箱一般镶嵌在控制室的墙中，高度与音响师人耳相平或略高，监听音箱离音响师的距离在3m以上，呈等腰三角形。

④辅助扬声器的摆放

有遮挡物的室内或扩声厅堂结构不合理的场所，扩声会造成声场不均匀或有盲区，因此必须摆放辅助音箱。辅助音箱一般放在顶棚或者侧墙面上，通常是吊装或用支架托放，支架上的扬声器应高于听众的人耳，能辐射到整个盲区；还有的场所过大或过于狭小，主音箱的辐射范围小，超过了混合半径，常采用在后排观众的两侧加装辅助音箱，辅助音箱装在顶棚上，或用支架架高，高于人耳。辅助音箱和主扬声器之间超过17m时应做延时处理，调节延时时间，杜绝后区观众听到重音。

⑤KTV扬声器的摆放

KTV包厢体积小，要求相位一致，声音的均匀度要好。大多数情况下，吊装在电视机两侧的顶上，离侧墙0.3m以上，离后墙0.5m左右，向下倾斜，指向座位上顾客的耳朵位置。这种摆放方法声场扩散性好，不容易引起啸叫。

3.注意事项

(1)扬声器之间的摆放距离不应超过17m，超过这个距离人耳便会感觉到有回声，此时应做延时调整。

(2)低音音箱和大功率音箱应摆放平稳，防止产生共振而影响音质。

(3)注意音箱和听众的距离，听音的范围应在混响半径以内。

(4)扬声器摆放的位置离后墙、侧墙距离过近，会使反射强度增加而出现峰谷，影响声音清晰度。

(5)音箱的倾斜角度应指向听众。

(6)高音音箱的摆放位置应避开遮挡物。

(7)悬挂音箱的吊架应有足够的承受力，注意安全，防止脱落。

6.1.5 功放与音箱配接四要素

在设计、安装一套音响系统时，需考虑功放与音箱的配接问题。在音色方面，注意其搭配上是否冷暖相宜、软硬适中，最终使整套设备还原音色呈中性。从技术方面考虑，功放与音箱配接的要素有功率匹配、功率储备量匹配、阻抗匹配、阻尼系数的匹配等。

1.功率匹配

为了达到高保真聆听的要求，额定功率应根据最佳聆听声压来确定。音量小时，声音无力、单薄、动态小，低频显著缺少时丰满度差；音量合适时，声音自然、清晰、圆润、柔和丰满、有力、动态合适；音量过大时，声音生硬不柔和、毛糙。所以，重放声压级与声音质量有较大关系，规定听音区的声压级最好为 80～85dB(A 计权)，我们可以从听音区到音箱的距离与音箱的特性灵敏度来计算音箱的额定功率与功放的额定功率。

2. 功率储备量匹配

音箱：为了使其能承受节目信号中的触发强脉冲的冲击而不至于损坏或失真，所选取的音箱标称额定功率可选理论计算所得功率的 3 倍。

功放：电子管功放和晶体管功放相比，所需的功率储备是不同的。因为电子管功放的过荷曲线较平缓。对过荷的音乐信号巅峰，电子管功放不会明显产生削波现象，只使巅峰的尖端变圆。而晶体管功放在过荷点后，非线性畸变迅速增加，对信号产生严重削波，它会把巅峰削平。有人用电阻、电感、电容组成的复合性阻抗模拟扬声器，对几种高品质的晶体管功放进行实际输出能力的测试，结果表明，在负载有相移的情况下，其中有一台标称 100W 的功放，在失真度为 1%时实际输出功率仅有 5W，由此对于晶体管功放的储备量的选取：高保真功放 10 倍；高档功放 2～4 倍；一般功放 1～2 倍。

对于系统的平均声压级与最大声压级留有多少余量，应视放送节目的内容、工作环境而定，这样才能使得音响系统能安全、稳定地工作。

3. 阻抗匹配

它是指功放的额定输出阻抗应与音箱的额定阻抗相一致。此时，功放处于最佳设计负载线状态，可以给出最大不失真功率，如果音箱的额定阻抗大于功放的额定输出阻抗，功放的实际输出功率将会小于额定输出功率。如果音箱的额定阻抗小于功放的额定输出阻抗，音响系统虽能工作，但功放有过载的危险，故要求功放有完善的过流保护措施，对电子管功放来讲，阻抗匹配要求更严格。

4. 阻尼系数的匹配

阻尼系数 KD 的计算公式为：

KD＝功放额定输出阻抗(音箱额定阻抗)/功放输出内阻

由于功放输出内阻实际上已成为音箱的电阻尼器件，KD 值便决定了音箱所受的电阻尼量。KD 值越大，电阻尼越重，当然功放的 KD 值并不是越大越好，KD 值过大会使音箱电阻尼过重，使脉冲前沿建立时间增加，降低瞬态响应指标。因此，在选取功放时，不应片面追求大的 KD 值。

为保证放音良好的稳态特性与瞬态特性，应注意音箱的等效力学品质因素与放大器阻尼系数的配合。这种配合需将音箱的馈线作为音响系统整体的一部分来考虑，使音箱的馈线等效电阻足够小，小到与音箱的额定阻抗相比可以忽略不计。音箱馈线的功率损失应小于 0.5dB(约 12%)即可达到这种匹配程度。

6.1.6 选择使用扬声器时应注意的事项

使用多只扬声器进行扩声时，应尽量避免串联使用。如需要在功放的一路输出上驱动几只扬声器，可采用并联方式，但一定要注意并联后的扬声器阻抗不得低于功率放大器所允许的最低值，以免对功率放大器造成损坏。

扬声器的摆放要选择合适的位置和高度，既要达到美观的效果，又不能影响正常工作质量。扬声器的选择应根据实际用途、使用场地等多方面来考虑，既要满足使用的要求，又不能过于奢侈，避免造成大量花费而得不到好的效果。

人声和各种乐声是一种随机信号，波形十分复杂，其中，语言的频谱范围为 180～4kHz，而各种音乐的频谱范围可达 40～18kHz。平均频谱的能量分布为：低频和中低频部分最大，中高频部分次之，高频部分最小，约为中、低频部分能量的 1/10。人声的能量主要集中在 200～3.5kHz 频率范围内，这些可听声随机信号幅度的峰值比它的平均值大 10～15dB，甚至更高。因此，要正确地重放这些随机信号，保证重放的音质优美动听，必须选用具有宽广的频率响应特性，足够的声压级和大动态范围的扬声器，同时需要扬声器有高效率的转换灵敏度和在输入信号适量过载的情况下，不会受到损坏的可靠性。

两个相同声压级的扬声器放在一起的合成声压级是：在室内混响声场两倍半径以外的地方约可增加 3dB。例如，1 只扬声器箱是 97dB，2 只扬声器箱是 100dB，4 只扬声器箱是 103dB，8 只扬声器箱是 106dB。如果系统需要达到 106dB 的声压级，还需考虑性价比核算的问题。例如：一个声压级为 97dB 的音箱，单价为 5000 元；另一种音箱的声压级为 106dB，单价为 2 万元，如果需要达到 106dB 的声压级，需要 8 只声压级为 97dB 的音箱，共需 4 万元；而另一种声压级为 106dB 的音箱则只需要 1 只，花费 2 万元。此外，8 只音箱还需用 8 倍的功率推动，增加了投入成本。

在使用过程中，要防止操作不当使扬声器受到损坏。例如，功放输出功率过大而造成的损坏，或者是传声器输入信号过大，引起功放过载削波，使失真波形产生大量谐波，损坏了高音单元，还需避免传声器产生强烈的声反馈啸叫，使功放强烈过载而损坏扬声器系统。

6.2 任务实施

6.2.1 准备要求

1. 动圈式传声器、电容式传声器等若干支。
2. 笔记本电脑数台。
3. 调音台数台。
4. 音频功率放大器数台。

5. 音箱数对。

6. 音频线若干。

6.2.2　工作任务

1. 根据使用要求正确选择音箱。

2. 根据使用场地要求合理摆放音箱。

6.3　任务评价

任务评价内容、标准、权重及得分如表 1-12 所示。

表 1-12　任务评价

评价内容		评价标准	权重	分项得分
职业技能	任务 1	根据使用要求正确选择音箱	40	
	任务 2	根据使用场地要求合理摆放音箱	40	
职业素养		1. 以诚实守信的态度对待每一个工作任务 2. 工作过程中严格遵守职业规范和实训管理制度 3. 面对问题要学会思考与合作，增强团队意识	20	
总分			评价者签名：	

本模块知识测试题：

专业音箱试题

模块 7　综合实训

7.1　任务实施

7.1.1　准备要求

1. 动圈式传声器、电容式传声器等若干支。

2. 笔记本电脑数台。

3.调音台数台。
4.音频功率放大器数台。
5.音箱数对。
6.音频线若干。

音响系统连接

7.1.2 工作任务

1.正确连接各设备。
2.调整音源输入电平及声像,并把各个音源信号送入对应音箱。
3.修饰美化声音。

模拟调音台的使用

7.2 任务评价

任务评价内容、标准、权重及得分如表1-13所示。

表1-13 任务评价

评价内容		评价标准	权重	分项得分
职业技能	任务1	正确连接各设备	20	
	任务2	调整音源输入电平及声像,并把各个音源信号送入对应音箱	20	
	任务3	修饰美化声音	40	
职业素养		1.以诚实守信的态度对待每一个工作任务 2.工作过程中严格遵守职业规范和实训管理制度 3.面对问题要学会思考与合作,增强团队意识	20	
总分			评价者签名:	

知识拓展:

音频线制作

音频线制作(视频介绍)

项目2 小型文艺演出音响系统构建及使用

核心概念:电平、均衡、混响、激励。

项目描述:在基本音响系统的基础上增加均衡器、效果器、激励器等周边设备,对声场进行校正,同时对歌手及乐器的声音用效果器和激励器进行修饰。

学习目标	1. 了解小型文艺演出音响系统的特点和组成 2. 了解小型文艺演出音响系统的基本概念、技术指标,掌握基本音响系统的构建方法及典型系统的应用 3. 深刻理解电平在系统中的重要性 4. 掌握均衡器的功能、类型、工作原理和主要技术指标,了解典型的均衡器 5. 掌握效果器的基本功能、类型、使用方法和主要技术指标,了解典型的效果器 6. 掌握激励器的功能、类型、主要技术指标和使用方法,了解典型的激励器
工作任务	1. 小型文艺演出音响系统的设备选择、连接 2. 小型文艺演出音响系统的调试 3. 正确设置各级设备的输入和输出电平 4. 均衡器、效果器和激励器的使用

模块1 小型文艺演出音响系统

1.1 知识准备

1.1.1 小型文艺演出音响系统的特点

小型文艺扩声系统是在“基本音响系统”的基础上,增加所需的均衡器、效果器、激励器等周边设备。

小型文艺演出的观众人数一般较少,表演节目类型也较少,多为播放伴奏音乐的歌舞类、语言类等节目类型。因此,一个小型的文艺演出音响系统首先应具有“基本音响系统”的功能,在此基础上根据实际需要,增加传声器、均衡器、效果器、激励器以及舞台监听音箱等设备。

1.1.2 小型文艺演出音响系统的组成

由小型文艺演出的特点可知，小型文艺演出扩声系统的流动性较大，在设备运输和安装方面经常会受到时间的限制。在适应环境变化、提高演出效果的基础上，要求在具备基本扩声性能之外，还可以对特定的设备参数进行调整，达到对声场的缺陷补偿和声音美化效果。

小型文艺演出扩声系统组成如图 2-1 所示。小型文艺演出音响系统是通过在基本音响系统的基础上增加效果器、均衡器和舞台监听音箱构成的，笔记本电脑用于音源的播放。

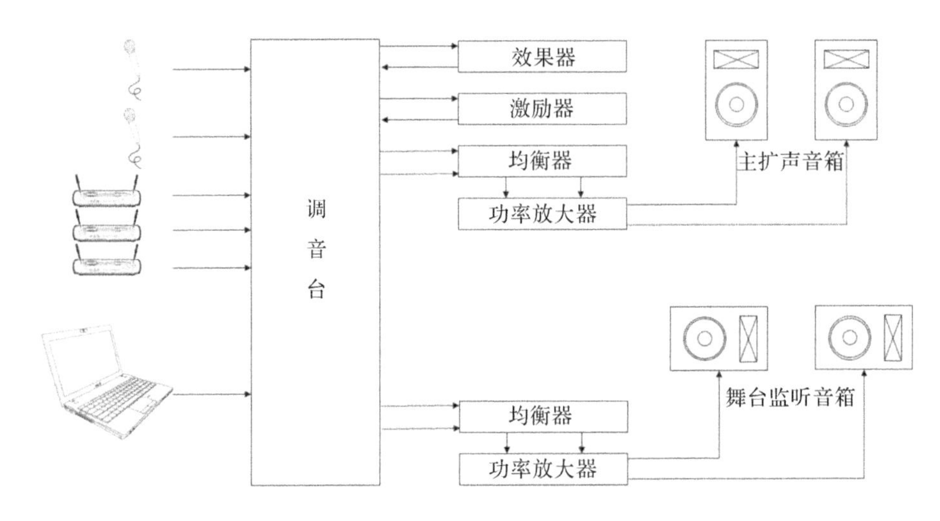

图 2-1 小型扩声系统

1.1.3 小型文艺演出音响系统的主要电声指标

自然声源的声压级是有限的，随着自然声源到听音者之间距离的增加，声压级逐渐降低；同时仅靠自然声源难以得到理想的混响感和立体感，声压级较高的噪声也难以克服，因此，厅堂都应该设置合适的扩声系统。国家标准《GB/T 50371—202X 厅堂扩声系统设计规范》是电声扩声系统安装完成后应达到的最低标准。此标准是系统验收的重要参照标准，其内容如表 2-1 所示。

概括起来，厅堂扩声系统主要的电声指标如下。

(1)最大声压级：扩声系统完成调试后，在观众席内各测量点可能产生的稳态最大有效值总声压级的平均值。

(2)传输频率特性：扩声系统在稳定工作状态下，厅堂内各测量点稳态声压级随声音频率的变化曲线。

表2-1　GB/T 50371—202X 厅堂扩声系统设计规范

等级	最大声压级/dB	传输频率特性	传声增益/dB	稳态声场不均匀度/dB	早后期声能比或STIPA/dB	系统总噪声级
一级	额定通带内：大于或等于106dB	以80～8kHz的平均声压级为0dB，在此频带内允许－4～＋4dB的变化；63Hz、10kHz频带允许－6～＋4dB的变化；50Hz、12.5kHz频带允许－8～＋4dB的变化；40Hz、16kHz频带允许－10～＋4dB的变化	100～8kHz的平均值大于或等于－8dB	100Hz时小于或等于10dB；1kHz时小于或等于6dB；8kHz时小于或等于8dB	500～2kHz内1/1倍频带分析的平均值大于或等于3dB；大于或等于0.55	NR－20
二级	额定通带内：大于或等于103dB	以100～6.3kHz的平均声压级为0dB，在此频带内允许－4～＋4dB的变化；80Hz、8kHz频带允许－6～＋4dB的变化；63Hz、10kHz频带允许－8～＋4dB的变化；50Hz、12.5kHz频带允许－10～＋4dB的变化	125～6.3kHz的平均值大于或等于－8dB	1kHz、4kHz时小于或等于8dB	500～2kHz内1/1倍频带分析的平均值大于或等于3dB；大于或等于0.5	NR－20

(3)传声增益：扩声系统达到最高可用增益时（临界增益减去6dB增益的余量），在指定的各听众位置上测得的平均声压级与话筒处声压级的dB数差值。

(4)声场不均匀度：厅堂观众席内各点位稳态声压级中的极大值与极小值的差值。

1.2　音响系统中的电平

在一个音响系统的调试过程中，正确控制好调音台的每个输入通道和输出通道的电平是调试一个系统最关键的步骤。只有做好这一步工作，整个系统才能稳定运行。同样，正确设置好调音台的工作电平，系统调试也就成功了一半。

1.2.1　输入通道的电平设置

在输入通道中，不管是接入话筒还是接入其他音源设备，都不要急于推起推子。首先把通道增益（GAIN或TRIM）旋钮开到最小，然后按下这个通道的监听按键（一般标CUE或SOLO或AFL），最后看着此输入通道电平表的显示刻度，同时，调整增益旋钮，让电平表显示刻度指示在0dB左右，最大值不超过6dB。

如果接入的是话筒，也是按下监听按键，拿着话筒用比较大的声音喊，边喊边看电平表显示刻度，同时调节增益旋钮，喊到最大音量的时候，调整电平指示在 0～6dB。

调音台输入通道的高、中、低均衡旋钮的调节会影响输入电平。如果在后期的调试中，调整了调音台均衡，还需要重复以上步骤，按下监听按键检查电平的变化，调整增益旋钮让电平达到正确的大小。若输入电平过大，则容易引起信号削波失真；若过小则信噪比下降。

1.2.2 辅助通道电平设置

辅助通道(AUX)通常用来连接效果器和舞台监听等周边设备，这个环路有 4 个需要调整电平的环节。

第一，调音台输入通道的 AUX 输出电平，这个调整的是单路 AUX 输出到 AUX 母线的输出电平。它通常没有单独的电平指示，经验值一般可将旋钮设置在 12 点到 2 点的位置。

第二，AUX 输出母线的电平设置，这个是 AUX 通道输出给周边设备的电平，可以按下 AUX 母线(总控)对应的监听按键，在话筒正常使用的状态下，观察电平表指示，调整 AUX 总输出旋钮，把输出电平设置在 0dB 左右。

注意，如果选择 AUX 输出为推子后(POST)，这个输出电平会随推子大小的变化而变化，并且会根据话筒使用数量的变化而变化，打开 AUX 旋钮使用的话筒越多，叠加得就越多，在使用过程中要根据推子和话筒数量的变化随时检查输出电平。

第三，连接在 AUX 输出上的周边设备(以效果器为例)的输入电平，有些效果器有输入电平显示，在正常工作状态下，观察效果器的输出电平表或电平指示灯，调整效果器的输入电平旋钮(INPUT GAIN 或 INPUT LEVEL)，让效果器的输入电平指示在 0dB 或绿色指示灯亮的状态。之所以在调音台 AUX 输出电平设置好以后还要调整效果器的输入电平，是因为不同的设备，输入、输出阻抗不一定完全匹配，通过各自的电平控制，可以达到最佳的电平匹配。

第四，效果器输出返回到调音台输入通道的电平，首先设置效果器输出电平在 0dB 位置，然后参照调音台输入通道电平设置方法，把效果器返回到调音台输入通道的电平设置在 0dB 左右。

1.2.3 输入通道推子电平

输入通道推子电平的设置根据声音平衡的要求来控制，通常最高位置在 0dB 左右。如果感觉某个通道声音比较小，不要急于增加这个通道的推子电平，可以降低其他通道的推子电平后再适当提高总音量推子电平。

1.2.4 总输出或编组输出电平

在所有已经使用的通道都进入工作状态后，控制输出电平最大不要超过电平表＋6dB 刻度。这里需要注意的是，并不是一定要把输出推子推到 0dB 位置，而是根据系统输出的声压来控制。如果推子推到－5dB，场地里的音量就足够了，那么就没有必要非把它推到 0dB；如果推子推到＋6dB，场地里的音量还不够，那也不能继续推了，应该检查系统是否容量不够。

在系统容量不够的情况下，通过提高调音台的输出来提升声压，容易因调音台输出过大，使含有削波失真成分的信号进入后级设备而造成音箱的损坏。

另外，如果把编组输出也叠加到主输出上，改变编组输出的推子电平也会改变主输出的电平，同时叠加到主输出上的编组数量越多，主输出电平也会越大，这也需要在使用的时候随时注意观察。

调音台的相应参数调整好之后，在实际使用中还需要随时根据现场的情况进行相应的调整，只有这样才能达到最佳的效果。

1.3　典型系统

典型的小型文艺演出音响系统如图 2-2 所示，它能为小型文艺演出提供语言扩声、节目伴奏和舞台监听功能。为了提高演出效果，系统中配置了效果器，用于对声音音色进行美化和修饰，考虑到小型文艺演出的流动性，系统中还配置了均衡器，用于对演出场所的声场进行优化补偿。

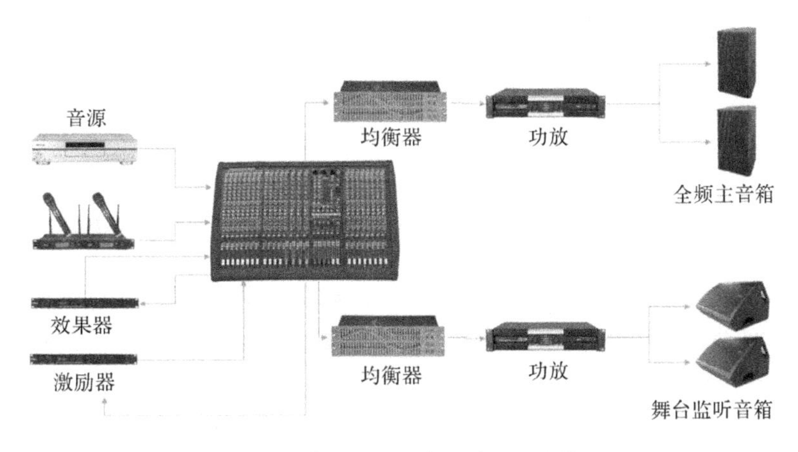

图 2-2　典型小型扩声系统实物连接

小型扩声系统在连接过程中注意与“基本扩声系统”的几点区别。

1. 效果器采用并联接法

使用音频信号线将效果器与调音台进行并联，效果器的信号输出连接到调音台的输入通道，用推子控制效果返回的信号电平，这样在实际调音过程中可以方便控制效果返回信号电平的大小。

2. 均衡器采用串联接法

小型文艺演出音响系统的“主扩声”和“舞台监听”系统通道均需使用均衡器对声场进行

频率均衡,因此在连接时应将均衡器串联在“主扩声”和“舞台监听”通道中。

3. 舞台监听系统连接

舞台监听系统的连接与主扩声系统连接方法基本相同。两者的区别在于,调音台的输出通道不同,主扩声系统的输入信号是来自调音台的主输出接口(不同的调音台有不同的表示方式,如 LR、master、ST、MIX、STRERO 等),而舞台监听的输入信号是来自调音台的辅助输出(AUX)或编组输出(Group)。

1.4 任务实施

1.4.1 准备要求

1. CD 播放器 1 台。
2. 有线话筒 1 支。
3. 无线手持话筒 1 套。
4. 调音台 1 台。
5. 均衡器 2 台。
6. 效果器 1 台。
7. 功率放大器 2 台。
8. 音箱 4 只。
9. 音频线若干。

1.4.2 工作任务

1. 根据小型文艺演出音响系统的实际需求和实训室现有的音响设备选择小型文艺演出音响设备,由实验小组共同讨论,选择组成一套小型文艺演出音响系统的设备和相关辅材。

小型扩声系统的连接

2. 正确绘制小型文艺演出音响系统图。
3. 小型文艺演出音响系统的安装和调试。
4. 在指定的实训场地,将音箱及周边设备布置在相应的位置上,对相关的设备进行正确连接,并对调音台和均衡器等设备的参数进行调整,使系统工作在最佳状态。

小型扩声系统的调试

1.5 任务评价

任务评价的内容、标准、权重及得分如表 2-2 所示。

表 2-2　任务评价

评价内容		评价标准	权重	分项得分
职业技能	任务 1	选择符合指定场所环境的音响设备，特别是音箱的选择，错误一处扣 1 分	10	
	任务 2	小型文艺演出音响系统框图绘制准确无误，错误一处扣 5 分	10	
	任务 3	正确连接音响系统的各个设备，每出现一处错误扣 5 分，扣完为止	40	
	任务 4	正确操作设备开关机，操作错误分数全扣；说明开关机顺序不同对设备所造成的影响，错误一处扣 10 分	20	
职业素养		1. 以诚实守信的态度对待每一个工作任务 2. 工作过程中严格遵守职业规范和实训管理制度 3. 面对问题要学会思考与合作，增强团队意识	20	
总分			评价者签名：	

本模块知识测试题：

小型文艺演出音响系统构建及使用试题

模块 2　均衡器

2.1　知识准备

2.1.1　均衡器的功能

均衡器(equalizer)，EQ 是前面两个字母的缩写，中文名叫作“均衡器”。均衡器最早发明出来是用在提升电话信号在长距离传输中损失的高频成分，由此得到一个各频带相对平衡的音频信号，所以叫作“均衡器”。它让声音的各个频带都得到了平衡/均衡。

主要功能是：单独提升或降低一个信号中特定频带的电平，而不影响其他频带的电平(其实从严格意义上来说，对附近频带还是有影响的，影响的曲线，用 Q 值来表示)；是一种可以分别调节各种频率成分电信号放大量的电子设备，通过对各种不同频率的电信号放大量的调节来补偿扬声器和声场的缺陷，补偿和修饰各种音源信号及其他特殊作用。

2.1.2 均衡器的类型

均衡器类型主要分为图示均衡器和参量均衡器。

1. 图示均衡器

图示均衡器通过面板上推子的分布，可直观地反映出所调整的均衡补偿曲线。各个频率的提升和衰减情况一目了然，它采用恒定Q值技术，每个频点设有一个推拉电位器，无论提升或衰减某频率，滤波器的频带宽度始终不变。这种EQ把频率分为若干个频带，若推拉其中某一个推杆，则相应改变了这个推杆所代表频带的电平信号。图示均衡器结构简单，直观明了，故在专业音响中应用非常广泛，如图2-3所示。

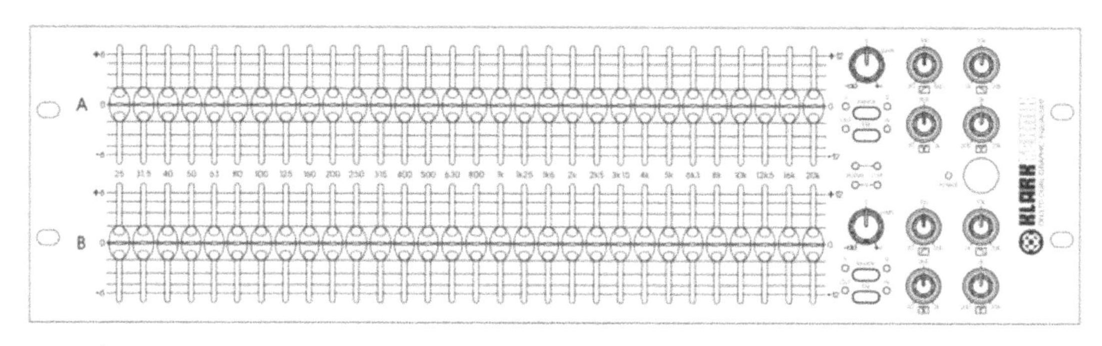

图 2-3　图示均衡器

2. 参量均衡器

参量均衡器又称参数均衡器，是对均衡调节的各种参数都可细致调节的均衡器，多附设在调音台上，但也有独立的参量均衡器。调节的参数内容包括频段（如低、中低、中高和高频等）、频点（扫频式，可任意选择）、增益（提衰量）和品质因数Q（频带宽度有任意可调式、高Q和低Q选择式）等，如图2-4所示。

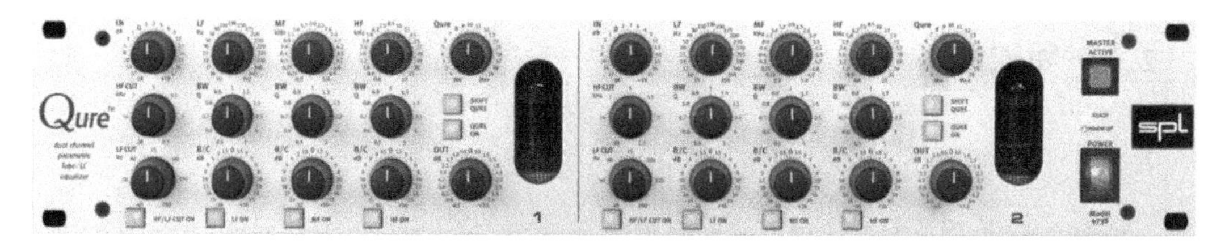

图 2-4　参量均衡器

2.1.3 均衡器的主要技术指标

均衡器的主要技术指标如下。

频响范围：在振幅允许范围内均衡器能够重放的频率范围。

全谐波失真：音频信号源通过均衡器时，由于非线性元件所引起的，输出信号比输入信

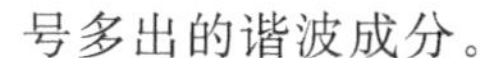

号多出的谐波成分。

信噪比：均衡器输出端正常声音信号强度与噪声信号强度的比值。

动态范围：均衡器输出信号的最大与最小幅度的对数比值。

通道隔离度：由电路互扰引起的当一个声道有输入信号，其他声道没有输入信号时，此时没有信号输入声道的输出电平并不为 0，该通道输出电平与有输入信号声道的输出电平之差称为通道隔离度，单位为 dB。

2.1.4　均衡器的使用

在大多数图示均衡器中，电平控制器都是推子，调整相应频率电平的时候只需上下移动控制杆。

控制杆在中间为一条直线时，对应频度的电平既不增加也不衰减。通过向上移动推杆增大电平，向下拉动推杆，则减小电平（衰减），对应每个频率点的推杆是并排放置的，最低频率点推杆在最左边，最高频率点推杆在最右边。这样，推杆位置图形就像一条曲线，它将电平以每个频道所对应频率的函数形式表示出来，如图 2-5 所示。调整 800Hz 的推杆，实际频响曲线变化如图 2-6 所示。

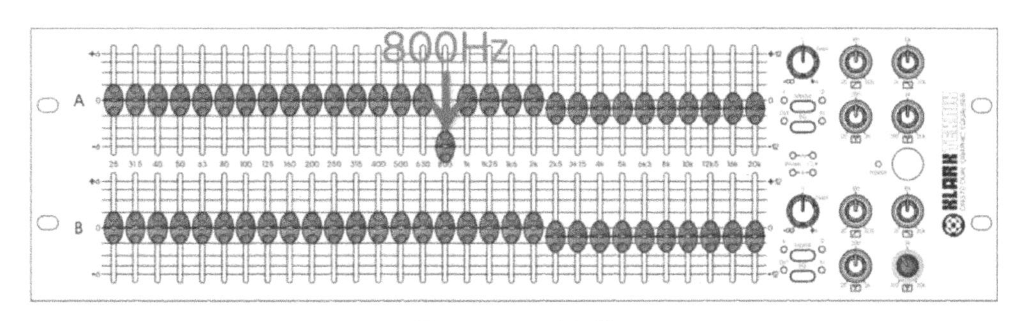

图 2-5　图示均衡器

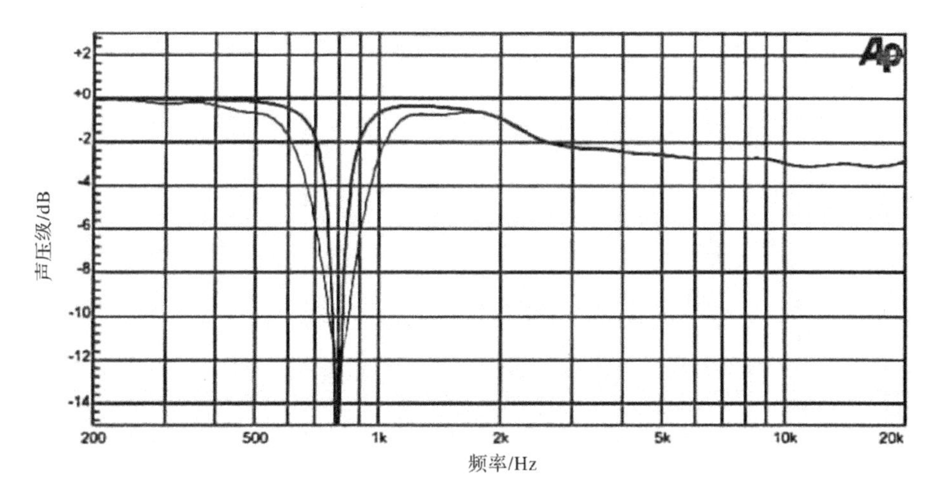

图 2-6　频率曲线

专业扩声系统使用较多的31段图示均衡器又称房间均衡器，其各频点的频率是按1/3倍频程划分的。倍频程是指使用频率 f 与基准频率 f_0 之比等于2的 n 次方，即 $f/f_0=2^n$，则 f 称 f_0 的 n 次倍频程；1/3倍频程(1/3oct)，主要用于对噪声信号做频谱分析。将宽广的连续频率范围划分为若干个频段，而频段上下限的频率比值为2的1/3倍，即1/3倍频程。

把20～20kHz的频率范围分为几段，每个频带成为一个频程。1/3倍频程是将一个倍频程再细分为三段(31段均衡器)。倍频程和1/3倍频程的中心频率及频率范围如表2-3所示。

表2-3 倍频程和1/3倍频程的中心频率及频率范围

倍频程/Hz			1/3倍频程/Hz		
下限频率 f_l	中心频率 f_e	上限频率 f_u	下限频率 f_l	中心频率 f_e	上限频率 f_u
11	16	22	14.1 17.8	16 20	17.8 22.4
22	31.5	44	22.4 28.2 35.5	25 31.5 40	28.2 35.5 44.7
44	63	88	44.7 56.2 70.8	50 63 80	56.2 70.8 89.1
88	125	177	89.1 112 141	100 125 160	112 141 178
177	250	355	178 224 282	200 250 315	224 282 355
355	500	710	355 447 562	400 500 630	447 562 708
710	1000	1420	708 891 1122	800 1000 1250	891 1122 1413
1420	2000	2840	1413 1778 2239	1600 2000 2500	1778 2239 2818

续表

倍频程/Hz			1/3 倍频程/Hz		
下限频率 f_l	中心频率 f_e	上限频率 f_u	下限频率 f_l	中心频率 f_e	上限频率 f_u
2840	4000	5680	2818 3548 4467	3150 4000 5000	3548 4467 5623
56820	8000	11360	5623 7079 8913	6300 8000 10000	7079 8913 11220
11360	16000	33720	11220 14130 17780	12500 16000 20000	14130 17780 22390

但是,图示均衡器也存在相应的缺陷,如果要修正的频点正好位于两个固定频率之间,如 180Hz 介于 160Hz 和 200Hz 两个频率之间,调整推子就不方便处理了,如图 2-7 所示。因为图示均衡器每个频率点带宽是固定的,无法调整,所以限制了精细的调整。

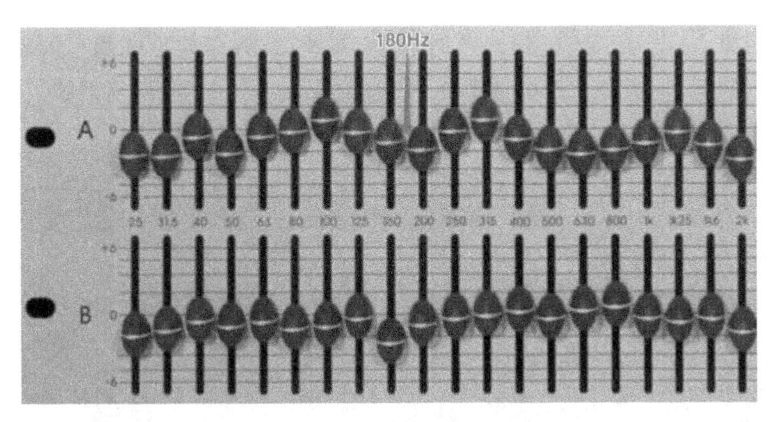

图 2-7　180Hz 在引段均衡器的位置

此时,参量均衡器就可弥补以上所述的缺陷。它有两种应用方式:一种是和图示均衡器一样,弥补房间的声学缺陷;另一种是在调音台上的,用于对声音进行主观调节,为艺术创作需要,对声音信号做特殊加工处理。参量均衡器调整曲线如图 2-8 所示。

参量均衡器的特点——频率可任意选择(模拟式的为扫频式,数字式的为步进式,但是每一步的精度非常高,幅度非常小),同时,可以调整 Q 值/带宽。

频率(frequency)参数:设定了需要对声音频带中进行均衡的具体频段。

提升(boost)和衰减(cut)参数:决定了对选定频段进行提升或衰减的程度。

带宽或 Q 值参数:这个参数决定了提升或衰减曲线是窄而尖锐还是宽而平缓。较窄的带宽设置(较高的共振或Q值)使得均衡器只能对非常窄的一个频段进行操作,而较宽的设定值则可以对较宽的频段进行操作,如图2-8所示。

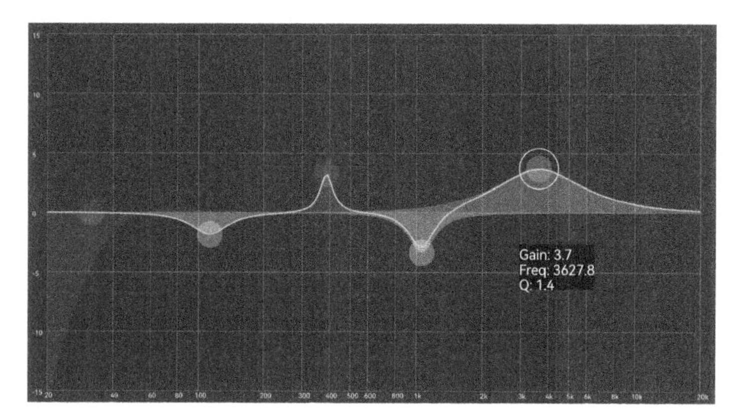

图2-8　参量均衡器局部

均衡器实际上是一个滤波器,带宽这个概念就是滤波器的调节宽度,也就是调节范围的大小,可以用带宽(BW)或者Q值来表示,带宽数值以倍频程(oct)为单位,Q值直接用数字表示。带宽的数据越大,调节的范围越大,反之调节范围就越小;用Q值表示则正好相反,Q值越大,滤波器越尖锐,调节范围越小,如图2-9所示;Q值越小,调节范围就越大,如图2-10所示。比如,带宽为0.3oct或Q值为3时,选定频率后,调节的范围和一般的31段均衡器调节范围相同,带宽为0.6oct或Q值为1.5时,调节范围和15段均衡器接近。

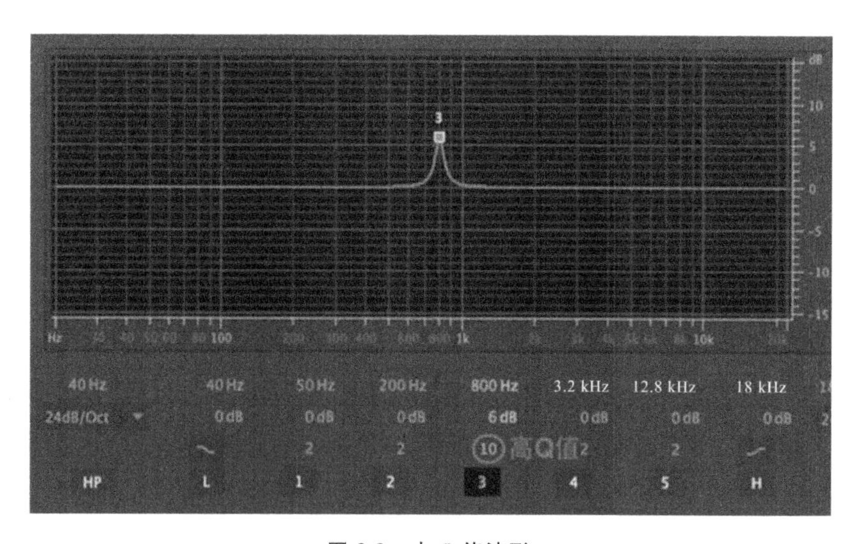

图2-9　大Q值波形

在做房间声学的均衡处理时,单边地进行衰减是比较稳妥的做法。如果确有必要对某个频段进行提升,则应该谨慎!

一定不要犯这样的错误:对高频段进行较多的提升,可是发现低音显得有些单薄,于是

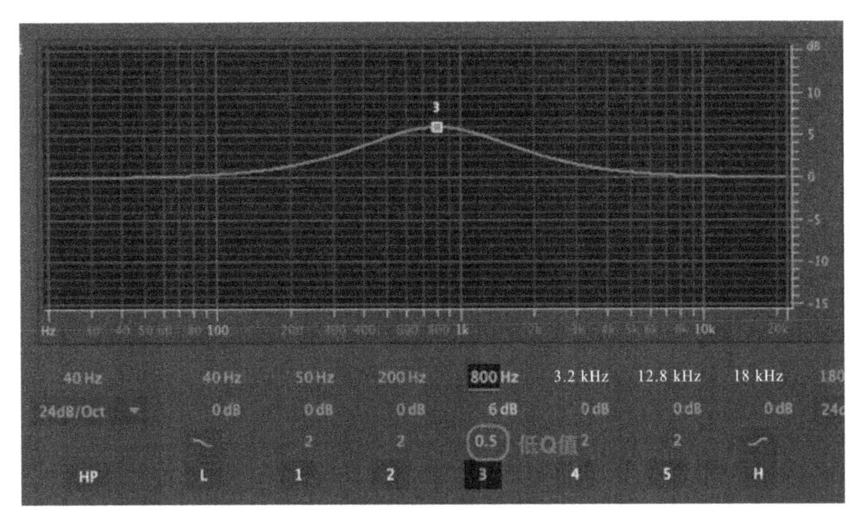

图 2-10　小 Q 值波形

又对低频段进行提升，然后又发现中频段偏弱了，只好对中频段也进行提升，这样会无休止地进行下去。

图示均衡器和参量均衡器只是显示层面上不同的方案，底层几乎是一样的。均衡器就是一个或多个滤波器的组合运用；相对参量均衡器，图示均衡器更直观、更便于理解；而参量均衡器的调整更加精密，可调范围更大；以前受制于成本的原因，图示均衡器使用较多，且因为直观，更容易掌握。目前，大量运用 DSP 处理的时候，参量均衡器所占用的 CPU 资源反而小于图示均衡器，又因其调节更精密而迅速得到普及。

2.1.5　典型设备

dbx 2231 图示均衡器正面面板如图 2-11 所示，此均衡器为双通道 31 段均衡/限幅器，连带Ⅲ类型降噪器。

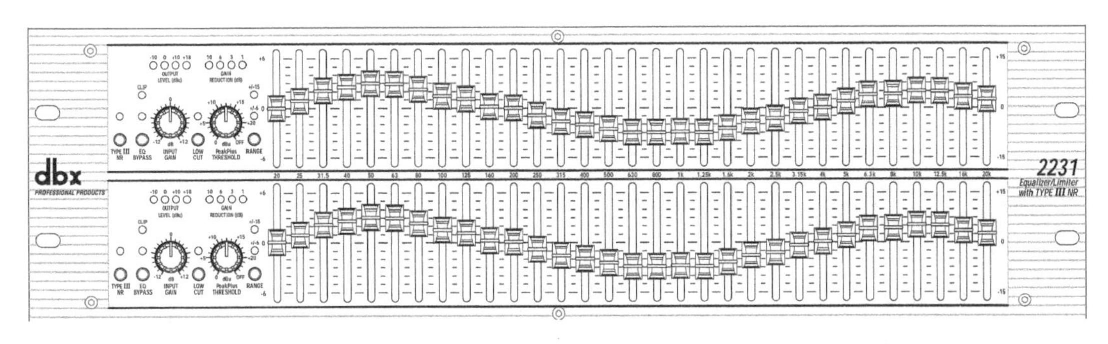

图 2-11　dbx 2231 图示均衡器

图示均衡器的按键说明如下：

TYPE Ⅲ NR：Ⅲ型降噪，独有的专利降噪开关，可将信噪比改善 20dB。

EQ BYPASS:均衡旁路,可以将 EQ 旁路。

LOW CUT:低频切除,可切除 40Hz 以下的频率。

RANGE:范围量程选择开关,增益/衰减值可以选择±6dB 或±15dB。

INPUT GAIN:输入增益,可调节输入增益。

PEAK PLUS THRESHOLD:峰值限制的阈值电平。

OUTPUT LEVEL(dBu):输出电平显示指示,4 只 LED 显示灯(绿、绿、黄、红)分别代表−10,0,+10 和+18dBu。

GAIN REDUCTION(dB):增益反馈电平,用来显示限制阈值电平查看。

技术参数如下:

频响范围:20～20kHz,0.5dB@+4dB,600Ω。

全谐波失真:小于 0.05%(全谐波失真+噪声),20～20kHz 600Ω 均衡器处于平直状态。

哼声和噪声(平均阻抗:600Ω,BPF:20～20kHz):−96dB 均衡器曲线平直(0dB),输入电平大。

均衡控制:31 段,1/3 倍频程。

峰值显示器(LED 显示):每个通道上,当后置均衡信号电平距峰值剥波差 3dB 时,红色 LED 显示灯亮。

信号显示器(LED 显示):每个通道上,当后置均衡信号低于正常电平 13dB 时,绿色 LED 显示灯亮。

电源要求:AC-220V,50Hz。

功耗:25W。

2.2 任务实施

2.2.1 准备要求

1. 调音台 1 台。
2. 声卡 1 块。
3. 电脑(预装 Smaart V7 及以上版本)1 台。
4. 测试话筒 1 支。
5. 数字处理器 1 台。
6. 图示均衡器 1 台。
7. 功放 1 台。
8. 全频音箱 2 只。

2.2.2　工作任务

1. 啸叫点的消除，先根据自己的经验，确定大致的频率范围，通过调音台上的参量均衡，衰减 6dB，随后调节频率旋钮，反复尝试，找到最接近啸叫频率的频点。

均衡器的使用

2. 借助 Smaart V7 频谱分析软件，根据频谱显示，找到啸叫的频率点。

3. 借助 Smaart V7 频谱分析软件，调节均衡器对环境声场曲线进行补偿。根据频谱显示，先找到峰或谷的中心点频率，然后进行衰减或提升，看频谱显示的峰或谷逐渐平坦后，再调节带宽使曲线更加平滑。

2.3　任务评价

任务评价的内容、标准、权重及得分如表 2-4 所示。

表 2-4　任务评价

评价内容		评价标准	权重	分项得分
职业技能	任务 1	掌握正确的扫频调试方法，错误一处扣 1 分	10	
	任务 2	借助频谱分析软件找出正确的啸叫频率，错误一处扣 5 分	10	
	任务 3	借助频谱分析软件，对环境声场曲线进行适当的补偿，错误一处扣 5 分，扣完为止	40	
	任务 4	熟记均衡器前面板及后面板按钮、旋钮、推子、接口的功能，错误一处扣 5 分	20	
职业素养		1. 以诚实守信的态度对待每一个工作任务 2. 工作过程中严格遵守职业规范和实训管理制度 3. 面对问题要学会思考与合作，增强团队意识	20	
总分			评价者签名：	

本模块知识测试题：

均衡器试题

模块3 效果器

3.1 知识准备

3.1.1 效果器的功能

效果器是产生各种声场效果和特殊声音效果的音响设备，它可以把现实声场的原声经过数字处理后转变为所需的各种虚拟空间的声音效果。例如，使用效果器可以在房间内模拟出山谷的回声效果，或把独唱模拟成合唱效果等；也可以改善音频信号性质，使主观听觉感到自然、丰满；其中，效果器的延时功能还可以提高声音的活跃感和感染力，消除回声干扰，提高清晰度，改变声像。

3.1.2 效果器的类型

效果器内置很多不同的效果类型，有些非常实用，可用来控制录音信号；也可用来增加空间感；还有一些特殊的效果，用以增加歌曲的乐趣。在现场扩声中，应用的效果大致可以分为混响和延迟两种。

1. 混响

混响是一种被普遍应用的效果，它就是自然的或人工的环境氛围。如在楼梯和浴室中说话的声音是不同的，这是因为声音从平滑的表面反射，在空间中以特定的方式运动造成的。这也是人们喜欢在洗澡时唱歌的原因。混响效果器模拟的就是这种效果，它提供了很多环境预置，用来给声音增加一些空间感。混响可以用在任何你想增加空间感的声音上。

2. 延迟

延迟是最简单的效果，事实上，它是很多复杂效果的基础。

顾名思义，延迟效果的作用就是制造延迟。它将输入信号进行延迟处理，晚于进入的时间发送出去。它有时候被当作矫正工具，不过更多的时候，它被当作一种声音强化工具。

当与非延迟信号整合时，它就创造了回声效果。有时候，会有很多回声的副本出现，通常后者都会较前者在音量上有所降低。在人声段落的末尾一句会比较明显地听到这种效果。

3.1.3 效果器的主要技术指标

效果器的主要技术指标(以 YAMAHA REV100 为例)如下。

频率响应：20～20kHz。

动态范围：80dB。

失真：<0.1%(1kHz，最大电平)。

输入通道数量：2。

输入标称电平：－10dB。

输入阻抗：20kΩ(STEREO)，10kΩ(L-MONO)。

输出通道数量：2。

输出标称电平：－10dB。

输出阻抗：2kΩ(STEREO)，1kΩ(L-MONO)。

输入通道数量：2。

输入标称电平：－10dB。

输入阻抗：20kΩ(STEREO)，10kΩ(L-MONO)。

AD 转换：16 位。

DA 转换：16 位。

采样频率：44.1kHz。

3.1.4　效果器的使用

1. 连接方式

效果器的连接方式有两种：一种是串联；另一种是并联。每一种连接方式又都有两种方式。

串联方式 1(如图 2-12 所示)：利用调音台的 INSERT 插口，用 Y 形线连接。注意不能将效果器上的输入输出插口接反。这种接法的优点是接线简单，不占用其他输入接口；缺点是只针对一个通道加效果，要想多路加效果就要增加效果器的数量，会增加系统的复杂性和造价。

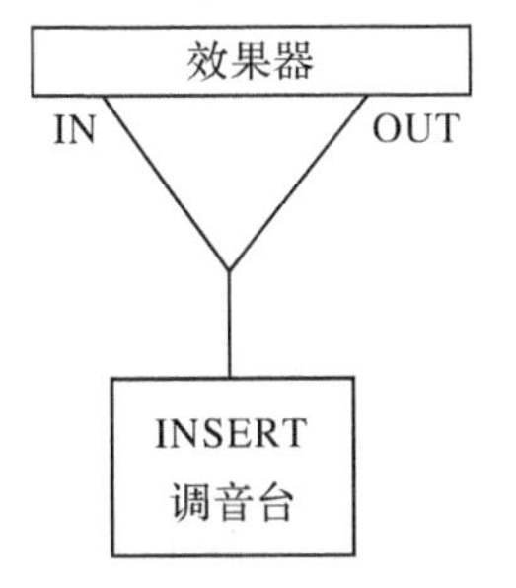

图 2-12　效果器串联方式 1

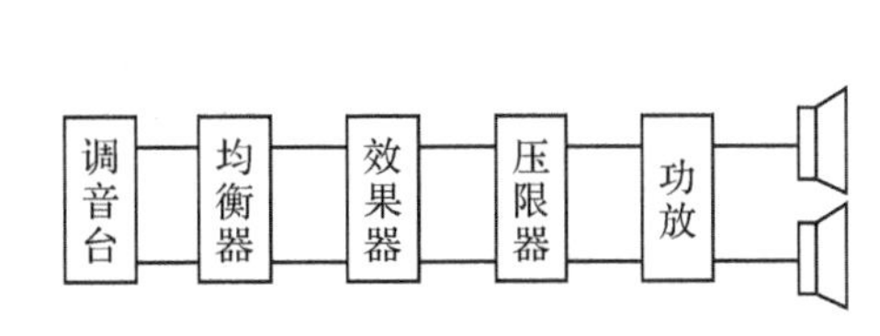

图 2-13　效果器串联方式 2

串联方式 2(如图 2-13 所示)：直接串联到主系统。这种连接方式的优点是，一台效果器满足所有需要加效果的音源。缺点是不需要加效果的音源也会加上效果，而且效果声与原声的比例不能根据实际需要进行实时改变。

并联方式 1(如图 2-14 所示)：利用调音台的 AUX SEND 将需要进行效果处理的信号发送给效果器的输入端，再从效果器的输出端，将处理好的效果声送回到调音台的 AUX RE-

TURN。

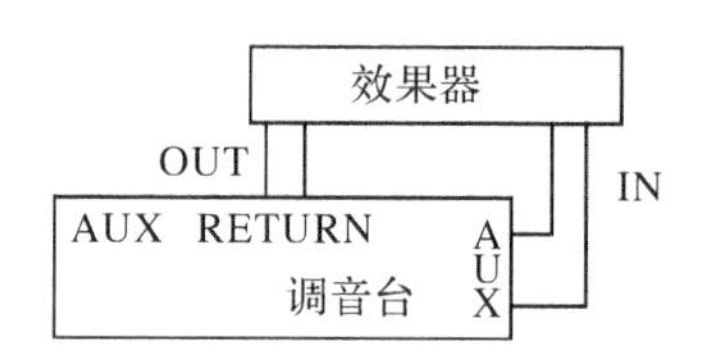

图 2-14 效果器并联方式 1

这种连接方式的优点是，效果器的输出不占用调音台的其他输入通道，而且需要加效果的通道都可以利用 AUX 旋钮将信号发送到效果器。缺点是 AUX 返回通道没有推子，造成效果声和原声的比例不太好调节，在现场演出中实时控制不是很便捷。

并联方式 2(如图 2-15 所示)：利用调音台的 AUX SEND 将需要进行效果处理的信号发送给效果器的输入端，再从效果器的输出端，将处理好的效果声送回到调音台输入通道。

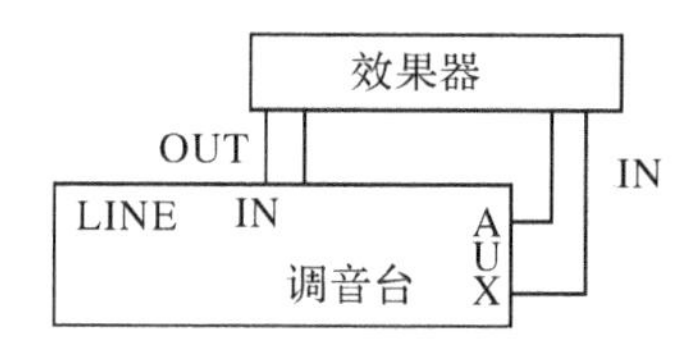

图 2-15 效果器并联方式 2

2. 编辑方式

REV100 效果器具有一些可调整参数，其中三个主要的参数是 DELAY、DECAY 和 LEVEL，可以用旋钮进行简单操作。效果编辑方式如下：

(1)按上下箭头键切换数字，选择所需的预置效果类型。

(2)转动控制旋钮，如 DELAY(延迟)旋钮，可调节合适的延迟时间，此时，在七段数码显示块上有相应的数字变化，当数值与该效果类型的预置值相同时，这个旋钮旁的显示灯亮。

效果类型与对应的数字编号如表 2-5 所示。

表 2-5 效果类型与对应的数字编号

序号	效果种类	延迟 DELAY	衰减 DECAY	电平 LEVEL
1～20	混响	预延迟(ms)	混响时间×0.1s	效果电平
21～40	立体声混响	预延迟(ms)	混响时间×0.1s	效果电平
41～50	加门混响	预延迟(ms)	噪声门电平	效果电平
51～60	延迟	延迟时间(×11ms)	反馈电平	效果电平
61～70	延迟/混响	延迟时间(×12ms)	反馈电平	混响电平
71～99	混响/调制	调制深度	调制速度	混响电平

效果参数储存方式如下：

(1)按下 STORE(储存)键，效果类型的编号将在显示块上闪烁。

(2)再按下 STORE 键，确认该操作，即可储存。注意，在此步骤前可以选择不同的数字编号进行储存。

恢复出厂设置的方式如下：

(1)长按 STORE 键，打开电源。

(2)按上下箭头键，直到显示屏显示“——”符号。

(3)再按 STORE 键，此时设备的内部参数均已恢复到出厂设置。

3.1.5 典型设备

典型设备 YAMAHA REV100 如图 2-16 所示，前控制面板与后控制面板功能描述如下。

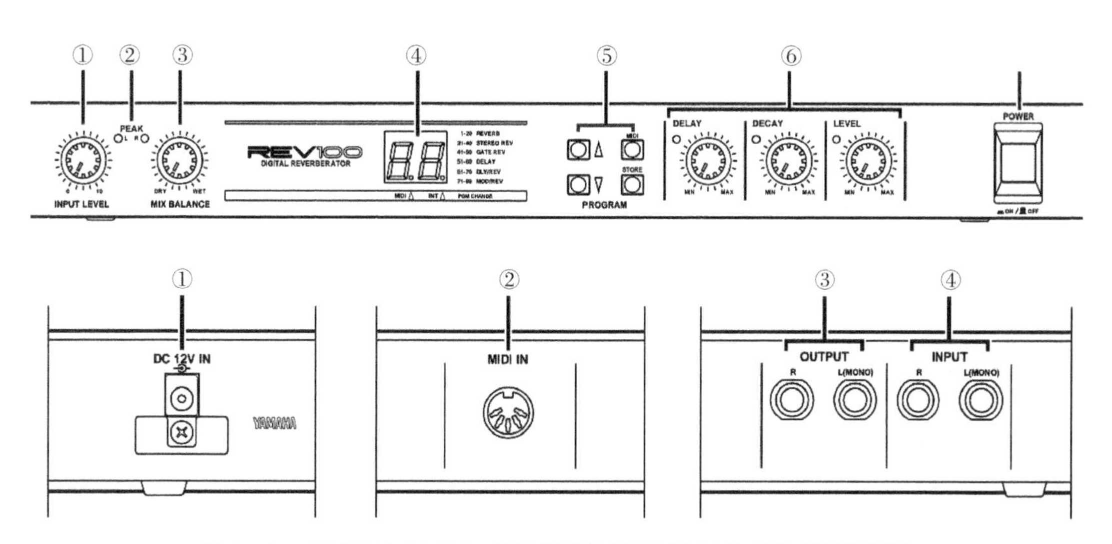

图 2-16 YAMAHA REV100 效果器前控制面板(上)和后控制面板(下)

前控制面板：

(1)输入电平控制 INPUT LEVEL：可设置输入电平。设置电平时，应使峰值 PEAK 显示灯偶尔闪亮为宜。

(2)左右通道峰值显示灯 PEAK：当本机接收的信号电平产生峰信号时会亮起。

(3)直达声/效果声混合平衡控制 DRY/WET MIX BALANCE：用来控制直达声和效果声信号之间的比例。

(4)发光二极管七段显示器：在程序方式时，可显示目前的程序号；在编辑方式时，显示参数值；在 MIDI 方式时，显示 MIDI 号；当选择了 MIDI 程序改变表时，MIDI 显示灯亮；当选择内部程序时，INT 内部显示灯亮。

(5)程序键 PROGRAM(上下箭头键、MIDI 键、STORE 储存键):这些键可用来选择不同的程序编辑 MIDI 程序改变表,以及储存所调整的程序。

(6)编辑控制 EDIT(延迟 DELAY、DECAY 衰减、LEVEL 电平):可控制目前所选择效果的参数值。当所编辑后的参数值与这个程序以前所储存的参数值相同时,左边的显示灯将会亮起。

(7)电源:按下开关电源接通,再按下时即电源断开。

后控制面板:

(1)直流 12V 输入口 DC12V IN:接入交流变压器的电源输出端,为本机供电。

(2)接口 MIDI IN:使本机接收 MIDI 数据信号。

(3)输出接口 OUTPUT:为 TRS 拾音接口,可输出本机处理的音频信号,如果使用单声道时,只需接入左 L-MONO 接口即可。

(4)输入接口 INPUT:为 TRS 拾音接口,可用来接入音频信号进行效果处理。单声道时,只需接入左 L-MONO 接口信号即可(需与输出接口对应)。

3.2 任务实施

3.2.1 准备要求

效果器的连接

1. 调音台 1 台。
2. 话筒 1 支。
3. 数字混响器 1 台。
4. 功放 1 台。
5. 全频音箱 2 只。

效果器的使用

3.2.2 工作任务

1. 正确连接效果器。
2. 选择相应的混响效果序号,分辨混响和延迟两种效果声音的区别。调节“DELAY 延迟、DECAY 衰减、LEVEL 电平”三个旋钮,分辨效果声音的相应变化。

3.3 任务评价

任务评价内容、标准、权重及得分如表 2-6 所示。

表 2-6　任务评价

评价内容		评价标准	权重	分项得分
职业技能	任务 1	掌握混响效果器在音响系统中的连接方法，错误一处扣 2 分	10	
	任务 2	正确设置效果信号回路各级的输入输出电平，错误一处扣 5 分	10	
	任务 3	根据歌曲的节奏，选择合适的混响时间，错误一处扣 10 分，扣完为止	40	
	任务 4	熟记效果器前面板及后面板按钮、旋钮、推子、接口的功能，错误一处扣 10 分	20	
职业素养		1. 以诚实守信的态度对待每一个工作任务 2. 工作过程中严格遵守职业规范和实训管理制度 3. 面对问题要学会思考与合作，增强团队意识	20	
总分			评价者签名：	

本模块知识测试题：

效果器试题

模块 4　激励器

4.1　知识准备

4.1.1　激励器的功能

激励器又称听觉激励器，是根据“心理声学”理论产生与节目信号相关的高次谐波的一种音频处理设备。它通过在音频信号中加入特定的谐波成分，提高声音的听觉穿透力，增加声音的空间感，使声音更具立体感。

听觉激励器激发的谐波信号是经过仿真设计的，激励器的设计原旨是恢复音频信号所丢失的谐波成分，有效扩展高频带宽以及提高信噪比，从而提高声音还原的清晰度和表现力。而且，这些谐波的电平非常低，对信号的功率几乎没有影响。利用激励器的上述功能对信号进行处理，可以提高声音质量。

在音响系统中，激励器的作用主要体现在以下三个方面。

1. 增强无线话筒音频信号的高频带宽

早期的无线话筒由于受 FM 调制方式的制约，无线话筒音频的动态和频带均受到限制。无线话筒的音频上限频率为 15kHz，加之截止下降沿的影响，故而大多数无线话筒的声音显得不那么自然生动。

用均衡器对其高音进行提升也难以改善这种情况，因为均衡器的提升既不能改善高频的信噪比，也不能延展频宽，而且会带来较明显的功率变化。用激励器对无线话筒的音频进行处理，可以有效延展高频带宽，丰富高频谐波成分。增强声音的活性和真实感，尤其能使人声更生动地凸显或“浮现”于音乐当中。

2. 提高模拟磁带声音的清晰度

利用降噪和激励处理，早期是为了对模拟磁带音频进行优化，能有效提高声音的清晰度和音乐的层次感。激励器输出的是纯激励效果信号，在调音台上与原信号进行合成调配。下面是对需要处理的音频信号的具体做法。

(1)对经过 Dolby B 降噪预加重处理，然后再经激励处理，用调音台上推子控制，添加少量的谐波成分，并依据监听效果设定激励的控制量。

(2)对未经过降噪预加重处理的磁带，在使用激励时应适当调高降噪门限值，使门限在噪声电平值以上，从而仅对声源信号进行激励，恢复一定量的音频谐波成分。其混合控制由调音台操作完成。

(3)对个别信噪比不好又未经降噪处理的磁带音频信号，也可采取特殊手段。首先采用降噪系统衰减噪声，再利用激励器补偿因降噪带来的高频损失，恢复音频谐波成分。谐波控制量要加大一些，目的是要丰富和恢复信号的音频谐波分量。

3. 完善消“咝”声效果

有的人说话或唱歌的时候“咝”声较重，“咝”声的能量在频谱上主要分布于 7k～8kHz 一带，通常采用消“咝”声器或压限器或均衡陷波等方式去消“咝”声。但这样会对人声音色带来一定的负面影响，使人声不够自然和明亮。为了完善经过消“咝”声处理的人声，采用激励方式提升音频信号的信噪比和“填补”陷波，以达到所要声音的自然感和明亮感。

用此法处理人声，是用低于“咝”声功率峰值所在频段的信号激励产生谐波，用以“填补”消“咝”声处理造成在频响曲线上的陷波和补偿因压缩造成的高频损失。结果使人声效果更觉柔顺，同时不失自然和明亮感。

利用激励器处理音频信号，可以增强无线话筒声音的活性，提高模拟磁带声音的清晰度和完善消“咝”声效果。实践证明，在系统中正确运用激励器可以有效改善节目的声音质量。

4.1.2 激励器的类型

听觉激励器的关键部分是谐波再生电路，通常产生谐波的方法有以下三种：

其一，限幅法。限幅的对象是经过高通滤波器滤波后的信号，即对原音频信号中的某一频段进行限幅处理，而不是对原信号进行限幅。

其二，瞬态压扩法。输入信号经 1/2 的压缩比瞬态压缩后，再经具有平方律特性的扩展器扩展，滤去直流成分后，就可得到谐波。

其三，相位调制法。输入信号经过瞬态压缩后，经调相器调相，输出分成两路，一路提供给鉴频器；另一路经带通滤波器传送给同步振荡器，使同步振荡器的振荡频率与调相器的调相频率同频锁定，同步振荡器的输出送鉴频器作解调用，鉴频器输出经低通滤波器滤除高次谐波，得到所需的谐波成分。

大多数从激励器输出的信号其实和输入的信号没什么区别，但有一些输入信号会被传输经过“旁链”(side chain)和高通滤波器(high pass filter)，然后再进入谐波发生器(harmonic generating)。高通滤波器会把不需要的低音频率去除，该信号之后会被传到谐波发生器，被相位移动(phase shift)和制造一些与输入信号有关的谐音(harmonic)。

在整个过程中，原音源其实没有被影响，它就像我们平常用 AUX 一样，把原音源“复制”及传送到激励器，待处理后再和原音源混合。

通常，很多激励器的组件都是由动态均衡器和其他处理器(例如谐波合成器、相位操纵器等)组成的。

但是，并不是每个厂商出产的激励器的组件都是一样的，所以，每一个不同的激励器都会有它不同(特别是音质方面)的地方。

4.1.3　激励器的主要技术指标

激励器的主要技术指标如下。

频率响应范围：10～38kHz(±0.5dB)。

动态范围：120dB。

隔离：−79dB(10～22kHz)。

THD：0.0003％。

输入接口：XLR 和 TRS 接口。

输入阻抗：平衡(40k ohms)，非平衡(20k ohms)。

最大输入电平：+27dBu，+12.5dBV(+14.8dBu)。

输出接口：XLR 和 TRS 接口。

输出阻抗：平衡(112k ohms)，非平衡(56k ohms)。

最大输出电平：+27dBu。

4.1.4　激励器的使用

1. 连接方式

第一种，串接在主功放之前，可以使经过激励器处理后的信号的谐波尽可能少地受到损失，如图 2-17 所示。这种接法用以改善整体声音的音质。

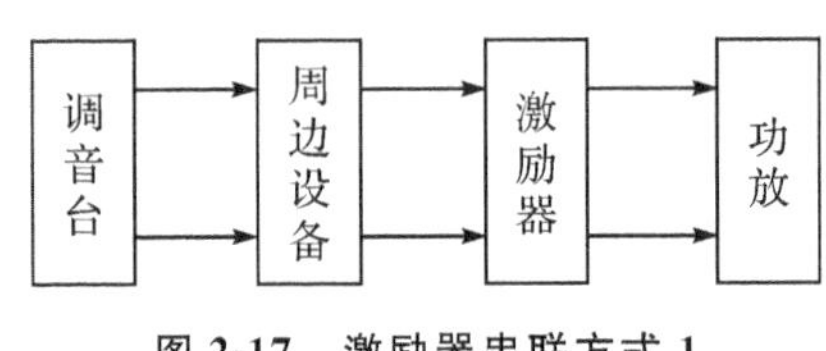

图 2-17 激励器串联方式 1

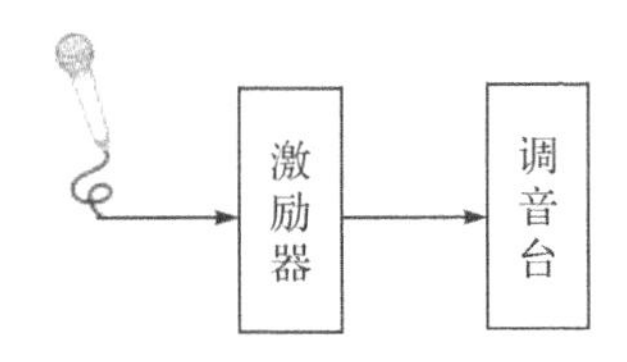

图 2-18 激励器串联方式 2

第二种，串接在话筒通路上，可提高人声的穿透力，如图2-18所示。这种接法可使激励器给人声加入高频谐波成分，提高歌声的穿透力，使音量明显增加，且不易出现声反馈(啸叫)现象。

第三种，将激励器接在调音台的辅助输出端(AUX SEND)和输入通道(INPUT CH)之间，这种接法可以根据实际情况，对多路信号同时进行调节，如图 2-19 所示。

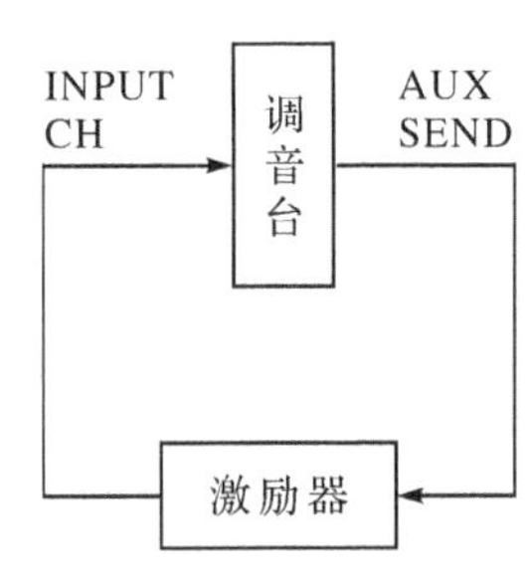

图 2-19 激励器并联方式

以上三种连接方式中，第三种最常用，结合模块 3 效果器的内容，可以发现，激励器和效果器作为周边设备，它们的连接方式是一样的，激励器也存在和效果器一样的第四种连接方式。

2.编辑方式

激励器的主要调整参数有门限、调谐点、谐波量、音品和混合比等，它们联动产生所要恢复的高频谐波。通常需要调整的参数有：

(1)降噪门限(NR threshold)。该控制提供的门限设置范围为－60～＋30dB，目的是将噪声电平拦在激励处理电路之外，并进行降噪。

(2)调谐点(tune)。该控制设定旁链路径中的二阶高通滤波器的上升沿频率点，并建立激励的工作频段，频率控制范围为 700～7kHz。

(3)峰化(peaking)。该控制为调谐点提供一缓冲效果。其控制量由最小达到最大时，调谐点频率的预加重逐步增大。同时，在调谐点预加重之前，还会出现一个小小的陷波，它会随峰化控制的加大而加深。

(4)零值补偿(null fill)。零值补偿控制的作用是调节一个带通信号，此信号加到旁链路径中的高通信号上，补偿“相位失落”。在旁链路径中信号存在一定的时延，这会造成瞬态波形畸变，使声音更响。同时，也会在输出均衡曲线上的调谐点附近出现小的陷波，这种陷波会对调谐点附近频率去加重，使得更高频段的信号加重。这种效果常常是需要的，但有时为了补偿相位失落，用零值补偿控制进行去加重，从而提高声音的表现力和真实感。

(5)谐波量(harmonic)。调谐控制是用于调节谐波量。谐波是通过旁链路径中的VCA 调制处理而产生的，它不会对旁链路径中的信号电平产生影响。内部谐波发生器产生的谐波分量依据一套复杂的仿真运算，要考虑瞬态和稳态音质及相应的原信号幅值等。

若该控制量加大，谐波成分将按音品控制的奇偶次谐波比例得到提高。而且，所产生的谐波并非谐波失真，因为它们是智能产生的，并形成一个功率包络，使得最终的音质提高而不是劣化。

(6)音品(timbre)。音品控制用来设定谐波的类型和排列情况，即奇、偶次谐波的比例。偶次谐波多的声音听起来柔和一些，奇次谐波多的声音听起来尖硬一些。

(7)混合比(mix)。混合比控制的作用是，将经过激励增强的信号混入原信号，控制范围从 0dB(零增益)到＋14dB(表示门限之上的信号得到 14dB 的提升)。

4.1.5　典型设备

APHEX 104 型激励器面板如图 2-20 所示。常用激励器的功能键介绍如下。

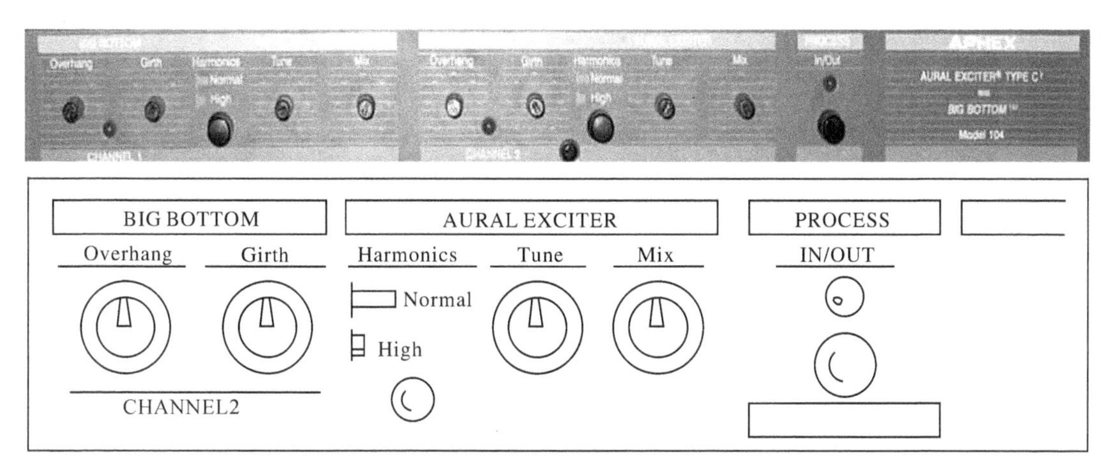

图 2-20　APHEX 104 型激励器前控制面板

(1)PROCESS IN/OUT：旁路开关，按下状态，激励器处于工作状态；抬起状态，激励器处于旁路状态，如图 2-21 所示。

(2)Overhang：延时键，用来调整低音的持续或“延伸”(CCW：表示最小；CW：表示最大)。它决定原始声音消失后，低音成分持续的时间长短。右下角的指示灯表示相关的延续，持续时间长则红灯亮，如图 2-22 所示。

(3)Girth：范围控制键，用来调节重低音加强效果的强弱，如图 2-23 所示。

(4)Tune：频率调节，用来控制激励器的基频，调节范围从 800～6kHz，如图 2-24 所示。

图 2-21　旁路开关

图 2-22　延时旋钮

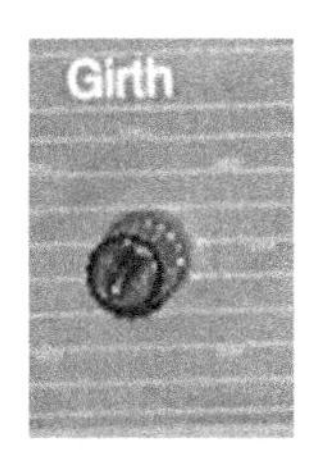

图 2-23　范围控制旋钮

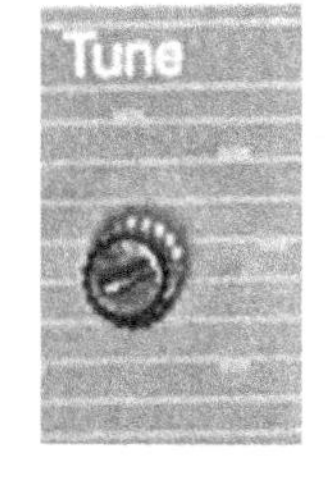

图 2-24　频率调节旋钮

(5)Harmonics:调和控制,调整激励器的调和音量。当调到 OUT 位置时,调和音处于 Nornal(一般)状态;当调到 IN 位置时,调和音处于 High(高昂)状态,如图 2-25 所示。

图 2-25　调和控制

图 2-26　混合控制

(6)Mix:混合控制,调整激励信号混入的比例(CCW:表示无混合;CW 表示增加约 6dB 的混合音),如图 2-26 所示。

4.2　任务实施

4.2.1　准备要求

1. 调音台 1 台。
2. 话筒 1 支。
3. 激励器 1 台。
4. 功放 1 台。
5. 全频音箱 2 只。

4.2.2　工作任务

激励器的连接

1. 使用第三种连接方式,对 5kHz 附近调谐点以上的音频信号进行激励处理,在调音台上将原信号和激励信号(高频谐波成分)按不同比例混合,分辨各种比例混合的声音变化。

2. 调节激励器上的各个旋钮,分辨声音的相应变化。

激励器的使用

4.3　任务评价

任务评价内容、标准、权重及得分如表 2-7 所示。

表 2-7　任务评价

评价内容		评价标准	权重	分项得分
职业技能	任务 1	掌握激励器在音响系统中的连接方法，错误一处扣 2 分	10	
	任务 2	正确设置激励信号回路各级的输入输出电平，错误一处扣 2 分	10	
	任务 3	根据提供的音频文件或实际的音频信号，调节合适的激励器参数，对声音进行美化，错误一处扣 5 分，扣完为止	40	
	任务 4	熟记激励器前面板及后面板按钮、旋钮、推子、接口的功能，错误一处扣 5 分	20	
职业素养		1. 以诚实守信的态度对待每一个工作任务 2. 工作过程中严格遵守职业规范和实训管理制度 3. 面对问题要学会思考与合作，增强团队意识	20	
总分			评价者签名：	

本模块知识测试题：

激励器试题

模块 5　综合实训

5.1　任务实施

5.1.1　准备要求

1. 调音台 1 台。
2. 音频播放器 1 台。
3. 有线和无线话筒若干支。
4. 激励器 1 台。
5. 效果器 1 台。
6. 均衡器 1 台。
7. 功放 3 台。

8. 主扩全频音箱 2 只。

9. 舞台返送音箱 2 只。

5.1.2 工作任务

1. 正确连接系统设备，并按照正确的开机顺序打开各个设备。
2. 预设各级设备的电平旋钮和功能按键。
3. 调试并设置话筒和音频播放器进入调音台的电平。
4. 通过手机 App 或电脑 Smaart 软件找到系统的啸叫点，并在均衡器上进行处理。
5. 将输入的音频独立地送入各个音箱。
6. 设置正确的激励器和混响效果器参数，并从主扩音箱和舞台返送音箱还原。

5.2 任务评价

任务评价内容、标准、权重及得分如表 2-8 所示。

表 2-8 任务评价

评价内容		评价标准	权重	分项得分
职业技能	任务 1	掌握正确的系统设备连接，错误一处扣 5 分	20	
	任务 2	正确设置调音台输入增益电平，错误一处扣 5 分	10	
	任务 3	对系统存在的啸叫频率进行处理，错误一处扣 10 分，扣完为止	40	
	任务 4	熟记激励器和混响效果器前面板各旋钮和按键的功能，错误一处扣 2 分	10	
职业素养		1. 以诚实守信的态度对待每一个工作任务 2. 工作过程中严格遵守职业规范和实训管理制度 3. 面对问题要学会思考与合作，增强团队意识	20	
总分			评价者签名：	

知识拓展：

声场测试及系统调试

项目3 中大型文艺演出音响系统构建及使用

核心概念：分频、激励、声反馈抑制、声场。

项目描述：在小型文艺演出音响系统的基础上增加分频器、压限器、声反馈抑制器等周边设备，对系统各项性能参数进行优化，以满足中大型文艺演出对音响系统的性能需求。

学习目标	1. 了解文艺演出音响系统的特点和组成 2. 掌握收集演出场地数据的方法，根据演出场地数据设计扩声系统 3. 掌握中大型扩声系统各级设备基本参数调试
工作任务	1. 中大型文艺演出音响系统的设备选择、连接 2. 中大型文艺演出音响系统的调试 3. 正确设置各级设备的参数

模块1 中大型文艺演出音响系统

1.1 知识准备

1.1.1 中大型文艺演出音响系统的特点

1. 准备时间短

此类演出通常从进场安装设备到演出的时间都比较短，而且各个工种基本上都是在同一时间进场。所有的演出部门都在抢时间，因此前期的协调工作非常重要，这样不但可以增进各部门的协调合作，加快工程进度，而且可以减少不必要的返工和各演出部门之间的矛盾。

2. 场地存在声学缺陷

中大型综艺类演出往往是在大型的体育场馆进行，这类场馆的建筑声学并不是最理想的状态。在前期的音响系统设计过程中，要充分了解演出场地的建筑声学，对存在的声学缺陷，尽量通过相应的电声系统的设计对其进行弥补，并在演出前对声场进行精细的测试、调整，保障演出效果的完美呈现。

3.预算经费不足

中大型综艺类演出在制作经费上往往会超出预算，舞美设备一般是租赁的。如何在有限的预算经费内达到最佳的听觉效果，也是考验声音团队能力的一个方面。

4.专业安装人员不足

中大型综艺类演出音响系统设备安装数量比较多，系统庞大且复杂，往往需要较多的安装人员参与其中，而一般租赁公司的音响团队又不可能有这么多员工，这时就需要从其他部门或社会上调用工人或技术力量参与音响系统的安装。这在设备的安装标准上就会很难得到保证，特别是音箱的吊挂，会出现与设计方案偏离的情况，以及影响系统整体的标准。

1.1.2 中大型文艺演出音响系统的组成

一个完整的扩声系统，其信号的拾取、混合处理、放大到信号的传输控制及功率放大直至声音的输出，主要由以下部分组成。

1.各类音源设备

具体包括CD/DVD播放机、电脑音源以及各类乐器用和人声用有线话筒或无线话筒。

2.调音控制中心

调音台是整个系统的控制核心，音质、性能、可靠性的好坏对整个系统有着举足重轻的地位，直接影响整个系统的效果和质量，而操作的灵活性则可直接影响音响师的发挥，因此在扩声系统中调音台的选型是关键。

3.信号传输及控制处理系统

信号传输及控制处理系统在整个扩声系统中，是连接音源、调音台、功率放大器和扬声器等设备的纽带，担负着各种音频设备之间音频信号和控制信号的相互传输。它的性能优劣将影响音频信号和控制信号的传输质量(音质、音色与工作状态)。因此，信号传输及控制处理系统必须具有优秀的电声性能指标，即高度的兼容性、可靠性、灵活性。

4.功率放大器系统

功率放大器是放大调音台或周边信号处理设备送来的低电平音频信号，把信号的输出功率放大至足以驱动配接的扬声器负载，是驱动扬声器系统的能源之本，也是决定扩声系统是否可靠有效运行的重要部分。

5.扬声器系统

扬声器是整个音响系统还音的最终环节，扩声的声压级、声场不均匀度、传输频率特性、相位响应特性、扩声覆盖角度、传声增益等重大电声指标取决于扬声器的特性和质量。而作为音色、音质及还原度等主观声学听音感受，扬声器的品质对聆听效果的影响就更大了。

6.舞台监听系统

舞台监听系统通常是为了让舞台上的乐队成员、演员和讲话的人能够听到自己演唱、表演和说话的声音。

1.1.3　典型系统

中大型扩声系统如图 3-1 所示。

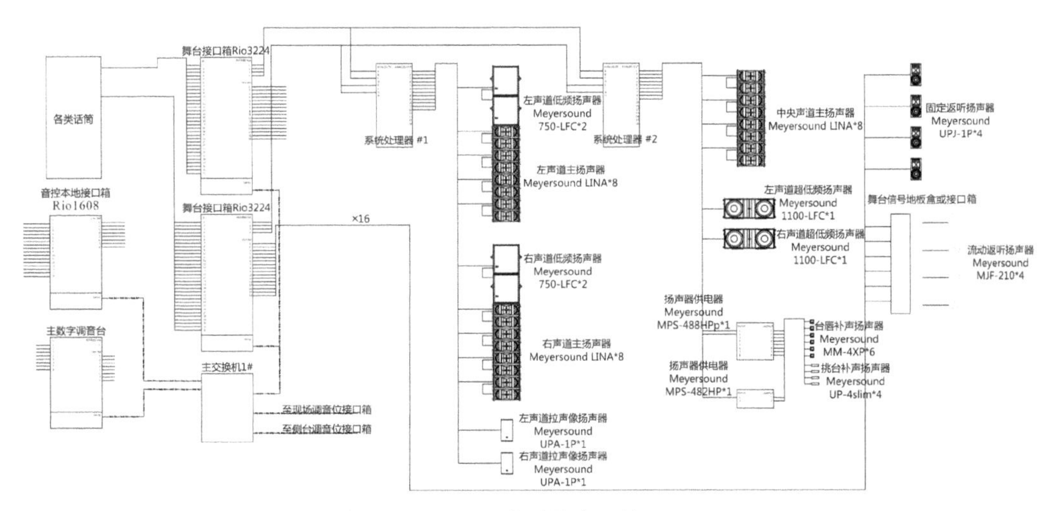

图 3-1　大型扩声系统

1.2　任务实施

1.2.1　准备要求

1. 调音台 1 台。

2. 音频播放器 1 台。

3. 有线和无线话筒若干支。

4. 激励器 1 台。

5. 效果器 1 台。

6. 均衡器 1 台。

7. 分频器 1 台。

8. 压限器 11 台。

9. 声反馈抑制器 1 台。

10. 全频阵列音箱 12～24 只(两组)。

11. 超低频阵列音箱 4～6 只(两组)。

12. 前区补声音箱 4～6 只。

13. 舞台返送音箱 4～8 只。

1.2.2　工作任务

1. 根据演出类型以及场地的实际情况，考虑到观众席的覆盖范围，在相关的声学模拟软件上进行声场模拟，选择合适的音箱品牌、种类、数量，确定安装位置。

2. 根据声学模拟软件的音箱数量进行系统设计，画出系统图。

3. 根据声学模拟软件的数据和系统图进行精确的音箱安装和设备安装。

4. 通过声学测试软件对系统进行测试，并对相应的参数做出调整。

1.3 任务评价

任务评价的内容、标准、权重及得分如表3-1所示。

表3-1 任务评价

评价内容		评价标准	权重	分项得分
职业技能	任务1	收集正确的场地数据并建立正确的场地模型进行声学模拟，错误一处扣5分	20	
	任务2	正确安装音箱的位置，错误一处扣2分	10	
	任务3	对声场进行测试，并在均衡器、压限器、分频器等设备上进行相应的参数设置，错误一处扣5分，扣完为止	40	
	任务4	在调音台上对所有的输入音源设置正确的输入增益，错误一处扣2分	10	
职业素养		1. 以诚实守信的态度对待每一个工作任务 2. 工作过程中严格遵守职业规范和实训管理制度 3. 面对问题要学会思考与合作，增强团队意识	20	
总分			评价者签名：	

本模块知识测试题：

大型文艺演出音响系统构建及使用试题

模块2 分频器

2.1 知识准备

2.1.1 分频器的功能

1. 基本分频任务

由于现在音箱的种类很多，系统中要采用什么功能的、几分频的电子分频器，还是要根据实际需要灵活进行配置。常用的电子分频器有二分频、三分频、四分频等，超过四分频就

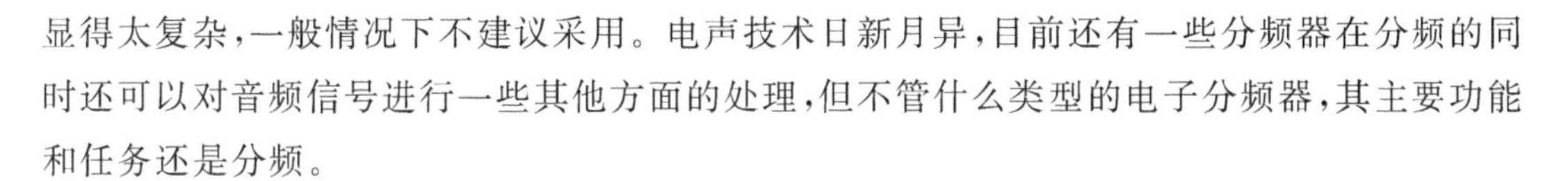

显得太复杂，一般情况下不建议采用。电声技术日新月异，目前还有一些分频器在分频的同时还可以对音频信号进行一些其他方面的处理，但不管什么类型的电子分频器，其主要功能和任务还是分频。

2.保护扬声器单元

不同扬声器的工作频率是不一样的，一般来说，物理尺寸越大的扬声器其低频特性越好，频率下潜也越低。例如在相同情况下，18 寸扬声器的低音效果一般会比 15 寸扬声器的低音效果好些；相反，中音部分就要采用较小物理尺寸的扬声器。通常情况下，纸盆振动式扬声器物理尺寸越小，发出的声音频率也就越高；以此类推，高音部分的振动膜片也应该很小才能发出很高频率的声音来。既然扬声器这么复杂，种类又如此繁多，那么如何保障它们能够安全有效地工作就显得很重要了。电子分频器可以提供不同扬声器各自需要的最佳工作频率，让各种扬声器更合理、更安全地工作。中高音扬声器单元的音频信号如果没有经过电子分频器分频，而是直接使用全频段的音频信号，那么这些中高音扬声器单元在低频信号的冲击下就会很容易被损坏。因此，电子分频器除了分频任务外，还有保护扬声器单元的功能。

3.增加声音的层次感

假如一个音响系统中有很多只不同种类的扬声器，且不同种类的扬声器都使用未经分频的全频信号，那么不同扬声器之间就会有很多频率叠加、重复的部分，声干涉也会变得很严重。声音就会变得模糊不清，声场也会很差，而且话筒还容易产生声反馈。如果使用电子分频器进行合理的分频，让不同扬声器处在最佳工作状态，这样不同扬声器之间发出的声音频率范围几乎不会重复，就减少了声波互相干涉的现象。声音就会变得格外清晰，音色也会更好、更具有层次感。

2.1.2　分频器的工作原理

根据所处的位置不同，分频器可分为功率分频器和电子分频器两种。其中，功率分频器又可以称为内置分频器，电子分频器又可以称为外置分频器。

1.功率分频器

功率分频器是在功放输出和组合扬声器之间接入的无源 LC 分频网络，通过高通、带通和低通滤波器把高、中、低音成分的功率分别送到相应的扬声器中去，使扬声器在特性最佳的频率范围内工作，从而降低扬声器的频率失真、谐波失真和互调失真，分别得到高保真的高、中、低音。

常用功率分频器的分频电路如表 3-2 所示。功率分频电路是由电容器和线圈两种元器件组成，这两种元器件有以下特性。

电容器：当电容器两端加载电压时，两端就会感应并存储电荷，所以电容器是一个临时储存电能的器件。当电容器两端电压变化很快时，两端感应电荷也同步变化，这就等效于有

表 3-2　常用功率分频器

形式	二分频		三分频
	6dB/倍频程	12dB/倍频程	6dB/倍频程
并联式	C_1 − 高音 − − 低音 L_1 +	C_3 + L_3 高音 − − C_3 低音 L_3 +	C_1' + 高音 − C_1 L_1' + 中音 − + L_1 低音 −
串联式	+ L_1 高音 − + C_1 低音 −	C_2 L_2 高音 − + C_2 低音 L_2 −	+ L_1' 高音 − + L_1 C_1 中音 − + C_1' 低音 −

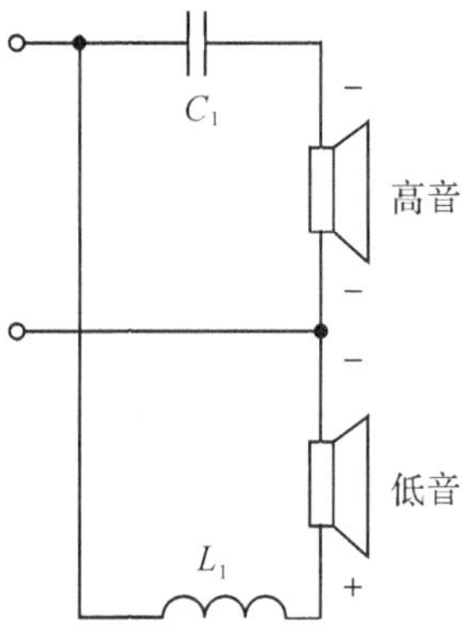

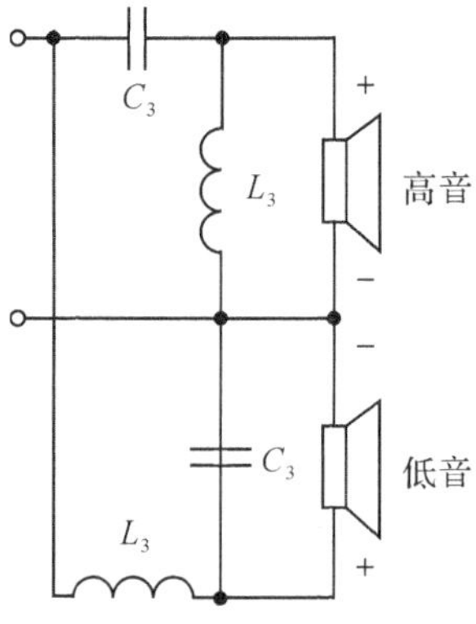

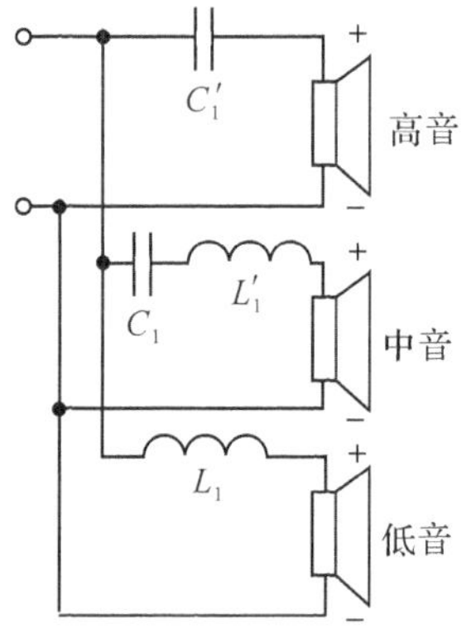

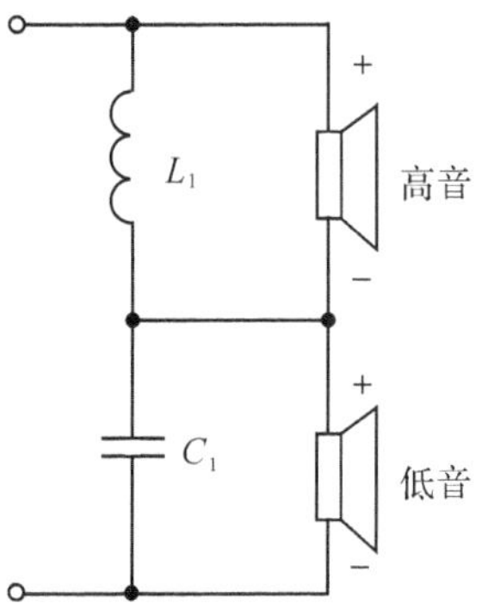

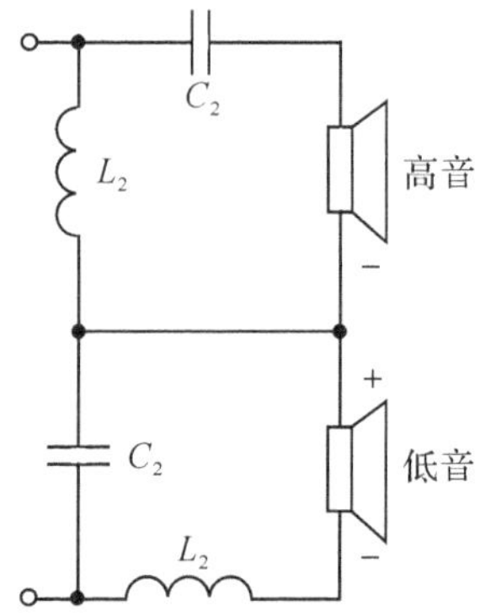

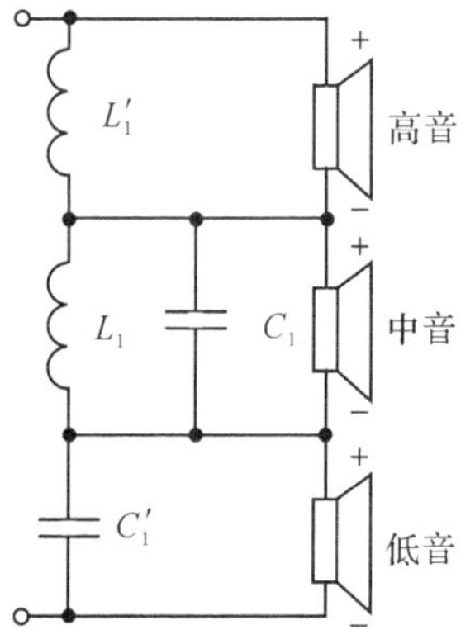

电流流过电容器；而当频率很低时，电容器两端电压变化不大，近似于没有电流流过，所以电容器是阻低频、通高频的。

线圈：当有电流通过的时候，如果电流的大小和方向发生变化，线圈会产生感应电动势（电压），它与原来的电压方向相反，即线圈是阻碍变化的电流通过的，当电流变化很快时，线圈产生的阻抗就会很大，所以线圈是阻高频、通低频的。音箱分频器采用表 3-2 的电路结构，以二分频形式为例，将音频信号不同频段的频率分离后，将高音信号送给高音扬声器单元，将低音信号送给低音扬声器单元。三分频形式类同。

功率分频器工作原理：

连接高音扬声器单元的电路：让电流先流过电容器，阻止低频，让高频通过，并且扬声器单元与一个线圈并联，让线圈产生负电压，那么这个电压对于高音扬声器单元来说正好是一个电压补偿，于是可以近似地逼真还原声音电流。

连接低音扬声器单元电路：电流先流过线圈，这样高频部分被阻止，而低频段由于线圈基本没有阻碍作用而可顺利通过，同样，低音扬声器单元并联了一个电容器，就是利用电容器在高频的时候产生一个电压来补偿损失的电压，原理和高音扬声器单元一样。

可以看出，分频器充分利用电容器和线圈的特性达到分频。但是，线圈和电容器在各自阻碍的频率段内终究还是消耗了电压，所以电路分频器会损失一定的音频信号能量。常用功率分频器频响曲线如图 3-2 所示。

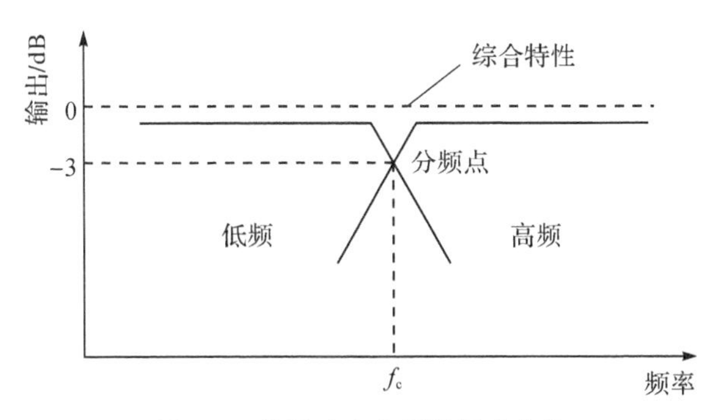

图 3-2 常用功率分频器频响曲线

无源 LC 功率分频器的优点：

功率分频的结构简单、造价较低，而且可以独立安装在音箱箱体内的一角，因而在非专业场合和民用产品中应用广泛。

无源 LC 功率分频器的缺点：

(1)由于扬声器是分频器的负载，其阻抗较低，而且工作电流较大，因此低频分频电感要求线径粗、体积大。若采用带磁芯的分频电感时，则会因磁芯材料磁导率的非线性特性而引入各种失真。

(2)因功放与扬声器之间串入了 L、C 元件，必然会增加功放输出功率的损耗；更严重的是加大了功放的等效内阻，降低了功放对扬声器的阻尼系数，音质会受到影响。

(3)LC 分频网络要求负载阻抗恒定，而动圈式扬声器的阻抗随频率变化而变化，这使得无源 LC 功率分频器的分频点难以控制，从而影响了分频精度并导致分频点附近频率响应曲线的平滑度变差。

2. 电子分频器

电子分频器位于功率放大器之前，借助高通、带通和低通滤波器分频，把分好的信号电压分别送入三组功放，再由功放直接驱动各自的扬声器。电子分频方式使功放与扬声器之间只有功率传输线，而没有影响音质的其他环节，从而降低了失真，提高了功放对扬声器的阻尼系数。由于电子分频器的负载是功放，功放的输入阻抗高且稳定，所以能很容易地调整分频点和控制分频精度。另外，电子分频器的每一频段的带宽较窄，使非线性畸变引起的高次谐波受到抑制，从而降低总谐波失真和互调失真。电子分频器克服了功率分频器中存在的缺点，但增加了成本和系统调试的难度，因此多被用于专业场合。

采用滤波运算综合法的二分频电子分频器的常用电路如图 3-3 所示。采用直接滤波法的三分频电子分频器的常用电路如图 3-4 所示。

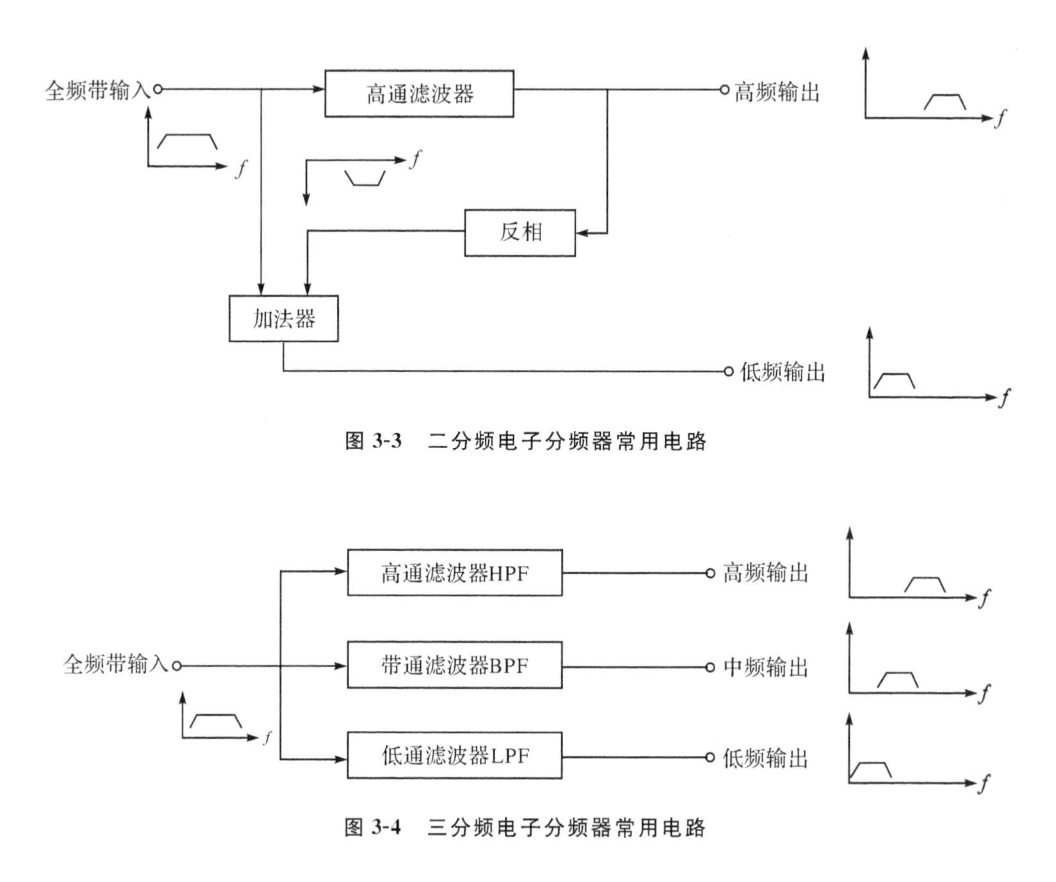

图 3-3　二分频电子分频器常用电路

图 3-4　三分频电子分频器常用电路

电子分频器位于功率放大器之前，一般被集成在功放的电路中，所以电子分频器一般不独立存在，其电路也没有特别明显的特征。其实，它主要是由运放、电容和电阻等常见元器件组成。电子分频实际上指的是信号分频，它是将音频弱信号进行分频后，再用各自独立的功放把每个频段的信号放大后分别输送至扬声器的单元来实现分频效果。比如，两分频（两路）的音箱使用电子分频的话，双声道的信号就会被分成四路，所以后端的功放需要四声道才能完整输出。

电子分频器在技术上存在一些优势：首先，它并不像功率分频器那样本身会拥有功率的损耗，其电流较小可以用较小功率的电子有源滤波器实现；其次，它的功率损耗并不明显甚至可以忽略不计；最后，电子分频器的扬声器单元之间的干扰小、信号损失小、音质也略好一些，当然，它调音也更加直观和便利。

电子分频器的缺点：与其他专业音响的周边设备一样，电子分频器也不是十全十美的，有些时候系统中需要分频的音箱多了就会显得复杂。因为不同的音箱需要有不同的分频点、不同的工作频段。

2.1.3　分频器的主要技术参数

分频器通常由高通（低切）滤波器（HPF）和低通（高切）滤波器（LPF）组成。滤波器是一

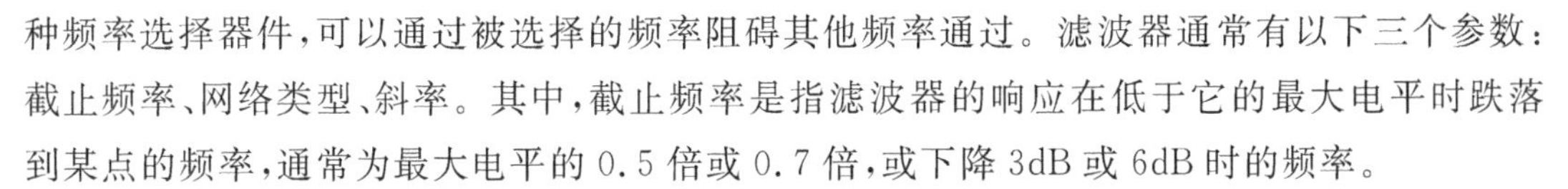

种频率选择器件，可以通过被选择的频率阻碍其他频率通过。滤波器通常有以下三个参数：截止频率、网络类型、斜率。其中，截止频率是指滤波器的响应在低于它的最大电平时跌落到某点的频率，通常为最大电平的 0.5 倍或 0.7 倍，或下降 3dB 或 6dB 时的频率。

一般来说，分频器包括三个基本参数：分频点、路和阶。

分频点指分频器高通、带通和低通滤波器之间的分界点，常用频率来表示，单位为赫兹(Hz)。高、低音两分频音箱只有一个分频点，高、中、低三分频音箱有两个分频点，分频点应根据各频段扬声器单元或音箱的频率特性和功率分配来具体确定。

分频点通常定义为两个分频器的响应（一般由一个 LPF 和一个 HPF 组成）互相交叉处的频率，可能是两个电子分频器（从动式或主动式）电学特性上的分频点，或是两个声学滤波器上的分频点。任何喇叭单元实质上都是一个滤波器，每一个都有他们内部所固有的高通和低通滤波器，以及固有的截止频率、网络类型、斜率。

一个系统的总体声学分频点取决于这个系统中电子滤波器与喇叭单元频率响应的数学组合，当一个电子滤波器被添加到一个声学滤波器系统时，他们的频率响应将叠加，形成一个全新的响应曲线。

两个不同单元之间的声级/灵敏度差异，及高频器件的相位滞后都是显而易见的。高频部分很可能被固定在一个长喉管的号筒上，因此产生相对于低频扬声器的延迟，为了更好地使系统重现信号，最新发展的分频器要求能够平滑频率响应曲线。

分频器的“路”，是分频器可以将输入的原始信号分成几个不同频段的信号，一般有一阶、二阶、三阶、四阶。我们通常所说的二分频、三分频，就是分频器的“路”。

分频器阶数越高，所用元件越多，分频点外衰减越厉害（低音喇叭串入的中高音越少，高音喇叭串入的中低音越少），也就是“分”得越彻底，当然调试也越困难，失真的可能性将会增大。

分频器的“阶”，也称“类”，是电信号在滤波电路中经过滤波的次数。一个无源分频器，本质上就是几个高通（电容）和低通（电感）滤波电路的复合体，而这些滤波电路的数量，就是上面所说的“路”。但是在每个滤波电路中，还有更精细的设计，换句话说，在每个滤波电路中，都可以分别经过多次滤波，这个滤波的次数，就是分频器的“阶”。因此，有“双路一阶分频器”“双路二阶分频器”等说法。

一阶分频器也是感容分频的结构，而二阶分频器中的每一路都经过了两次滤波，这个“两次滤波”才是“二阶”的真正含义。

实际上，“二阶分频器”这样的说法并不规范，因为“阶”并非针对整个分频器的，而是针对其中某一“路”的，所以严格的说法应该是“双路分频器，高低频皆采用二阶滤波”，虽然并不多见，但高频采用二阶滤波而低频采用一阶滤波这样的设计也是有的。

采用高阶分频的好处在于，其滤波衰减斜率更大，分频效果更好，而且也有利于设计分频补偿电路（因为并不是“分”得越彻底、越干净的分频器就是好分频器，理论上说，分频后的两个信号曲线在叠加之后，与原曲线完全一致，这才是真正的好分频器），但高阶分频的功率损耗大，特别是相位影响大，所以不是越高阶的分频就越好。

2.1.4 分频器的使用

功率分频器是电声工程师在研发音箱时就确定了的参数，本节主要介绍电子分频器的使用方法。电子分频器主要为不同工作频率的音箱提供合适的频率段如图 3-5 所示。电子分频器将高频信号通过功放送到高音扬声器中；将中频信号通过功放送到中音扬声器中；将低频信号通过功放送到低音扬声器中。这样高、中、低频信号独立输出、互不干涉，因此可以尽可能发挥不同扬声器的工作频段优势，使音响系统中各频段声音重放显得更加均衡，声音更具层次感，音色也更加完美。

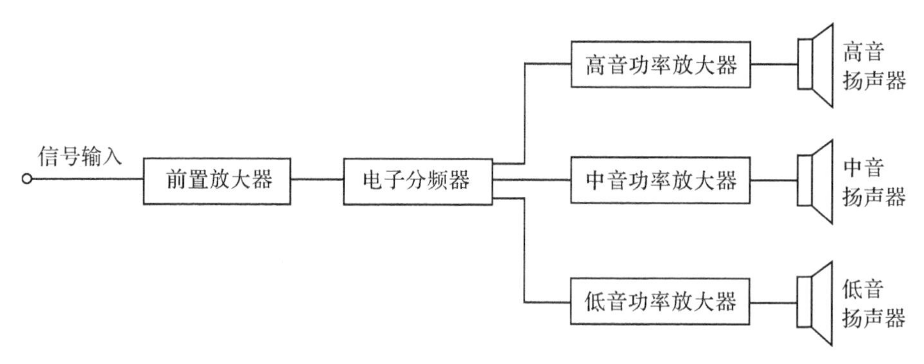

图 3-5 三分频电子分频器原理

使用电子分频器时需要注意以下几点：

(1)分频点：在一个二分频的音响系统中，对分频点的调整实际上不取决于低音音箱，而是要看中高音音箱。因为低音音箱在 300Hz 以下都可以工作，但有些中高音音箱由于扬声器物理尺寸太小，动态范围不够大，必须在 200Hz 以上工作才能保证它们的安全。如果此时分频点低于 200Hz，那么这些中高音音箱工作起来就有损坏的可能。

(2)音量控制：不管是输入电平还是输出电平，调整的时候都要有一个范围。如果是电子分频器上的各个电平旋钮都开到很大，系统的声压还不够，那就要调整电子分频器前级设备信号的电平或者调整电子分频器后级功放设备的电平和音量衰减开关。这个情况要格外注意，否则电子分频器内的信号产生失真就容易损坏后级设备。

(3)有些电子分频器上有一个×10 的按钮，这是倍数按钮。例如，我们的分频点调整在 200Hz，按下此按钮 200×10 就变成了 2kHz，因此除非需要，否则不要按下此按钮。

(4)有些电子分频器后面板有一个低音模式的选择，可以把立体声 2 路信号合成 1 路信号输出，这样可以减少低音音箱之间的声干涉。当然要是低音分频点分得较高，那么低音音箱发出的声音就会有一定的指向性，此时还是要在 2 路立体声信号的状态下工作较好。

(5)立体声工作模式和单声道工作模式。目前使用的大多数电子分频器都是二分频的，考虑到灵活性和多功能性，这些电子分频器的后面板一般会有一个立体声和单声道的工作模式转换开关，如果把此开关放在单声道工作模式下，那么此时这台电子分频器就从一台双通道二分频的电子分频器变成了一台单通道三分频的电子分频器了。

(6)系统中低音信号的输出和中高音信号的输出一定不能搞错,否则高音信号连接了低音音箱,低音信号连接了高音音箱,音响系统中就没有频率能还原,甚至还会烧坏音箱的扬声器单元。

(7)使用数字处理器分频时,一定分清哪个是分频点,哪个是工作频率范围。另外,在工作频率范围的起始点和结束点都会有一个频率衰减强度的选择,如 6dB、12dB、24dB、48dB 几种选择,我们要灵活运用。

2.1.5　典型设备

在实际使用中,常用的设备品牌主要是 dbx,常用设备型号有 dbx 223 和 dbx 234XL,如图 3-6 和图 3-7 所示。

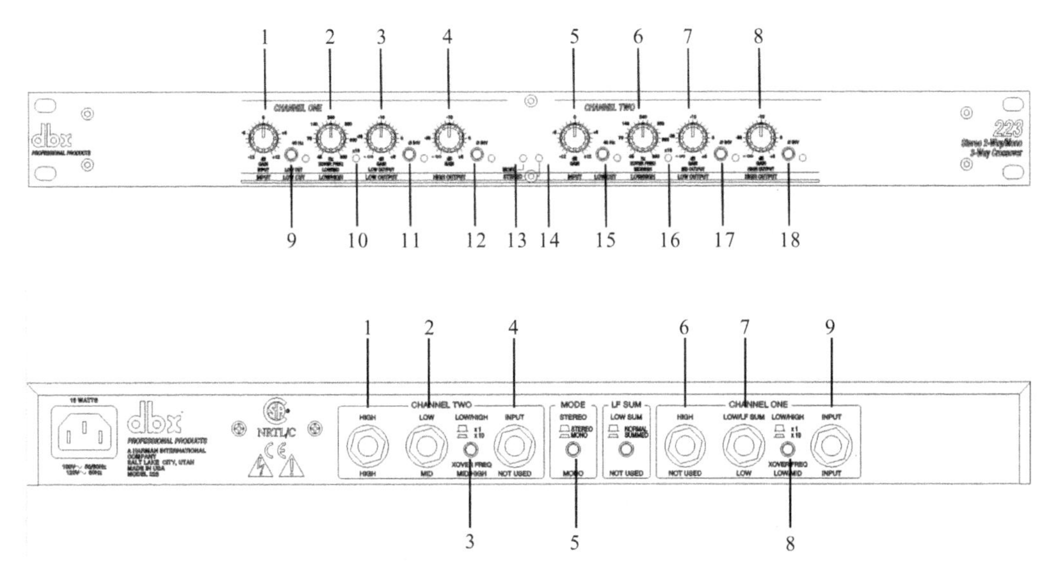

图 3-6　dbx 223 电子分频器正面板(上)和背面板(下)

dbx 223 电子分频器可分为立体声二分频模式和单声道三分频模式。立体声二分频模式控制键设在设备正面板下方水平线下,单声道三分频模式控制键设在下方水平线上,由图 3-6 dbx 223 电子分频器背面板(下)MODE 的两个按键控制。不同模式下的控制键说明如下。

(1)立体声二分频模式

1 和 5—INPUT GAIN:控制输入增益,控制范围为±12dB。

9 和 15—LOW CUT:低频切除,按下此开关,插入 40Hz 高通滤波器,同时发光二极管亮。

2 和 6—LOW/MID:选择低频和高频之间的分频点频率。

10 和 16—×10:×10 发光二极管亮时,表示 2 和 8 的频率范围为 450～9.6kHz。

3 和 7—LOW OUTPUT:低频段输出电平控制,调节范围为－∞～＋6dB。

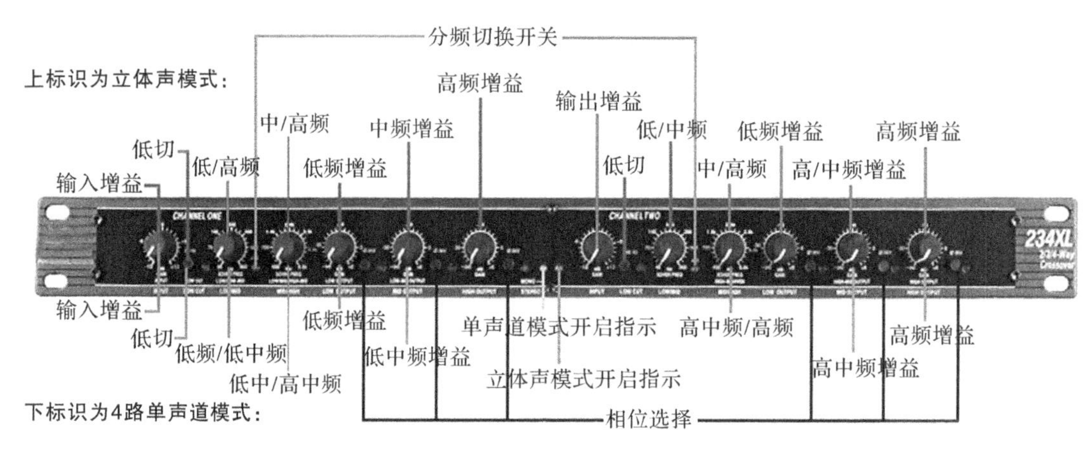

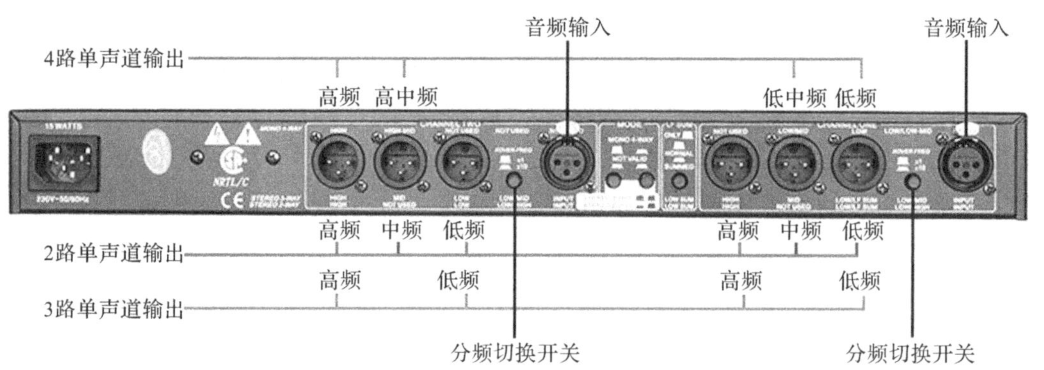

图 3-7 dbx 234XL 电子分频器

11 和 17—PHASE INVERT：按下此开关可以将低频段输出的相位翻转 180°，同时发光二极管亮。

4 和 8—HIGH OUTPUT：高频段输出电平控制，调节范围为 $-\infty \sim +6$dB。

12 和 18—PHASE INVERT：按下此开关可以将低频段输出的相位翻转 180°，同时发光二极管亮。

14—STEREO：此发光二极管亮，表示处于立体声工作模式。

(2)单声道三分频模式

1—INPUT GAIN：控制输入增益，控制范围为 ± 12dB。

9—LOW CUT：低频切除，按下此开关，插入 40Hz 高通滤波器，同时发光二极管亮。

2—LOW/MID：选择低频和中频之间的分频点频率。

10 和 16—×10：×10 发光二极管亮时，表示频率范围为 450～9.6kHz。

6—MID/HIGH：选择中频和高频之间的分频点频率。

3—LOW OUTPUT：低频段输出电平控制，调节范围为 $-\infty \sim +6$dB。

11 和 18—PHASE INVERT：按下此开关，可以将低频段输出的相位翻转 180°，同时发光二极管亮。

7—MID OUTPUT：低中频段输出电平控制，调节范围为－∞～＋6dB。

17—PHASE INVERT：按下此开关可以将低中频段输出的相位翻转 180°，同时发光二极管亮。

8—HICH OUTPUT：高中频段输出电平控制，调节范围为－∞～＋6dB。

18—MONO：此发光二极管亮，表示工作在单声道模式。

dbx 223 电子分频器背面板说明如下。

(1)立体声二分频模式

1 和 6—HIGH：高频输出接口。

2 和 7—LOW：低频输出接口。

3 和 8—XOVER FREQ：分频频率范围切换开关。

4 和 9—INPUT：音频信号输入接口。

5—MODE：模式切换开关，切换立体声二分频模式和单声道三分频模式。

(2)单声道三分频模式

1—HIGH：高频输出接口。

2—MID：中频输出接口。

3 和 8—XOVER FREQ：分频频率范围切换开关。

7—LOW：低频输出接口。

9—INPUT：音频信号输入接口。

2.2　任务实施

2.2.1　准备要求

1. 调音台 1 台。
2. 电脑(预装 Smaart 测试软件)1 台。
3. 声卡 1 块。
4. 测试话筒 1 支。
5. 分频器 1 台。
6. 功放 2 台。
7. 全频音箱 2 只。
8. 超低频音箱 2 只。

2.2.2　工作任务

分频器的使用

1. 根据音箱的类型选择相应的功放并连接。
2. 根据分频器相应的输出信号类型，正确连接分频器和功放。

3. 将分频器各参数旋钮置于直通状态，测量全频音箱和超低频音箱的频响范围。

4. 根据所测量的频响数据，合理规划分频点的频率。

5. 通过分频器面板的功能旋钮，对相应参数做出调整，实现频率的分离。

2.3 任务评价

任务评价内容、标准、权重及得分如表 3-3 所示。

表 3-3 任务评价

评价内容		评价标准	权重	分项得分
职业技能	任务 1	正确连接分频器、功放和音箱，错误一处扣 5 分	20	
	任务 2	正确测量音箱的频响曲线，错误一处扣 2 分	10	
	任务 3	对测量到的频响曲线进行合理的频率规划，错误一处扣 10 分	40	
	任务 4	通过分频器面板的功能旋钮对规划的频率实现分频，错误一处扣 2 分	10	
职业素养		1. 以诚实守信的态度对待每一个工作任务 2. 工作过程中严格遵守职业规范和实训管理制度 3. 面对问题要学会思考与合作，增强团队意识	20	
总分			评价者签名：	

本模块知识测试题：

分频器试题

模块 3 压限器

3.1 知识准备

3.1.1 压限器的作用

常规的模拟压限器一般有两大作用，即噪声门和压限器的作用。

1. 噪声门的作用

在各类大型会议，文艺演出和多声道录音时，通常都是多个传声器同时接入扩声系统，

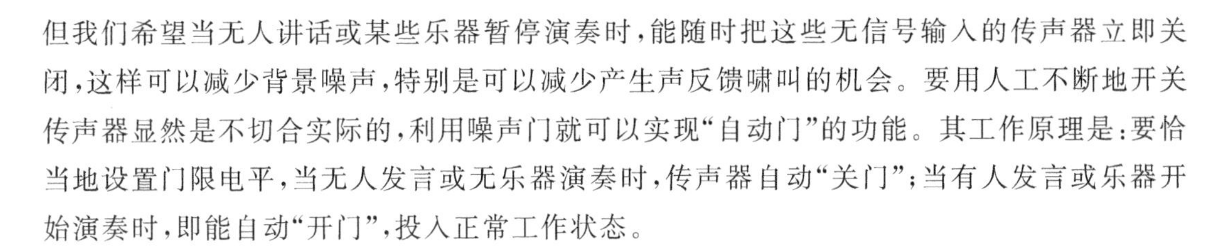

但我们希望当无人讲话或某些乐器暂停演奏时，能随时把这些无信号输入的传声器立即关闭，这样可以减少背景噪声，特别是可以减少产生声反馈啸叫的机会。要用人工不断地开关传声器显然是不切合实际的，利用噪声门就可以实现"自动门"的功能。其工作原理是：要恰当地设置门限电平，当无人发言或无乐器演奏时，传声器自动"关门"；当有人发言或乐器开始演奏时，即能自动"开门"，投入正常工作状态。

2. 压限器的作用

(1)起安全阀的作用(保护设备)

音响系统工作时，可能由于操作不当(设备的音量控制调得过大或开机、关机、转换等操作不当而出现强信号)、信号不稳(不同演唱者声音大小的差别或传声器与口部的距离远近变化)或意外情况(话筒摔落或出现强烈声反馈引起的啸叫)等而出现过高的信号电平，会对系统造成严重的过载失真，甚至损坏扬声器或功率放大器。接入压限器后，通过其压缩、限幅功能，对整个系统起到保护作用，这就是剧场和歌舞厅广泛配置压限器的主要目的。

(2)提高录音和扩音的响度

压缩和限制节目的动态范围，可以使强信号受到抑制，使弱信号获得提升。在录音和扩音系统操作中，常用这个办法来提高录音和扩音的响度，其原理为：由于人的耳朵感觉到的声强是某一段时间的平均声级，因此在平均声压级较低的节目中，偶尔出现的一些高声压级峰值信号，听起来比没有这种峰值信号的声音响度低。

(3)用压限器制造特殊音响效果

使用很短的启动时间和较长的释放时间，可以制造一种类似于"反向声"的特殊音响效果，特别适用于一些打击乐器。快速启动使信号电平立即被压缩，而在信号自然衰减时，释放时间的调节又提高其增益，以便减小自然衰减的程度。

(4)齿音消除(降低扬声器噪声)

有些压限器具有一种消除齿音的功能。其办法是把提升高频的均衡电路插入压限器的控制增益衰减的线路中，使齿音中的高频分量受到比其他分量更多的压缩。更有效的办法是，把音频带划分成几个频段，逐段进行处理，然后再重新合成。这样，可以把含有齿音的这一频段分离出来，使它受到比其他部分更大的压缩。当信号重新合成时，齿音的声级就会被衰减，而不影响节目的其余频段。

3.1.2 压限器的工作原理

1. 噪声门

(1)噪声门阈值(THRESHOLD)

噪声门可以减少系统中的噪声，类似水库里的水闸，如果水闸太低，水里的淤泥就会越过水闸向下流；如果水闸太高，不但拦住了无用的淤泥，还拦住了有用的清水。所以，噪声门的门限电平即噪声门阈值要调到恰当位置，就像水库里的水闸要调到合适的高度，如图 3-8 所示。

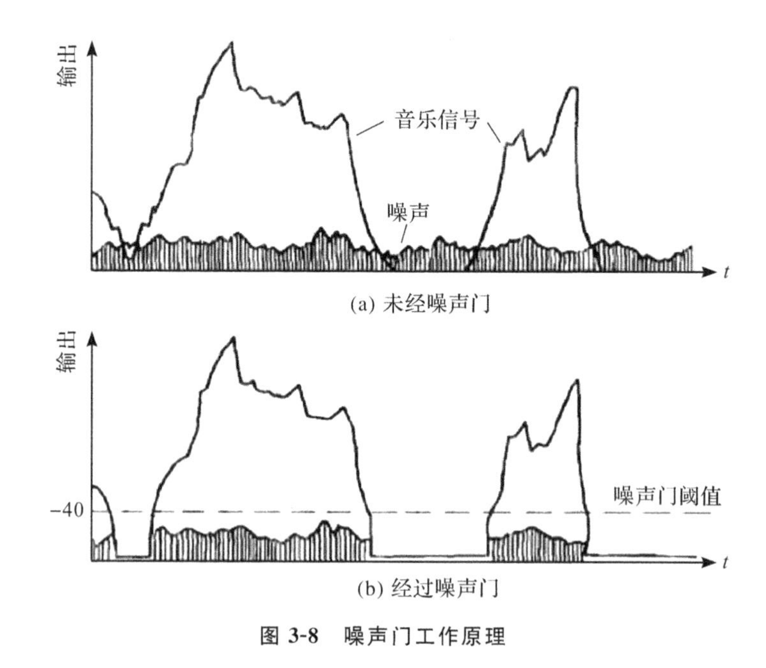

图 3-8 噪声门工作原理

(2)恢复时间(RELEASE)

较长的恢复时间有利于信号的平缓过渡，恢复时间太短会有突兀感，声音会显得断断续续。又如，调整音乐音量时要慢慢降低，不能突然关闭，否则会显得太突兀，在听觉上让人觉得不舒服。

2. 压限器

(1)阈值(THRESHOLD)

压限器的 THRESHOLD 调节钮和噪声门部分的 THRESHOLD 是有区别的。以水闸来比喻：噪声门里的 THRESHOLD 是一个很低的水闸，它在水库入水口的底部，主要的作用是挡住流入水库里的淤泥；压限器里的 THRESHOLD 是一个较高的水闸，它在水库入水口的顶部，如果这个水闸太高，水库进水量太大就可能会有崩溃的危险；如果水闸太低，水库里的水位又不够。为了达到最大且安全的水位，这个水闸就要调整到合适的位置。因此，阈值的调节就显得非常重要，它决定了压限器在多大电平时才起到压缩限幅的作用。

(2)压缩比(RATIO)

压缩比(RATIO)如图 3-9 所示，是与阈值相配合工作的，还是用水闸来比喻。6∶1 的压缩比就好像上游水流超出了一个水库安全范围 6m 高，但经过压限处理后最后流入水库的水只有 1m 高，这样水库还是安全的。又如，设置压缩比为 4∶1，则每增加 4dB 的输入电平只会造成输出电平有 1dB 的变化。当压缩比设定在 6∶1 以上时，实际上压缩器就已经变成了限幅器，当调整在∞：1时，此时不管增大多少输入电平，输出电平也不会变化，这就是限幅器的作用。

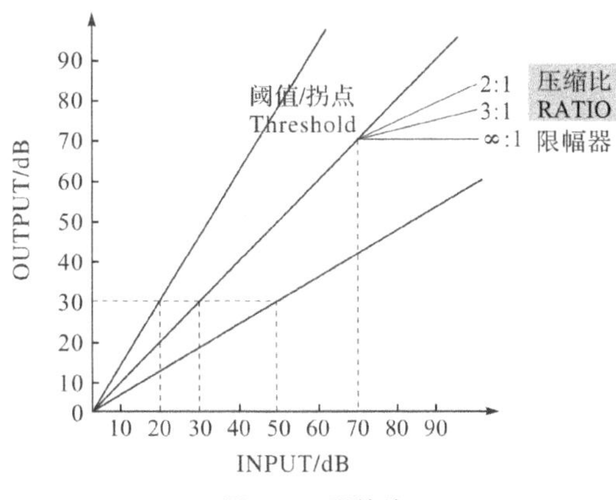

图 3-9　压缩比

(3)启动时间(ATTACK)

启动时间是指当信号电平超出所设置的阈值电平时，压限器在多长时间内开始工作，就好像一个水闸在多长时间内可以打开。如果启动时间太短，可能会影响音乐音头的动态和力度；如果启动时间太长，又会影响音乐的自然程度和瞬态，还会产生一定的延迟感和浑浊感。具体启动时间要根据不同使用途径而确定。

(4)恢复时间(RELEASE)

恢复时间是当输入信号小于阈值后，从压缩状态恢复到非压缩状态所需要的时间。如果压限器的恢复时间长，输入信号低于阈值后要等待一会儿才恢复到压缩状态，这就会使压限器在恢复时间内始终保持在压缩状态。压限器恢复时间的调节应根据音乐的节拍速度或音乐声音衰减的过渡时间来确定。

3.1.3　压限器的使用

1. 噪声门的调整方法

(1)阈值(THRESHOLD)

调整时把调音台总音量置于0dB，关闭所有输入通道，系统中不要有人为的音频信号，转动此调节旋钮，看到噪声门指示红灯亮后再开大一点即可，但不能调得太大，否则把有用音乐也给压住了。就像上面说的水闸那样，要适当比标准提高点。

(2)压缩比(RATIO)

压缩比又称扩展比，即低电平扩展器输入信号动态范围与输出信号动态范围之比。当扩展比较大(大于3：1)时，扩展器基本上就起到噪声门的作用。

2. 压限器的调整方法

不同的压限器有不同的调整旋钮和参数，但以下四点是大多数压限器最基本的标准功能旋钮。

(1)阈值的调整

阈值的调节要结合压缩比来调节,最简单的方法就是关掉功放,把压限器前的周边设备调到正常工作状态,然后把调音台的音量开到正常演出时的最大音量的位置。基本上此时调音台上的电平信号指示灯也会亮红灯,将压限器的阈值旋钮调到压限器中压缩指示红灯开始闪亮时,表示压限器已经开始工作,这时阈值就基本调好了。需要注意的是,压缩比设定要大于 1∶1,否则压限器等于直通,是不起任何压限作用的。

(2)压缩比的设定

压缩比的设定要有一定范围,比例太小起不到压限作用,比例太大就会造成音乐动态范围变窄、声音干瘪无味。在一般的演出中可以将压缩比设定在 2∶1 或 3∶1;在大动态音频信号的系统中,一般将压缩比设定在 5∶1;作为限幅器使用时,应将压缩比设定在∞∶1。

(3)启动时间的调整

启动时间的设定会影响音乐的特性。综合来说,启动时间应在 50～80ms 较合适。

(4)恢复时间的调整

恢复时间的设定,要考虑音乐节拍的时间,在前一拍音乐信号启动的压限状态,在下一拍音乐信号出现之前要恢复到非压限状态。恢复时间应在 400～600ms 较合适。

3.1.4 典型设备

dbx 266XL 压限器是目前使用较广泛的压限器,我们可以为其初步设置一个比较通用的参数模式,这款压限器每单一通道从左到右依次有 7 个调整旋钮,如图 3-10 所示,常用设置参数如下。

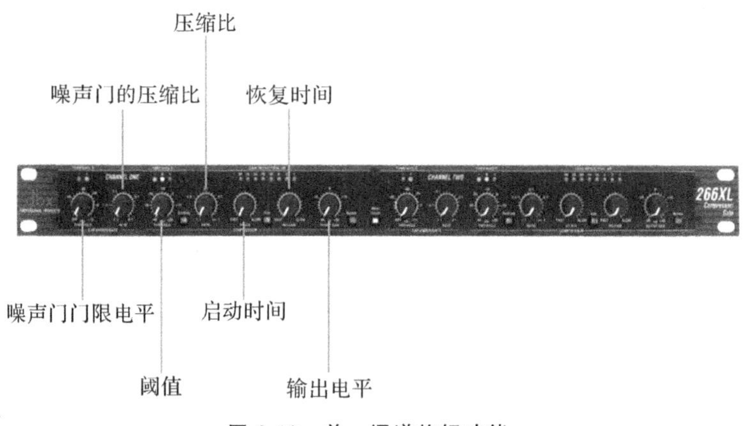

图 3-10 单一通道旋钮功能

(1)噪声门的阈值(THRESHOLD),调到时钟 9 点多一点的位置。

(2)噪声门的压缩比(RATIO),调到时钟 14 点的位置。

(3)阈值(THRESHOLD),这个很重要,一般调整到时钟 13 点的位置。

(4)压缩比(RATIO),一般调整到时钟 13 点的位置。

(5)启动时间(ATTACK),一般调整到时钟 10 点钟的位置。

(6)恢复时间(RELEASE),一般调整到时钟 14 点钟的位置。

(7)输出电平(OUTPUT GAIN),一般调整到时钟 12 点多的位置。

设置完成后,再根据实际使用情况做相应调整。

面板相关指示灯功能参考如图 3-11 所示。

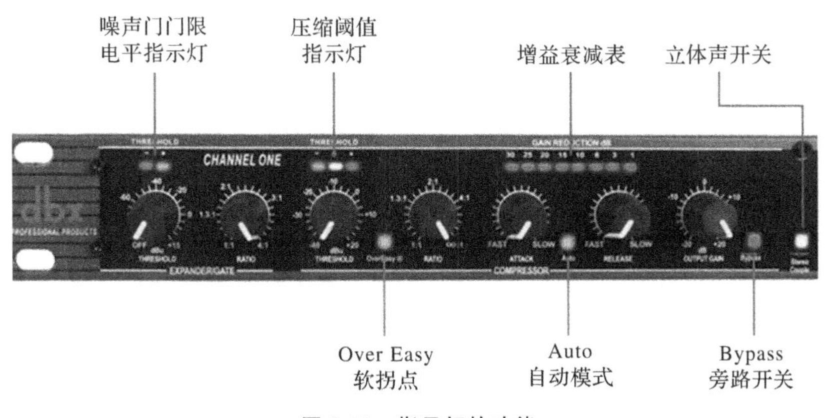

图 3-11　指示灯的功能

3.2　任务实施

3.2.1　准备要求

1. 调音台 1 台。
2. 音源 1 台。
3. 声级计 1 台。
4. 压限器 1 台。
5. 功放 1 台。
6. 全频音箱 2 只。

3.2.2　工作任务

压限器的使用

1. 正确连接压限器、功放和音箱。
2. 正确设置噪声门阈值,以抑制系统本底噪声。
3. 设置合适的参数,达到对信号的压缩限幅作用。

3.3　任务评价

任务评价内容、标准、权重及得分如表 3-4 所示。

表 3-4　任务评价

评价内容		评价标准	权重	分项得分
职业技能	任务 1	正确连接压限器、功放和音箱，错误一处扣 5 分	20	
	任务 2	正确设置噪声门阈值，以抑制系统本底噪声，错误一处扣 2 分	10	
	任务 3	设置合适的参数，达到对信号的压缩作用，错误一处扣 10 分	40	
	任务 4	讲解每一个旋钮和按钮的作用，错误一处扣 2 分	10	
职业素养		1. 以诚实守信的态度对待每一个工作任务 2. 工作过程中严格遵守职业规范和实训管理制度 3. 面对问题要学会思考与合作，增强团队意识	20	
总分			评价者签名：	

本模块知识测试题：

压限器试题

模块 4　声反馈抑制器

4.1　知识准备

4.1.1　声反馈抑制器的功能

在扩声系统中，如果将话筒增益进行较大的提升，音箱发出的声音就会传到话筒引起啸叫，这种现象就是声反馈。声反馈的存在，不仅破坏了音质，限制了话筒声音的扩展音量，使话筒拾取的声音不能良好再现，深度的声反馈还会使系统信号过强，从而烧毁功放或音箱（一般情况下是烧毁音箱的高音头），造成损失。

扩声系统中一旦出现声反馈现象，一定要想方设法制止，在声反馈抑制器出现以前，音响师往往采用均衡器衰减馈点（衰减反馈频率）的方法来抑制声反馈。扩声系统之所以能产生声反馈现象，主要是因为某些频率的反射能量过强，将这些过强频率进行衰减，就可以解决这个问题，但用均衡器衰减频点电平会产生以下难以克服的不足：一是对音响师的听音水平要求极高，出现声反馈后音响师必须及时、准确地判断出反馈频率和程度，并立即准确无误地将均衡器的此频点电平衰减，这对于经验不足的音响师来说是难以做到的。二是对重放音质有一定的影响。现有31段均衡器的频带宽度为1/3倍频程，有些声反馈需要衰减的频带宽度有时会远远小于1/3倍频程，此时，很多有用的频率成分也会被衰减。三是在调整过程中有可能烧毁设备。用人耳判断啸叫频率是需要一定时间的，假如这个时间过长，设备可能会因长时间处于强信号状态而损坏。使用声反馈抑制器就可以基本解决以上问题，既可以有效地消除反馈，又不会对重放音质造成影响，故其优越性是显而易见的。

声反馈抑制器是一种自动衰减馈点频率电平的设备，当出现声反馈时，它会立即发现和计算出其频率、衰减量，并按照计算结果执行抑制声反馈的命令。

4.1.2　声反馈抑制器的工作原理

不同的声反馈抑制器虽然调整方法各有不同，但原理都是一样的，这里我们以赛宾FBX 2420声反馈抑制器为例，进行简单的介绍。

赛宾FBX 2420声反馈抑制器采用的SMART Filter技术可以在节目演出期间，而不是在系统调整期间进行反馈处理。它内置了一种自动参数调整装置，此装置的滤波器可以自动寻找反馈频率、精确地锁定反馈频率、建立一种带宽极窄、吸收深度足够的滤波器，从而自动消除啸叫。FBX 2420自动化水平很高，且它的调整速度也比其他的声反馈抑制器更快。

声反馈抑制器到底是如何工作的呢？最重要的是要看反馈控制滤波器的品质，滤波器的品质可以用它的调整速度、精度、分辨率和声音的一致性来衡量。

1. 速度

在全新的FBX 2420中运行的SMART Filter算法的数字信号处理器的速度优势明显，可以在不到30s的时间内完成各种参数的自动调整。在工作时，FBX 2420会连续监视反馈，当发现反馈点时能自动处理。

2. 精度

一些声反馈抑制器有时候很难判断哪些是有用音乐信号，哪些是有害反馈信号。这是声反馈控制器最难解决的问题，错误的判断意味着浪费滤波器还会影响音质。FBX 2420使用的专利技术可以分析节目的谐波分量，因为谐波分量上的反馈是低的，而音乐和语言节目都包含丰富的谐波分量，因此，FBX 2420可以正确地分辨出是音乐还是反馈的问题。

3. 分辨率

反馈是一种偶然事件，需要精确地锁定反馈点，但很多声反馈抑制器一般把滤波器调整到反馈频率的附近，然后依靠增加滤波器的带宽和衰减深度来消除声反馈。而FBX 2420采用了一种更复杂的解决方法，它可以做到1Hz的分辨率，真正做到了快速和精确。

4. 声音的一致性

赛宾提供数字滤波器的数量恰好使声音音质更佳，具有更小的相位失真和平滑的频率响应。赛宾滤波器在所有的吸收深度上维持声音的一致性，提供真正的恒定Q值的特性。

4.1.3 声反馈抑制器的主要技术指标

FBX 2420 声反馈抑制器的主要技术参数如下。

(1)滤波器：每通道12个独立的数字陷波滤波器，工作频率范围为40～20kHz。

(2)滤波器带宽：用户可以控制，或者是1/10倍频程，或者是1/5倍频程，恒定Q值，分辨率为1Hz。

(3)寻找和消除反馈需要的时间：0.4s，典型值1kHz。

(4)每通道活动滤波器与固定滤波器的数量：用户可选择，最后的配置储存在存储器中。

(5)活动滤波器计时器：活动滤波器的释放时间为1min，5min，30min或60min。

(6)输入/输出：

①输入/输出的最大信号电平：平衡输入/输出+27dBV，峰值，不平衡+21dBV，峰值；

②输出驱动：单元按规定执行驱动一个>600Ω的负载；

③输入阻抗：平衡或不平衡输入阻抗>40kΩ，2脚高电平；

④输出阻抗：平衡或不平衡输出阻抗<150Ω，2脚高电平。

(7)旁通：真正的电源关断旁通。

(8)峰值空间：一般4dBV平衡输入，最大峰值为+23dB。

(9)I/C连接器：XLR-3和1/4英寸TRS。

(10)频率响应：20～20kHz，±0.3dB。

(11)增益匹配：±0.2dB。

(12)频谱改变：+0.25dB，20～20kHz。

(13)信/噪—动态范围：>100dB。

(14)总谐波失真：0.005%，1kHz；20～10kHz，<0.01%；10k～20kHz，<0.025%。

(15)动态范围：>105dB。

4.1.4 声反馈抑制器的使用

1.声反馈抑制器在扩声系统中的几种连接方法

声反馈抑制器在设备连接方面也是采用XLR接头的平衡线路，它的连接方式大致可以分为以下两种。

(1)就像均衡器等周边设备那样按顺序串联在音响系统中，如图3-12所示。这种连接方式的优点是：连接和操作十分简单，适用于较简单的系统中；缺点是：此连接方式在抑制话筒声反馈时，也会影响通过声反馈抑制器的其他音源信号。

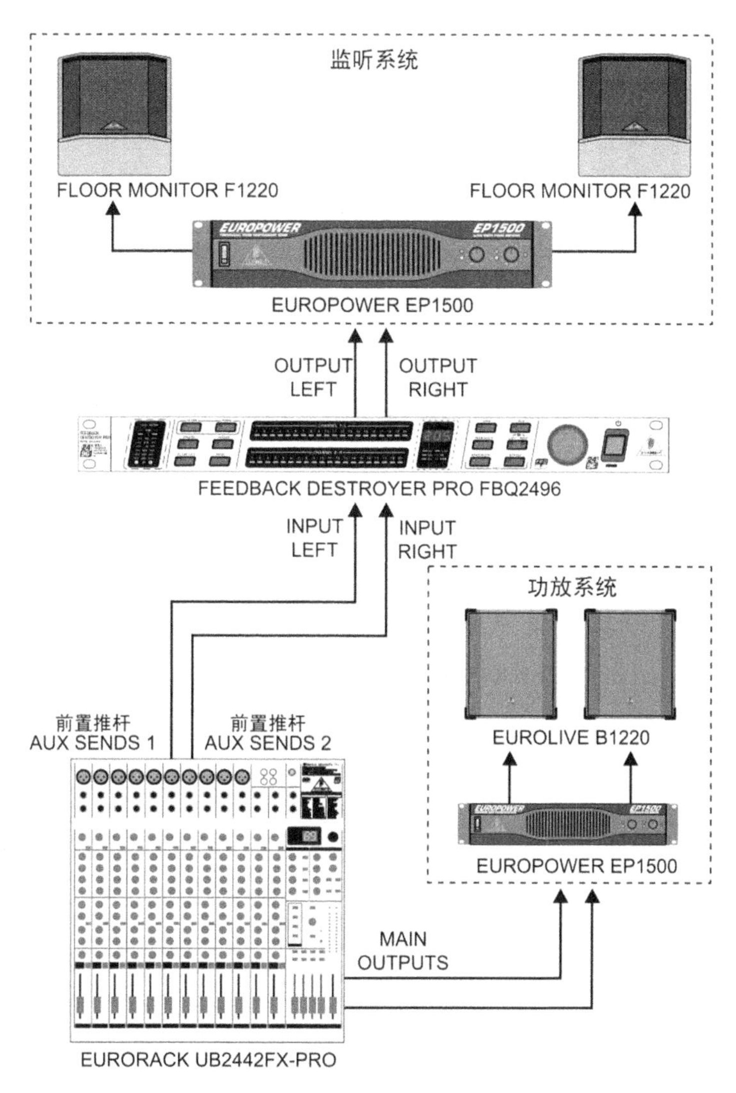

图 3-12　声反馈抑制器连接方式一

(2)可以利用调音台通道里的 INS 输入、输出接口,将声反馈抑制器单独串联在相应的通道里,如图 3-13 所示。这种连接方式的优点是:可以最大限度地对声反馈抑制器进行调整,不会影响其他音源;缺点是:一台声反馈抑制器最多只能控制调音台的 2 个输入通道,设备利用率低。

2. 声反馈抑制器的调整方法

声反馈抑制器在调整方面一般采用自动调整,有的也设有手动调整方法。以赛宾 FBX 2420 声反馈抑制器为例,介绍一下简单的调整方法。调整顺序如下:

(1)把话筒放置在几个主要的表演区域内,可以用话筒架固定,也可以让演员模拟演出。

(2)按下复位(RESET DYNAMICS)键,直至所有指示灯熄灭,以清除前一次的滤波器

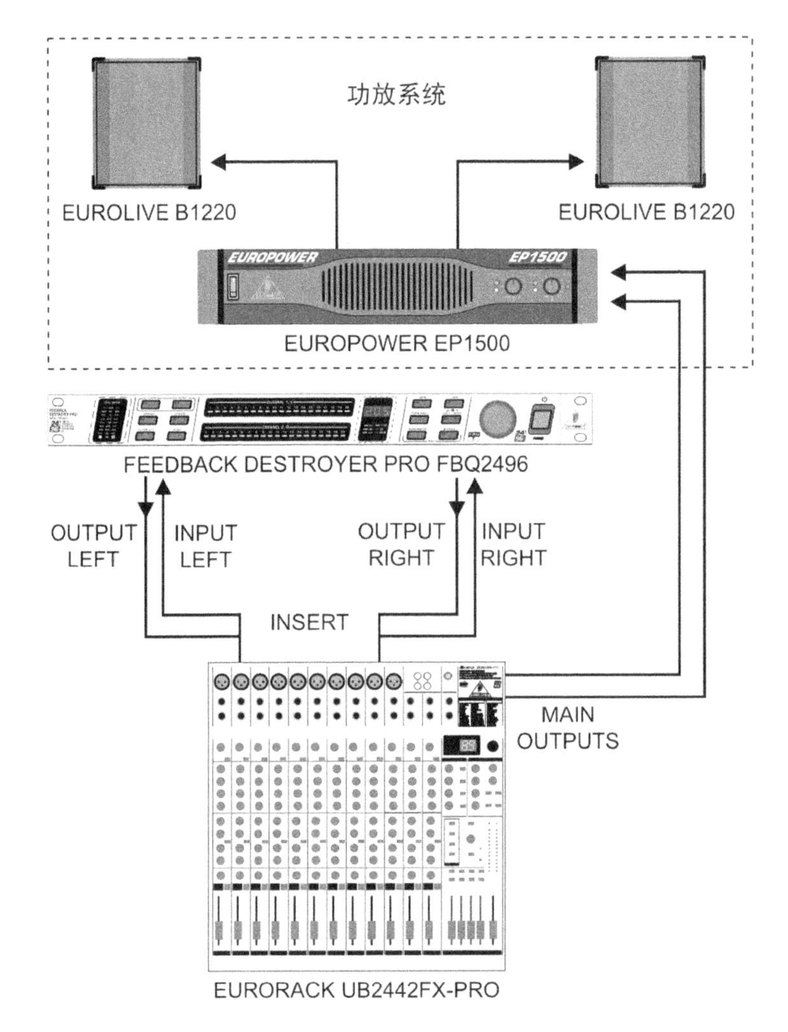

图 3-13　声反馈抑制器连接方式二

设置,此时 CLIP 电平指示灯闪烁,这一步也就是把以前调整的参数给清除。

(3)由于声场内两个通道的音箱摆放位置不同,所以产生声反馈的频率也不同。要一个个通道来调整,否则会浪费滤波器的数量。此时,我们可以用 BYPASS 按钮先关掉其中一个通道,按下 STEUP 键正式进入需要调整通道的 ACTIVE 激活模式,就可以调整了。

(4)缓慢地推起话筒通道的推子,当产生声反馈时,声反馈抑制器就会自动进行抑制,与其相对应的一个滤波器指示灯也会点亮。如此反复操作,当滤波器通道完全激活以后,系统自动暂停工作。此时 READY 键中的蓝色灯亮起,表示设置基本完成。然后将这个通道直通,再去调试另一个通道。

大致顺序就是这样,一些细节需要大家参考产品说明书。实际上,利用声反馈抑制器来处理声反馈和利用多段模拟房间均衡器处理声反馈的方法基本一样,只不过一个是自动调整,一个是手动调整。

3.使用声反馈抑制器时需要注意的事项

(1)在利用话筒进行反馈点抑制时,最好找几支经常使用的话筒,而且在调整时要不断地变换话筒的位置,并不停地用话筒说话,这样可以使声场更活跃,更利于精确、快速地寻找到声反馈频率。

(2)系统中如果有压限器,还要注意把压限器直通,等调整完后再恢复。而系统中的其他音频处理设备,如均衡器、激励器、分频器、效果器等,都要调整到正常的工作状态,不能直通。

(3)注意检测一下系统中所使用的声反馈抑制器对音乐信号和话筒反馈信号的分辨率。检测方法是:关掉所有话筒,把声反馈抑制器串联在任何有音乐信号的通道中,播放一段信号电平较大的摇滚乐,不断地加大此通道的音量,如果发现声反馈抑制器开始工作了,并且严重地影响了音质,若此时要继续使用它,就只能用它单独处理话筒,而不能同时处理其他音源信号。

(4)如果已经调整好声反馈抑制器,那么在现场演出的过程中,千万不要按动 RESET 按钮,因为这样会把以前设置的所有参数清除,把声反馈抑制器变成了刚出厂的原始状态。这样做是非常危险的,系统很可能会出现强烈的啸叫,严重时还会损坏设备。

(5)有些声反馈抑制器有自动和手动等工作方式可供选择,如果你认为自己的调整已经很完美,系统不会发生声反馈,那么可以把声反馈抑制器放在手动或锁定的工作模式。这样做既保留了设备原有的参数,又不会因为设备误检测、误启动而改变已经调整好的参数。

(6)声反馈抑制器是没有办法既抑制声反馈又调整声场的,调整声场需要有专门的模拟多段房间均衡器或专业数字参量均衡器。

4.1.5　典型设备

常用的声反馈抑制器有百灵达 FBQ 2496,如图 3-14 所示。

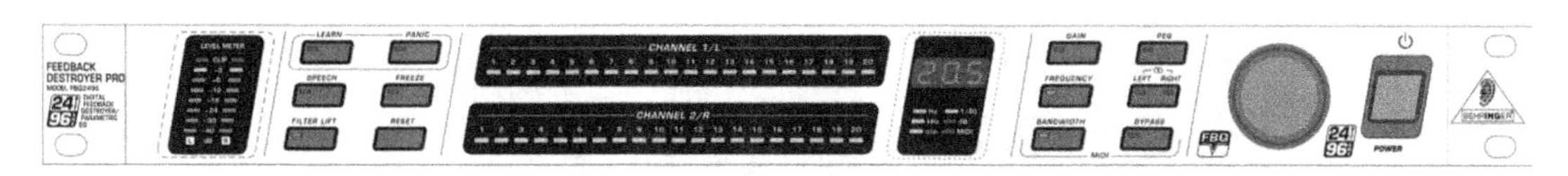

图 3-14　百灵达 FBQ 2496 声反馈抑制器

FBQ 2496 具备超高速和智能的反馈识别算法,每条通道最多能够自动测定 20 个反馈频率点,并通过极窄的陷波滤波器来抑制这些反馈频率,而有用的信号几乎不受影响。

设定既忘功能和紧急键功能确保了特别简单和立即生效的反馈抑制。在自动模式中,混音被持续监视,滤波器自动调节。而在手动模式中,可最多放置 40 个全参数滤波器,频率、Q 值、抬高/下降可调节。在现场使用时,可通过不同的运行方式来灵活配合不同的情形。此外,FBQ 2496 也适合在录音棚中使用。

FBQ 2496 面板功能介绍,如图 3-15 至图 3-17 所示。

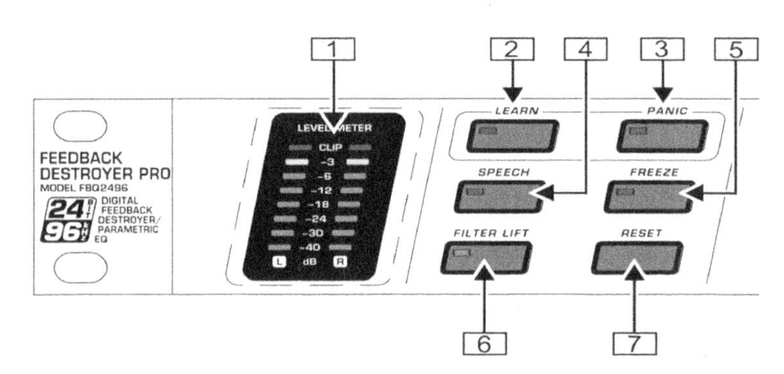

图 3-15　面板按键

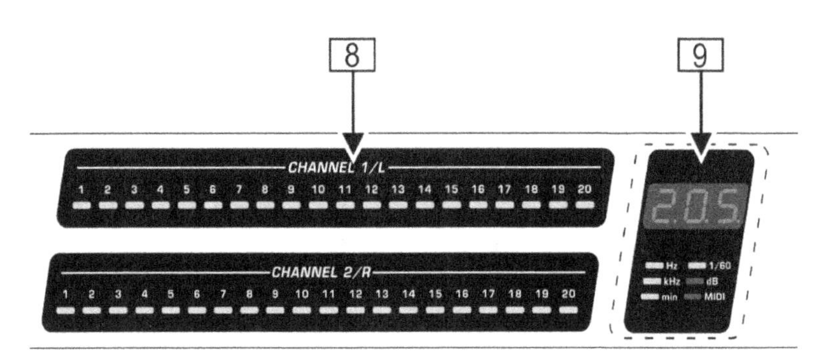

图 3-16　面板指示灯

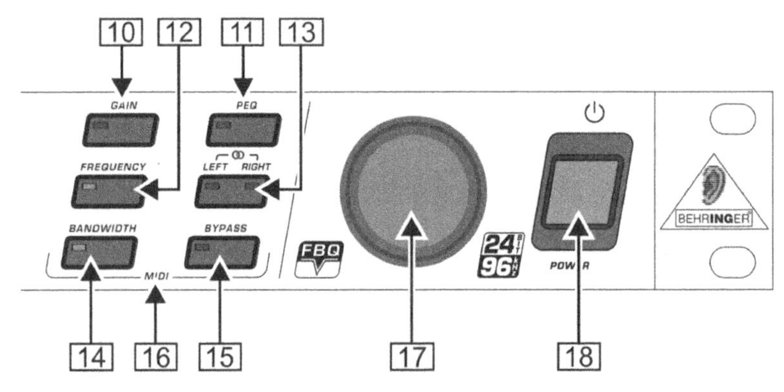

图 3-17　面板按钮功能

1. LEVEL METER 显示

借助 LEVEL METER 显示,可监视输入音量。每个通道有 8 个发光二极管。当 CLIP

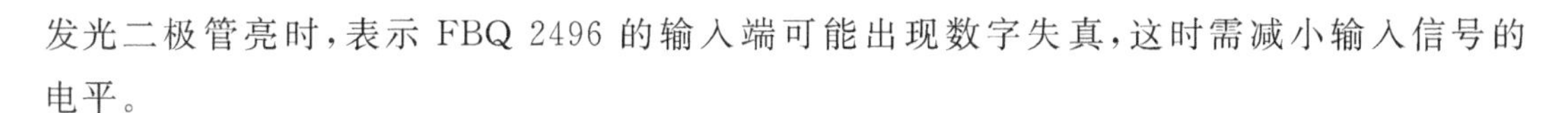

发光二极管亮时，表示 FBQ 2496 的输入端可能出现数字失真，这时需减小输入信号的电平。

2. LEARN 键

短时按下 LEARN 键后（发光二极管亮）FBQ 2496 进入学习模式。也就是说，设备这时立即用最快的速度搜寻可能有问题的频率，并放置必须数量的单发滤波器（所在场地必须有音乐或噪声信号）。此外，还可手动确定单发滤波器的数量（每通道最多20个）。

如果按下键超过 1s（发光二极管闪烁）、FBQ 2496 将生成电平逐渐增大的脉冲信号以产生反馈。这些反馈又回到 FBQ 2496 输入端，被识别和抑制。这个模式被称为 AUTOLEARN（自动学习）。

3. PANIC 键

如果在演出过程中出现突然的反馈，可通过按 PANIC 紧急键来帮助解决。只要保持按下键（最长 1s）、设备将快速地寻找反馈频率并将其抑制。

4. SPEECH 键

通过按下 SPEECH 话音键，可提高反馈抑制的灵敏度——设备能更早地识别有问题的频率、并放置相应下降度的滤波器。不同于吉他等的失真，语音中几乎没有可能被 FBQ 2496 误认为反馈的信号部分。因此，这个模式特别适合只传播语音的场合。这样可大大提高扩音时的音量。

5. FREEZE 键

如果 FBQ 2496 相关参数设置完成，可用按 FREEZE 冻结键将其保存。所有的单发和自动滤波器均保持其设置，直到再次按下 FREEZE 键。

6. FILTER LIFT 键

所谓的“Filter Lifting Time”（滤波器升高时间）指的是一个已调节好的自动滤波器在复原其数值之前允许不起作用的时间长度。这个时间可在短时按下 FILTER LIFT 键后在旋转钮上调节。可调节为以下时间长度：0min、1min、5min、10min、30min、60min。

7. RESET 键

短按 RESET 复原键后，所有自动放置的滤波器均被删除。长按此键后，单发滤波器也被删除。在 PEQ 模式中，短按此键可删除选出的滤波器；长按此键可一次性删除全部的参数滤波器。

8. 状态显示

FBQ 2496 一共有 40 个滤波器，即每个通道有 20 个滤波器，可通过状态显示方便地监视这些滤波器。

一个恒定发亮的发光二极管表示已放置了一个滤波器，它已抑制一个反馈，或一个滤波器处于参数均衡器模式(PEQ),这时必须设置一个大于或小于0dB的增益(GAIN)。

一个闪烁的发光二极管表示PEQ模式中选用的滤波器。

9. 发光二极管显示

三位数数值的显示表示的是改变的那个参数的绝对值。

Hz或kHz在改变一个滤波器的中心频率时发亮。

min显示在设置了滤波器的升高时间时发亮。

1/60发光二极管在滤波品质设置为小于0.1时发亮。随后可设置为数值1/60、2/60、3/60、4/60和5/60(6/60=0.1)。

如果设置了滤波器的下降或抬升,则dB发光二极管发亮。

MIDI显示在设备接收MIDI数据时短时亮一下。

10. GAIN键

GAIN增益键可在PEQ模式中,确定一个选出的滤波器想要的dB抬升或下降值(从-15～+15dB按0.5dB步距调节,从-36～-16dB按1dB步距调节)。用旋转钮调节的dB值在显示器中显示。

11. PEQ键

在长按PEQ键后(PEQ键上的发光二极管闪烁),可用旋钮调节参数滤波器的数量。同时显示设置的单发滤波器。如果只是短时按PEQ键(PEQ键上的发光二极管发亮),可用旋钮选择每个滤波器。这时所选出的滤波器的编号在显示器中显示,该滤波器发光二极管闪烁,可显示放大频带宽度和中心频率这几个参数。注意:只有参数滤波器的参数才能手动调节。单发滤波器和自动滤波器的调节只能被显示。

12. FREQUENCY键

若FBQ 2496设置为PEQ模式(PEQ键上的发光二极管发亮),便可调节每个参数滤波器的中心频率。要改变中心频率,按FREQUENCY键。可调节的频率范围为20～20kHz。

13. LEFT-RIGHT键

用LEFT-RIGHT左右键可选择想调节的通道。若FBQ 2496设置为立体声道模式,则两个通道均被选择,两个发光二极管都发亮。此模式只需调节一个通道的参数,另一个通道直接采用这些参数。若长按LEFT-RIGHT键、则将两个通道分开,就可为两个通道设置不同的参数。两个通道之间的转换通过短按LEFT-RIGHT键进行。若长按LEFT-RIGHT键,则将重新建立立体声通道耦合,已设置好的通道参数将被复制到另一个通道上。

14. BANDWIDTH键

BANDWIDTH带宽键可确定设置的参数滤波器的频带宽度(Q值/品质)。可调节的

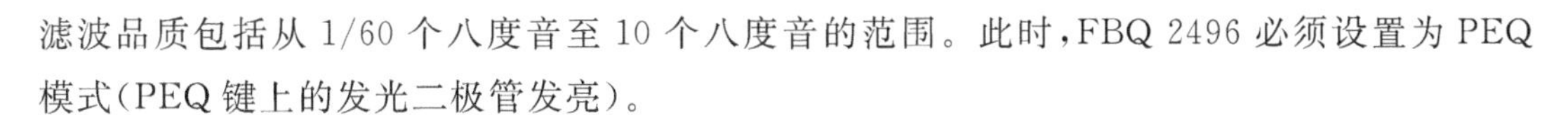

滤波品质包括从 1/60 个八度音至 10 个八度音的范围。此时，FBQ 2496 必须设置为 PEQ 模式(PEQ 键上的发光二极管发亮)。

15. BYPASS 键

长按 BYPASS 旁路键可激活硬旁路，此时设备的输入端被直接接到输出端上，滤波器被避开。

16. MIDI 键

同时按 BANDWIDTH 和 BYPASS 键可进入 MIDI 菜单(两个键上的发光二极管发亮)，在菜单中可打开和关闭 MIDI 以及选择 MIDI 通道。

17. 旋钮

旋钮可改变所选择的参数。顺时针方向旋转旋钮时，可提高数值；逆时针方向旋转时，可减小数值。

18. POWER 键

电源开关，用 POWER 键启动 FBQ 2496。

4.2　任务实施

4.2.1　准备要求

1. 调音台 1 台。
2. 音源 1 台(有线或无线话筒)。
3. 频谱分析仪 1 台。
4. 反馈抑制器 1 台。
5. 功放 1 台。
6. 全频音箱 2 只。

4.2.2　工作任务

反馈抑制器的使用

1. 在扩声系统中正确串联或并联反馈抑制器。
2. 将需要调整的功能参数设置在合理的位置。
3. 找出系统啸叫的频率，并能自动抑制啸叫。

4.3　任务评价

任务评价的内容、标准、权重及得分如表 3-5 所示。

表 3-5 任务评价

评价内容		评价标准	权重	分项得分
职业技能	任务 1	正确连接反馈抑制器，错误一处扣 5 分	20	
	任务 2	正确设置反馈抑制器功能参数，错误一处扣 5 分	10	
	任务 3	正确找出系统啸叫频点，并能自动抑制啸叫，错误一处扣 5 分	40	
	任务 4	讲解每一个旋钮和按钮的作用，错误一处扣 2 分	10	
职业素养		1. 以诚实守信的态度对待每一个工作任务 2. 工作过程中严格遵守职业规范和实训管理制度 3. 面对问题要学会思考与合作，增强团队意识	20	
总分			评价者签名：	

本模块知识测试题：

声反馈抑制器试题

模块 5 综合实训

5.1 任务实施

5.1.1 准备要求

1. 调音台(32 路以上输入通道/16 路以上输出通道)1 台。
2. 音频接口 1 个。
3. 电脑(安装录音软件及相应音频接口驱动软件)1 台。
4. 有线和无线话筒若干支。
5. 激励器 1 台。
6. 效果器 1～2 台。
7. 均衡器 4 台。
8. 分频器 1～2 台。
9. 压限器 4 台。
10. 声反馈抑制器 1 台。

11. 功放与音箱数量匹配。

12. 主扩全频音箱 8～16 只。

13. 主扩超低频音箱 4～8 只。

14. 舞台返送音箱 4 只。

5.1.2　工作任务

1. 正确连接系统设备，并按照正确的开机顺序打开各个设备。
2. 利用声场测试软件，正确设置系统相关参数。
3. 预设各级设备的电平旋钮和功能按键。
4. 电脑播放多轨音频工程文件，调试并设置话筒和音频接口进入调音台的电平。
5. 通过 EQ 等功能模块正确处理调音台上每一个输入通道的音频信号。
6. 将每一个输入通道的音频分别送入各个音箱。
7. 设置正确的周边设备参数，并从主扩音箱和舞台返送音箱还原。
8. 将调音台上的输入信号正确混音，并输出到音箱。

5.2　任务评价

任务评价内容、标准、权重及得分如表 3-6 所示。

表 3-6　任务评价

评价内容		评价标准	权重	分项得分
职业技能	任务 1	掌握正确的系统设备连接，错误一处扣 5 分	20	
	任务 2	正确处理每一个输入信号，错误一处扣 5 分	10	
	任务 3	现场混音训练，错误一处扣 10 分，扣完为止	50	
职业素养		1. 以诚实守信的态度对待每一个工作任务 2. 工作过程中严格遵守职业规范和实训管理制度 3. 面对问题要学会思考与合作，增强团队意识	20	
总分			评价者签名：	

知识拓展：

调音常见的故障与排除方法

项目4 新型数字设备原理及应用

核心概念:数字音频处理器,数字调音台。

项目描述:学习使用数字设备替代传统模拟设备完成调音所需工作。

学习目标	1.了解数字音频处理器的工作原理与使用方法 2.了解并掌握数字调音台的工作原理与使用方法 3.了解音响系统常见的故障原因并掌握排除故障的正确方法
工作任务	1.使用数字音频处理器替代传统模拟分频器、延时器、均衡器、压限器、信号分配器,连接音响设备并进行正确调试 2.使用数字调音台替代所有传统模拟设备,连接音响系统并进行正确调试 3.使用新型数字设备实现之前项目所学的所有功能

模块1 数字音频处理器

1.1 知识准备

1.1.1 数字音频处理器简介

数字音频处理器是一种除音源、调音台、功放、扬声器系统、效果器之外,把扩声系统的周边设备(包括均衡器、延迟器、倒相器、压限器、电子分频器等)以数字化的形式组合在一起的音响设备。它能精确地进行音频处理并具有强大的扬声器管理功能,简化了扩声系统设备的连接,具有多路模拟输入(如2路、4路、6路、8路等),同时还采用了数字输入和数字输出方式。其调试方法可以通过设备面板功能键进行,也可以在电脑上利用软件进行。

1.1.2 数字音频处理器的特点

(1)数字音频处理器的输入通道一般有2路、4路或多路输入,输出通道一般有4路、8路或多路输出,实际应用中对数字音频处理器的选择应根据扩声系统的需要或现有的扬声器系统情况配置相应的输入、输出通道数量的数字处理器。

(2)数字音频处理器在输入通道和输出通道上集成了高精度的模数转换模块,并且在每个输入通道设置了图示均衡器、延迟器等周边设备,在每一个输出通道设置了电子分频器、参量均衡器、延迟器、倒相器和压限器。

(3)数字音频处理器的预置参数可通过串行接口更新修正。

(4)数字音频处理器配置了网络接口和 USB 接口,可利用接口连接电脑,调节音频处理器内部的有关参数。

(5)数字音频处理器能方便地进行编程、传输、储存以及密码锁定,确保系统参数设置安全。

1.1.3　数字音频处理器的功能模块组成

以加拿大电声公司 OLSON 生产的 FD 488 为例,其功能模块组成部分如图 4-1 所示,输入通道设置了哑音选择、相位选择、参量均衡器、输入增益以及输入延迟。之后通过信号分配矩阵进入各个输出通道。在每个输出通道依次安排了相位选择、图示或参量均衡器、高低通滤波器、增益或压限器、延迟器、哑音选择。同时在输入端预置了四种不同的信号发生器,方便使用者做各种声音测试时使用。

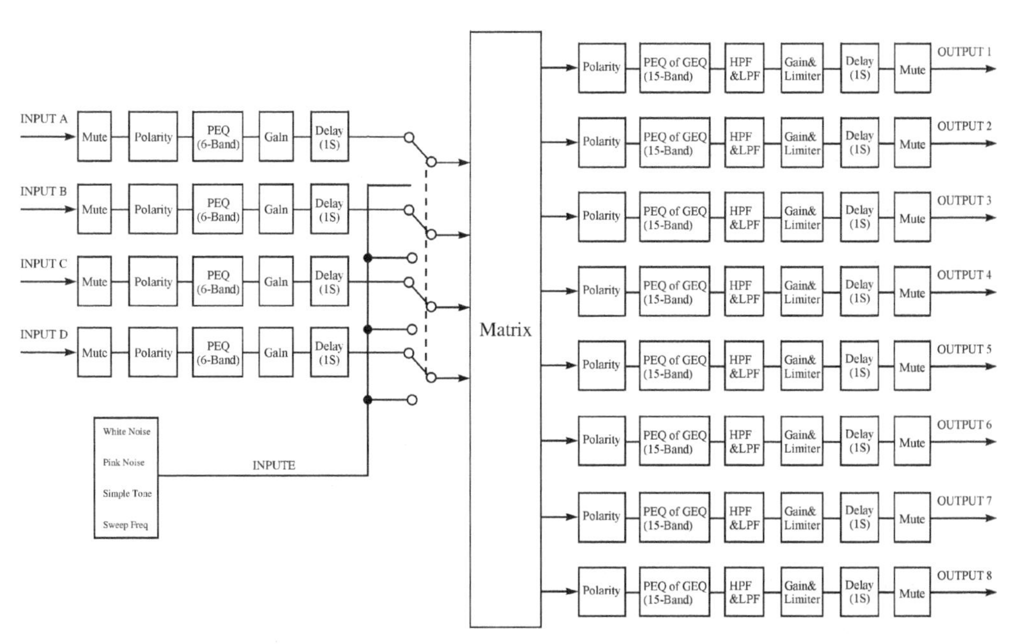

图 4-1　系统组成示意

1.1.4　FD 488 数字音频处理器

FD 488 数字音频处理器面板功能键和后盖插孔的分布如图 4-2、图 4-3 所示。

1. LCD 显示屏

含有 480×272 个 RGB 像素的 4.3 英寸彩色液晶显示屏,可实时显示操作界面和菜单信息。

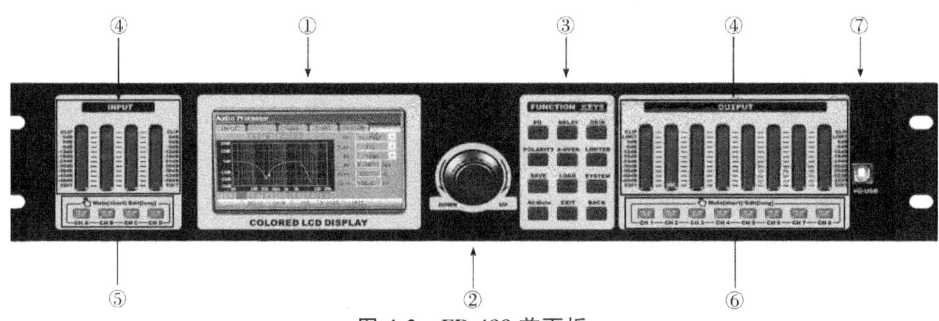

图 4-2　FD 488 前面板

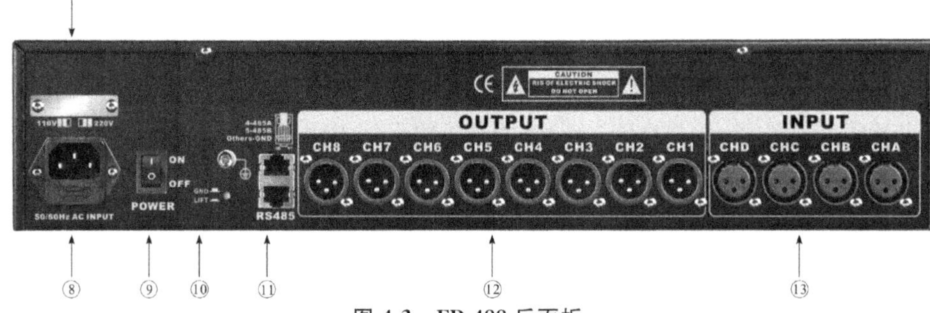

图 4-3　FD 488 后面板

2. 数字编码旋钮

功能如下：

(1)顺时针旋转：参数增大或顺时针移动菜单。

(2)逆时针旋转：参数减小或逆时针移动菜单。

(3)短按：进入或确定。

(4)长按：特殊确认。

3. 功能选择/辅助编辑键

功能如下：

(1)EQ：均衡设置。　(2)DELAY：延时设置。

(3)GAIN：增益设置。　(4)POLARITY：相位设置。

(5)X-OVER：分频设置。　(6)LIMITER：压限设置。

(7)LOAD：加载预先设置。　(8)SYSTEM：系统相关信息。

(9)SAVE：保存设置信息。　(10)ALLMUTE：哑音设置。

(11)EXIT：退出设置。　(12)BACK：删除，返回上一层。

其中(1)、(2)、(3)、(4)为输入输出共用功能选择键；(5)、(6)为输出特有功能选择键；(7)、(8)、(9)为系统功能选择键；(10)为 Mute 键：短按设置全部通道静音，长按设置全部通道取消静音；(11)、(12)为辅助编辑键。

4. LED 电平指示表

12 段 LED 显示输入/输出的精确数字电平及编辑状态：

(1)CLIP(削波)显示,信号失真此灯亮(红色)。

(2)LIMIT(限幅)显示,信号超过用户设定值此灯亮(黄色)。

(3)−30~6dB 的 9 段 LED 电平显示灯亮(绿色)。

(4)EDIT(编辑)指示灯亮(黄色),显示界面操作的通道对象。

5. 输入静音/编辑键

(1)短按:静音/非静音切换,静音时,此键亮灯(红色)。

(2)长按:进入输入编辑功能界面,EDIT 指示灯亮,关联的输出通道"EDIT"灯会闪烁。

6. 输出静音/编辑键

(1)短按:静音/非静音切换,静音时,此键亮灯(红色)。

(2)长按:进入输出编辑功能界面,EDIT 指示灯亮,关联的输入通道"EDIT"灯会闪烁。

7. USB 接口与 PC 机通信接口

通过 PC 界面软件对相关参数进行调节,能调节所有参数,操作更加方便,显示更加直观。

8. 交流电源输入座

根据电源转换开关挡位指示,接入相应电压的交流输入电源。

9. 电源开关

接通电源转换开关所标识的输入电源,按下开关,即可正常工作。

10. 接地柱和接地开关

柱形的为机箱的公共接地端,暗装开关为系统接地/悬浮开关。

11. RS 485 端口

可用网络线将 RS 485 端口串联(最多可连接 250 台),然后选择其中任意一台机器的 RS 485 端口,用 USB 转 485 线或 232 转 485 线和电脑连接可对所有串联机器进行远程控制,最远距离可达 1500m,通过该接口可连接中控。

12. 输出通道(模拟)接口

8 个输出通道,标识为 CH1~CH8,依次为第 1 通道,第 2 通道……第 8 通道。

13. 输入通道(模拟)接口

4 个输入通道,标识为 CHA~CHD,依次为 A 通道、B 通道、C 通道、D 通道。

14. 电源转换开关

选取相应的输入电压挡位,为 110V 和 220V 两个交流电压。

1.1.5 FD 488 数字音频处理器功能设置

1. 开机启动

插入电源,打开电源开关,将系统初始化,初始化界面如图 4-4 所示。

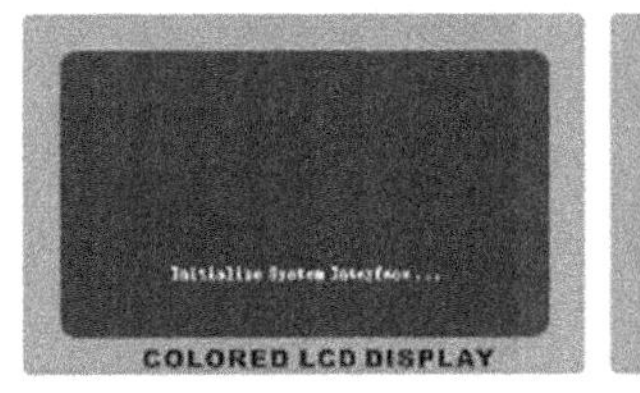

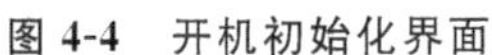
图 4-4　开机初始化界面

图 4-5　主界面

系统初始化后，进入主界面如图 4-5 所示。

该界面允许联机操作、输入输出通道编辑、系统设置、程序的装载和保存（该界面直接旋转编码器是无效的），界面可显示运行中的程序名和程序编号。

本设备的编辑操作方法如下：

(1)在主界面长按输入或输出通道 LED 电平指示表下面对应的透明按键进入通道编辑，根据需要选择功能键中的“EQ”“DELAY”“GAIN”“POLARITY”（输出还可以按“X-OVER”“LIMITER”），参数编辑完成后按功能键中的“BACK”返回通道主界面，旋转编码开关选择通道对应的参数界面，按下编码器确认操作。

(2)在主界面中直接按功能键中的“SAVE”“LOAD”“SYSTEM”键进行操作。

(3)非主界面直接按“EXIT”可返回主界面。

2. 输入控制功能设置

输入功能键包含的 4 个键分别对应 4 个通道：CHA、CHB、CHC 和 CHD，可短按和长按。

(1)输入均衡菜单

长按图 4-2 中的⑤按键（对应“CHA”键，跳转到选择输入通道界面，此时旋转编码开关可以选择其他主界面，如输出界面、保存界面、调用界面和系统界面），再按“EQ”键即可进入输入通道 A 均衡调试界面（其他输入通道进入方法相同）。输入均衡调试界面如图 4-6 所示。

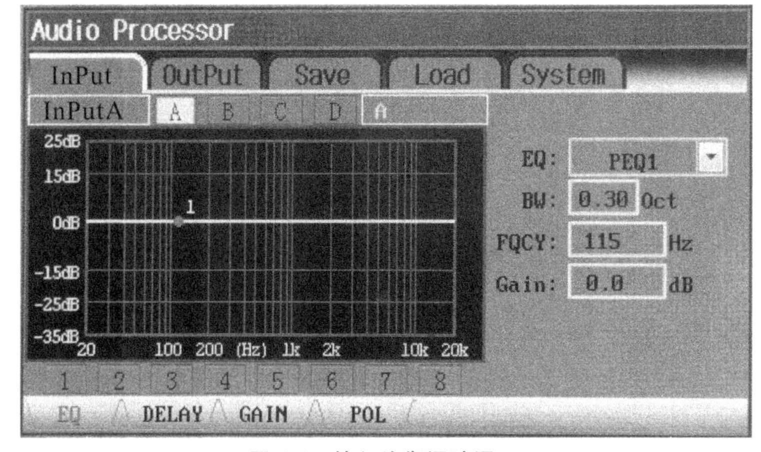

图 4-6　输入均衡调试图一

图 4-7 为输入通道 A 的均衡调试界面，每个输入通道有 4 个调试界面，分别为“EQ”“DELAY”“GAIN”“POL”，不同的界面可通过功能键选择，或在“EQ”上按“BACK”再旋转编码器来选择。

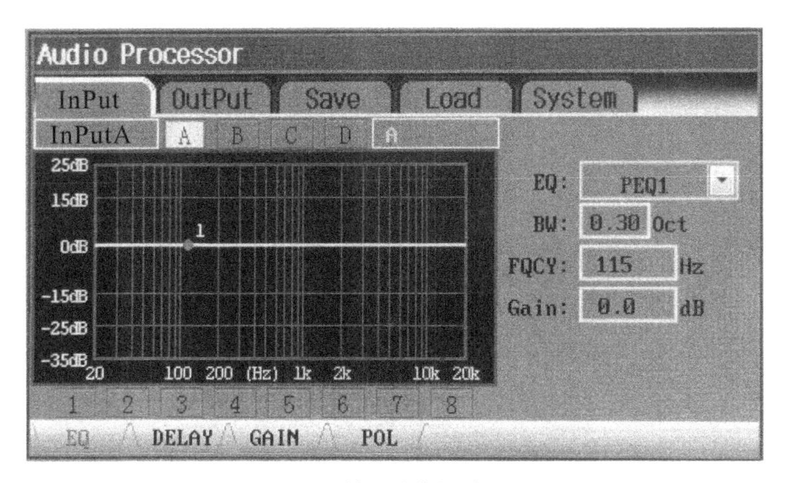

图 4-7　输入均衡调试图二

在输入通道的均衡调试界面，可编辑 6 个均衡频段中任意一个的带宽（0.01～3.00oct，步距为 0.01oct）、频点（20～20kHz，步距为 1Hz）、增益（－40～20dB，步距为 0.1dB）的相关参数。

图 4-8 所示的输入均衡调试界面中，已选定带宽（BW）调试选项，此时按编码开关即可进行编辑（有弹出下拉菜单和显示黑底白字两种模式）。

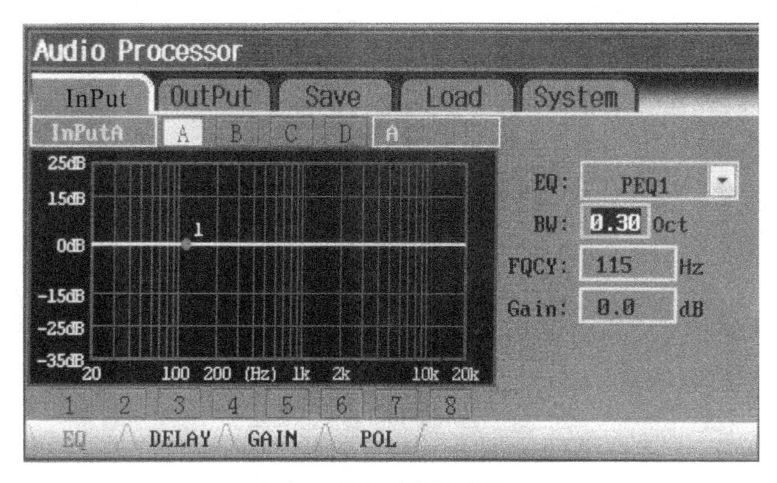

图 4-8　输入均衡调试图三

（2）输入延时菜单

图 4-9 为输入延时调试界面。可以编辑该输入通道的延时时间和噪声门电平阈值，延时用三个不同的单位（毫秒、米、英尺）显示参数，延时时间范围：0～1000ms；步距：<

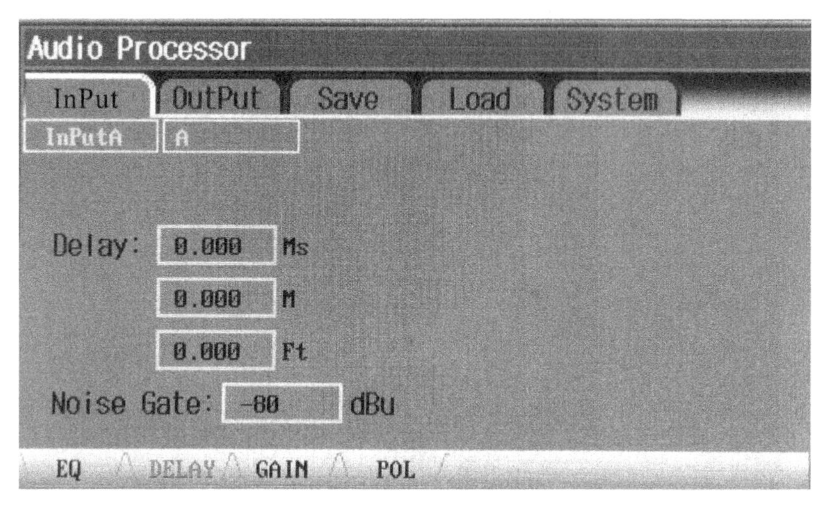

图 4-9 输入延时调试界面

10ms 步距为 0.021ms,≥10ms 步距为 1ms;噪声门范围:－120～－40dBu,步距 1dBu。

(3)输入增益菜单

图 4-10 为输入增益调试界面。可以编辑该输入通道的增益,直接确定(按编码开关)即可更改该通道增益或者旋转编码开关选择其他输入通道的增益参数,增益范围:－30～＋12dB,步距:0.1dB。

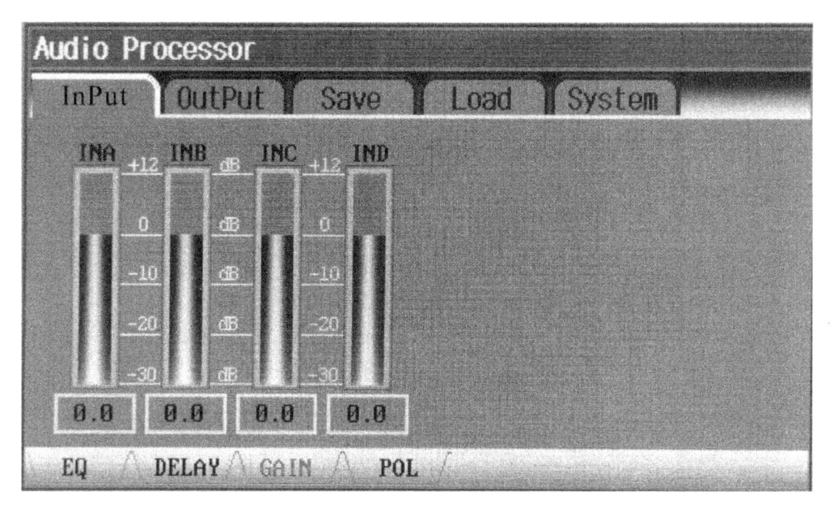

图 4-10 输入增益调试界面

(4)输入相位菜单

图 4-11 为输入相位界面,可通过勾选设置通道的信号相位(±180°转换)。

3.输出控制功能设置

输出功能键包含 8 个键,分别对应 8 个通道:CH1、CH2、CH3、CH4、CH5、CH6、CH7、

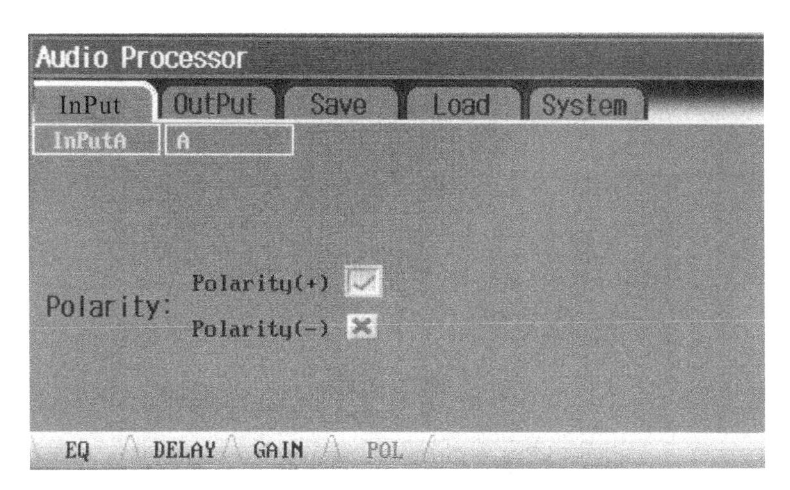

图 4-11　输入相位界面

CH8,可短按或长按。

(1)输出均衡菜单

长按面板按键图 4-2 中的⑥按键(对应“CH1”键,跳转到输出通道编辑界面,旋转编码开关,可以选择其他主界面,如输出界面、保存界面、调用界面和系统界面),再按“EQ”键进入输出通道的均衡调试界面(其他输出通道进入方法相同),如图 4-12 所示。

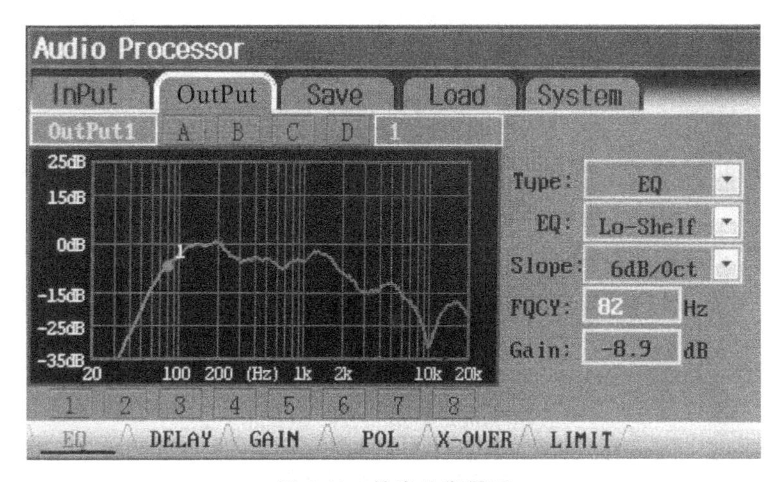

图 4-12　输出均衡界面

图 4-13 表示当前编辑界面为输出通道的均衡(EQ)调试界面(输出通道共有 6 个调试界面,其他的“DELAY”“GAIN”“POL”“X-OVER”“LIMIT”界面可通过功能键选择,或是在均衡调试界面上按“BACK”键再旋转编码器来选择)。

在输出的均衡调试界面,可单独编辑 15 个均衡器中任意一个的带宽(0.01～3.00oct,步距为 0.01oct)、频点(20～20kHz,步距为 1Hz)、增益(－40～20dB,步距为 0.1dB)的相关参数。与输入不同,输出的 EQ 类型可选全参量均衡类型 EQ 和固定频点的 GEQ。

图 4-13 弹出的对话框是要求操作者确定的保险操作(因为该操作数据是不可逆的)。选择 GEQ 后,均衡器的频点为灰色不可调类型,可编辑 15 个均衡器中任意一个 Q 值(4.233、5.336、6.551 可选)、增益(-40～20dB,步距为 0.1dB)。

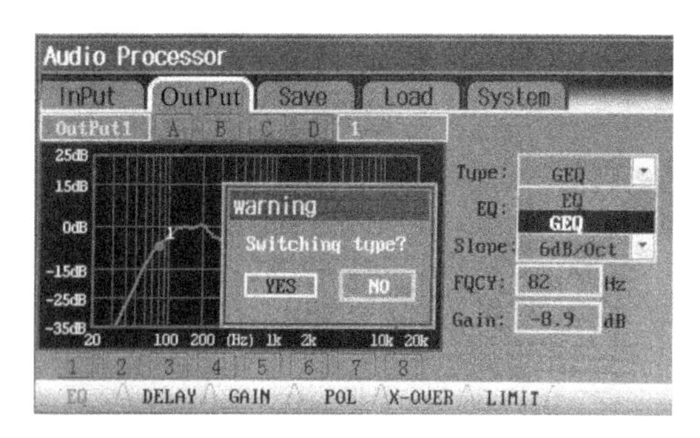

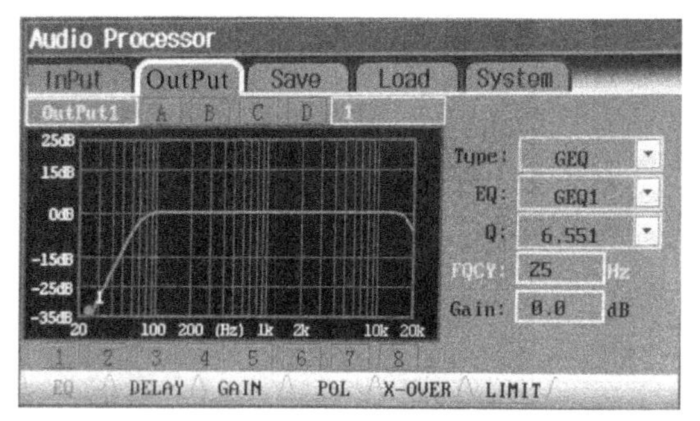

图 4-13 输出均衡模式切换

(2)输出延时菜单

图 4-14 为输出延时界面。进入输出“DELAY”界面后,可以编辑该输出通道延时的相关参数。延时用三个不同的单位(毫秒、米、英尺)显示参数,延时时间范围:0～1000ms;步距:<10ms 步距为 0.021ms,≥10ms 步距为 1ms。

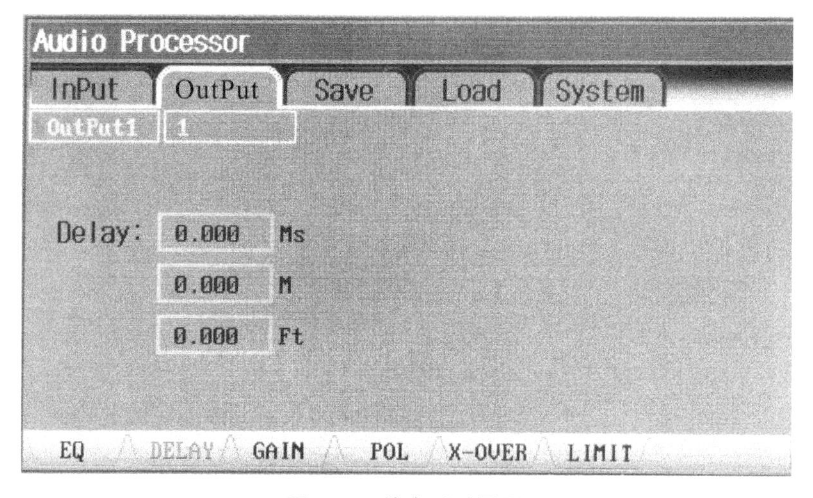

图 4-14 输出延时界面

(3)输出“增益”菜单

图 4-15 为输出增益界面。进入输出通道“GAIN”界面后,可以编辑该输入通道的增益,直接确定(按编码开关)即可更改该通道增益或者旋转编码开关选择其他输入通道的增益参数,增益范围:-30～+12dB,步距:0.1dB。

(4)输出相位菜单

图 4-16 为输出相位界面。进入输出“相位”界面后,可以编辑该输出通道信号的相

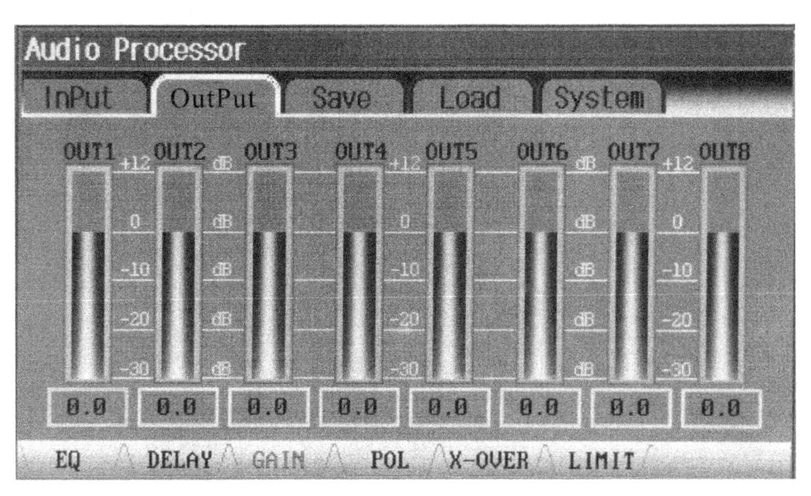

图 4-15　输出增益界面

位和矩阵，相位可调其正与反，矩阵可实现输入通道与输出通道间的路由功能，其中"InPutE"为信号发生器，通常情况下是无法打开的，当你选用信号发生器时，该矩阵自动打开"InPutE"，其他音源将自动关闭。

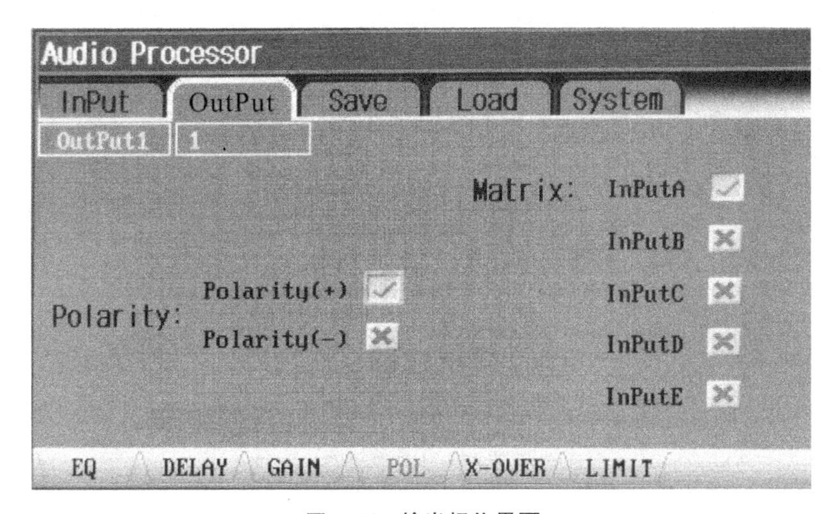

图 4-16　输出相位界面

(5)输出分频菜单

图 4-17 为分频器界面。进入输出"X-OVER"界面后可以设置该通道的分频参数，高通和低通主要参数为：分频模式(ButterWorth、Bessel、Lin-Ril 可选)，斜率(12dB/oct、24dB/oct、30dB/oct、36dB/oct、42dB/oct、48dB/oct 可选)，频率范围(20～20kHz，步距 1Hz)。

(6)输出压缩/限幅菜单

图 4-18 为压限器界面。进入输出的"LIMIT"界面后，可以编辑该输出通道的压缩电平

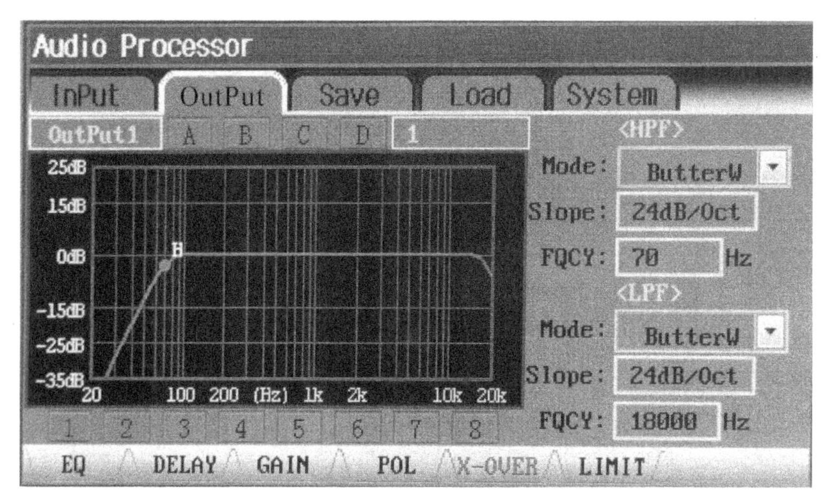

图 4-17　分频器界面

（范围：－40～20dBu，步距：0.1dBu）、启动时间（范围：0.3～200ms；步距：<1ms 步距为 0.1ms，≥1ms 步距为 1ms）和释放时间（范围：50～5000ms，步距为 1ms）。

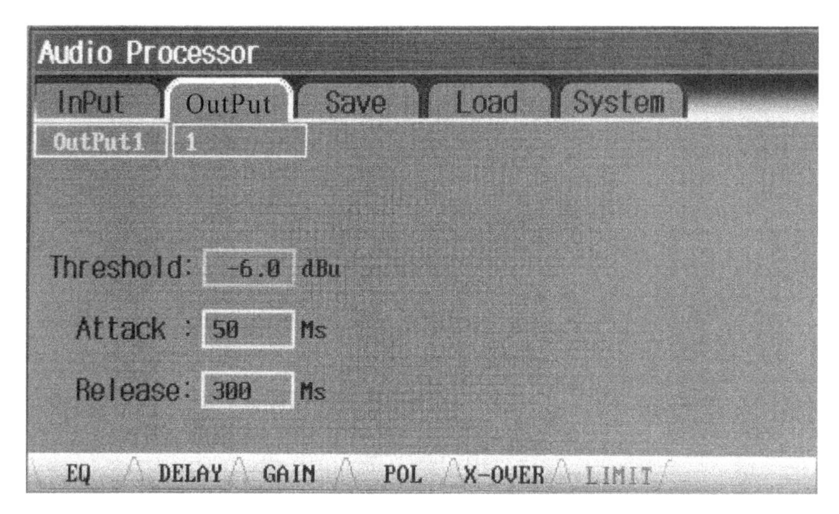

图 4-18　压限器界面

4. 程序的保存和擦除

(1)程序的保存

直接按图 4-2 中的③上面的“SAVE”键，然后用编码器确认一次后，旋转编码开关选择“SAVE”再确认，即可进入程序保存界面，或者多次按“SAVE”键（按的次数和之前操作退出“SAVE”菜单时的界面有关），如图 4-19 所示。

选择程序保存位置，编码开关确认后，输入程序保存的名字，通过旋转和短按编码开关来编辑程序名，“BACK”键可修改程序名，长按编码开关表示程序名输入完毕，程序名允许

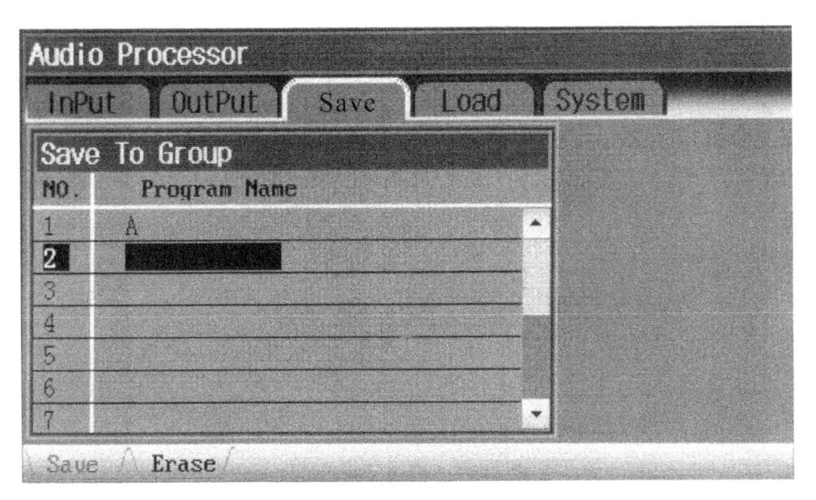

图 4-19　程序保存界面

数字、大小写英文字符等。

输入文件名后长按编码开关会弹出一个保存成功对话框如图 4-20 所示，请点击确认。

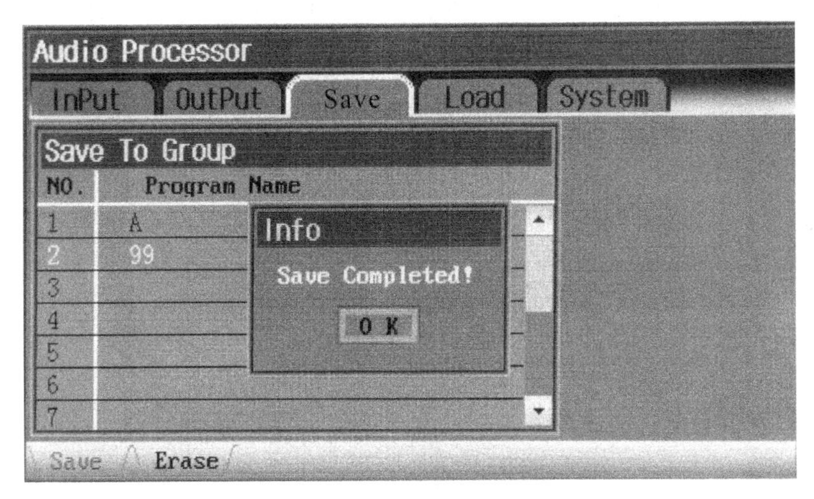

图 4-20　程序保存操作

(2)程序的擦除

如图 4-21 所示，直接按图 4-2 中的③上面的“SAVE”键，然后用编码器确认一次后，旋转编码开关选择“Erase”再确认，即可进入程序擦除界面，或者多次按“SAVE”键(按的次数和之前操作退出“SAVE”菜单时的界面有关)。

如图 4-22 所示，选择要擦除的程序保存位置，编码开关确认后，程序即可被擦除。擦除后程序名为空，默认程序数据为出厂数据，出厂默认数据详见报告。程序擦除后会有擦除成功提示，请点击确认。

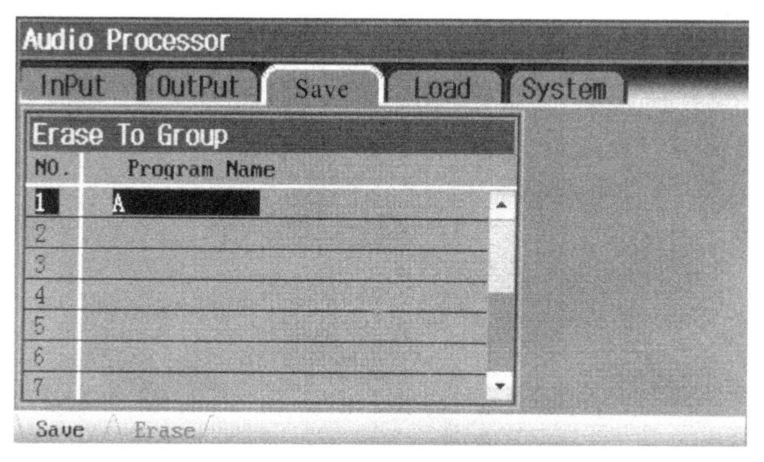

图 4-21　程序擦除界面

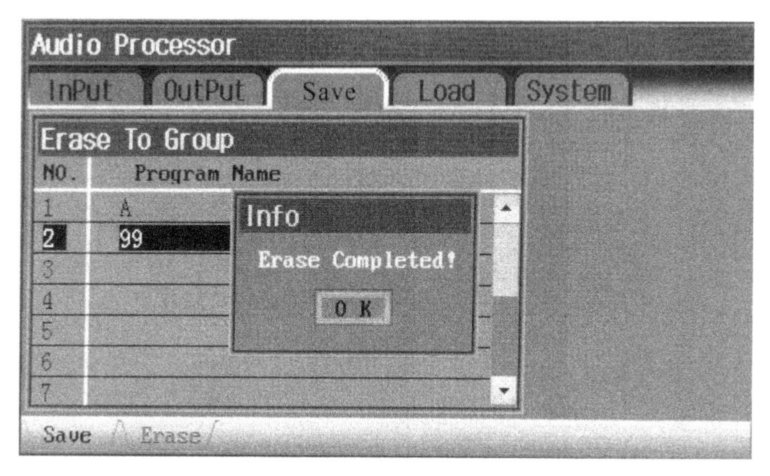

图 4-22　程序擦除操作

5. 程序的调用和通道的复制

(1)程序的调用

如图 4-23 所示，直接按图 4-2 中的③上面的“LOAD”键，然后用编码器确认一次后，旋转编码开关选择“LOAD”再确认，即可进入程序调用界面，或者多次按“LOAD”键(按的次数和之前操作退出“LOAD”菜单时的界面有关)。

选择要调用的程序的位置，编码开关确认后程序即可被调用，如图 4-24 所示，调用后会有调用进度条显示。

(2)通道的复制

图 4-25 为通道复制界面。选择被复制的通道和要复制更改的通道，编码开关确认后通道即可被复制，当复制对象通道和被复制通道是同一个通道时，确认会有错误提示，如图 4-26(a)所示，通道复制后会有复制成功提示，请点击确认，如图 4-26(b)所示。

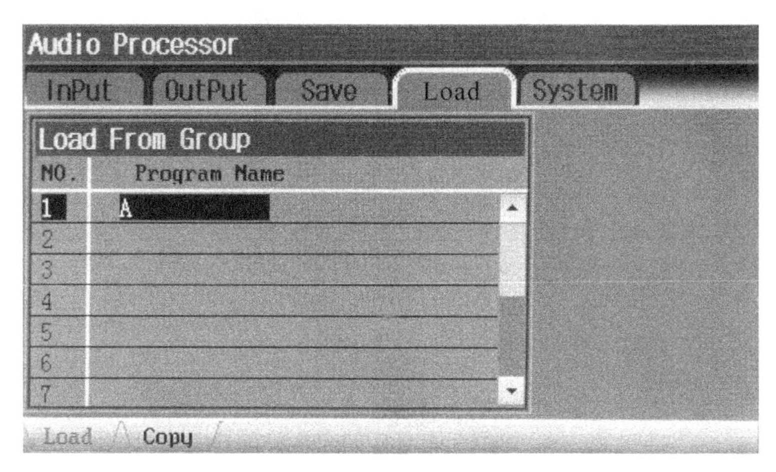

图 4-23　程序调用界面

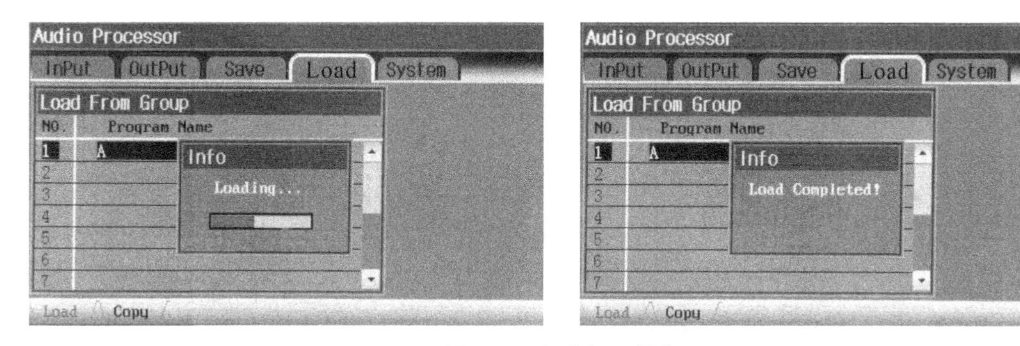

图 4-24　程序调用操作

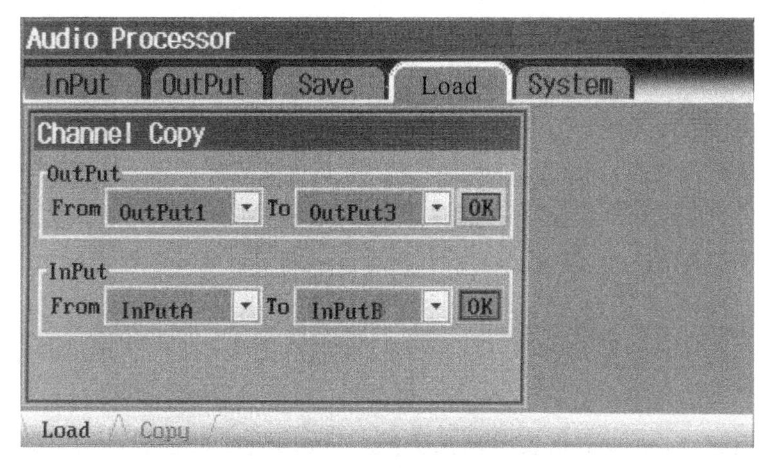

图 4-25　通道复制界面

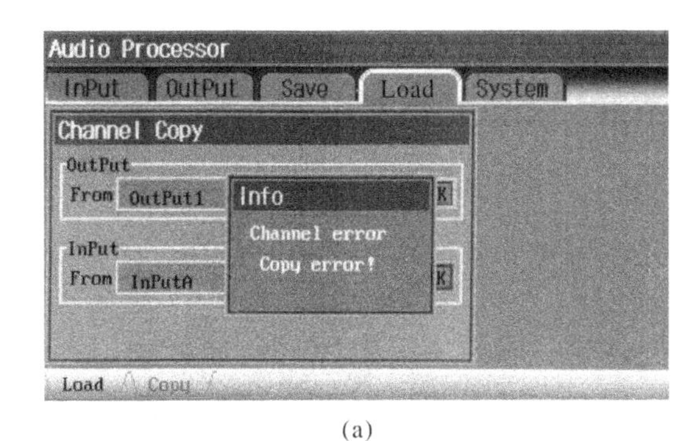

(a)

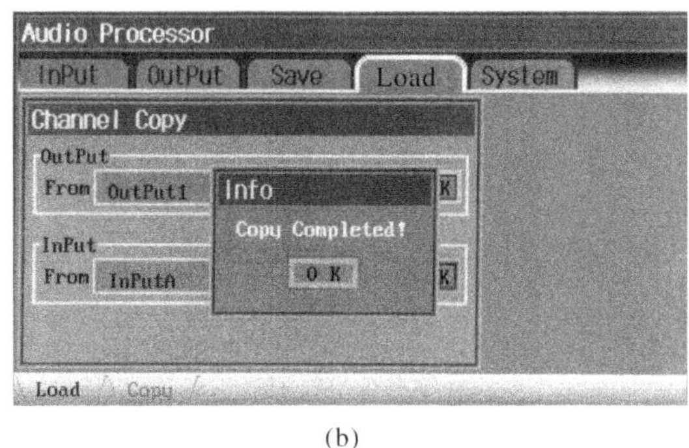

(b)

图 4-26　通道复制操作

6. 系统菜单

(1)系统设置

直接按图 4-2 中的③上面的"SYSTEM"键,然后用编码器确认一次后,旋转编码开关选择"Setup"再确认,即可进入系统设置界面,或者多次按"SYSTEM"键(按的次数和之前操作退出"SYSTEM"菜单时的界面有关)。系统设置界面如图 4-27 所示。

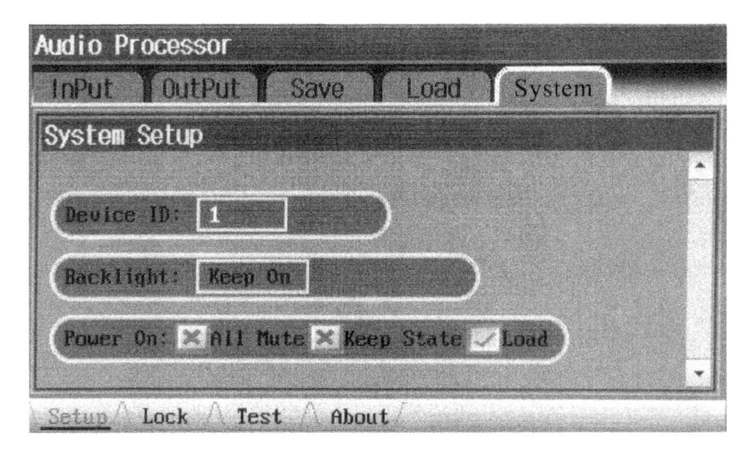

图 4-27　系统设置界面

系统设置的参数有:机器 ID 号(0～250,联机的时候必须有对应 ID 号,通过后面板的 485 接口,PC 最多可连接 250 台 ID 号不一样的设备中的任意一台);背光灯可设置常开(Keep On)和 60s 无操作节能黑屏;开机启动设置为全静音(All Mute),关机前的设置(Keep State),开机自动调用第一组程序。

(2)功能锁定

系统密码设置界面如图 4-28 所示。功能锁定密码为六位,允许用大小写字母和数字。设定密码后会进入锁定的相关菜单,如图 4-29 所示,如更改密码、擦除密码、锁定项目菜单。更改密码时无须验证,擦除密码表示取消锁定,更改锁定项目打开后,即可进入锁定项目菜单。

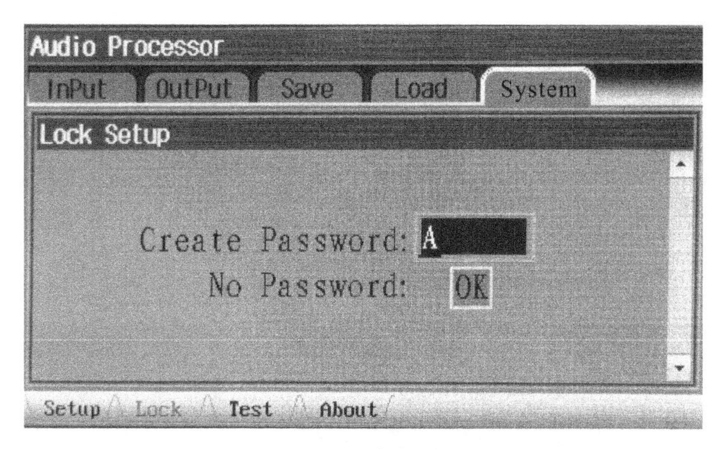

图 4-28　系统密码设置

Audio Processor
InPut　OutPut　Save　Load　System
Lock Setup
Erase Password:
Change Password: --------
Lock Menu Select: Input　Output　System
Setup　Lock　Test　About

图 4-29　系统密码更改擦除

图 4-30 中打叉表示不锁定，打钩表示将锁定，如果锁定后操作对应项目，则对应项目菜单界面空白并提示已锁定，这时如果要操作其他项目，请先进入“SYSTEM”取消对应锁定项目。

Audio Processor
InPut　OutPut　Save　Load　System
Lock Menu Setup

NO.	Input Menu
1	GAIN
2	POLARITY
3	DELAY
4	EQ
5	MUTE
6	NOISEGATE
7	CH_NAME

Setup　Lock　Test　About

图 4-30　系统锁定项明细

(3)音频测试

图 4-31 为音频测试信号发生器界面。系统开机后默认关闭所有信号发生器,在音频测试界面你可以选择白噪声(白噪发生器:增益为－60～＋6dB、步距为 0.1dB),粉噪声(粉噪发生器:增益为－60～＋6dB、步距为 0.1dB),单频点声(纯音发生器:增益为－60～＋6dB、步距为 0.1dB,频点步距为 1Hz),扫频声(扫频模式:增益为－60～＋6dB、步距为 0.1dB,周期为 2～30s)。

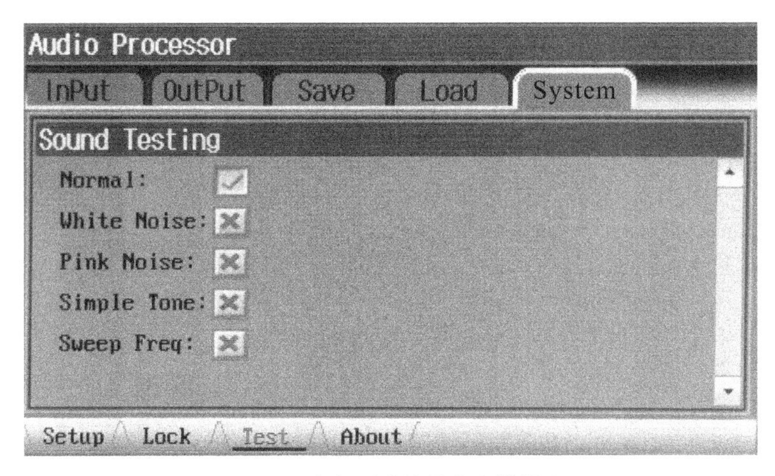

图 4-31 音频测试信号发生器界面

(4)版本信息

图 4-32 为系统版本界面。

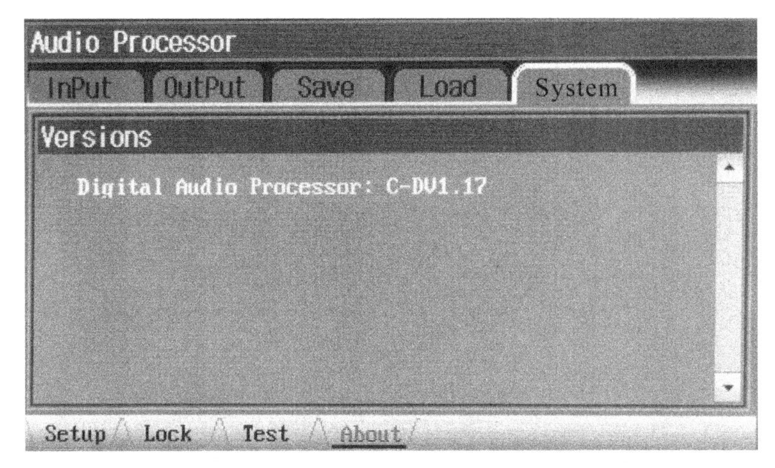

图 4-32 系统版本界面

1.1.6 使用电脑软件控制数字音频处理器的方法

由于数字音频处理器是纯数字信号处理,所以可以通过电脑软件直接控制和操作,通常这种方法也较为方便和直观。首先在电脑上安装设备商提供的软件，早年会以光盘形式附在设备包装内，现今通常都是在产品说明书上附带软件下载地址。将电脑和设备用网线或者 USB 线连接后，打开软件选取其中的连接功能，连接成功即可实现软件对设备的控制。因连接方式的不同，故而操作方法也不同。USB 线连接通常需要安装硬件驱动，驱动的获取方式和软件的获取方式一致。网线连接往往需要设置正确的 IP 地址，因设备商不同，故而设备默认 IP 地址也不尽相同，设置方式都会在产品说明书中提及。

以 FD 488 为例，连接成功后的软件主界面如图 4-33 所示。

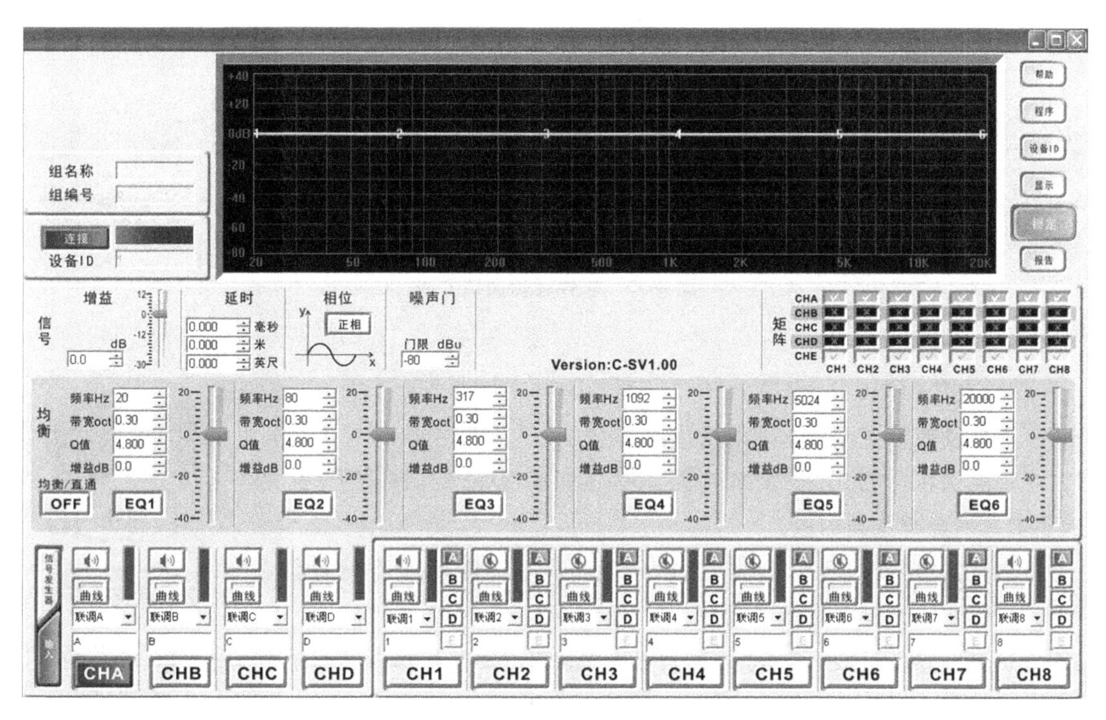

图 4-33　软件主界面

1. 显示区

输入输出的均衡器参数、分频器参数如图 4-34 所示，都能直观、清晰地显示在该界面上，也能在该区域用鼠标拖动进行参数更改。

中间有标尺的区域功能是同步显示通道曲线，同时可直接在曲线上拉动改变 EQ 和 X-OVER数据。

2. 均衡器参数区

图 4-35 为输入 6 段全参量均衡(可更改频点、增益、带宽和 Q 值)，输出 15 段均衡(1 个高调、1 个低调、13 个全参量均衡)，输出均衡可选模式(GEQ 模式下，频点固定，Q 值联调)。

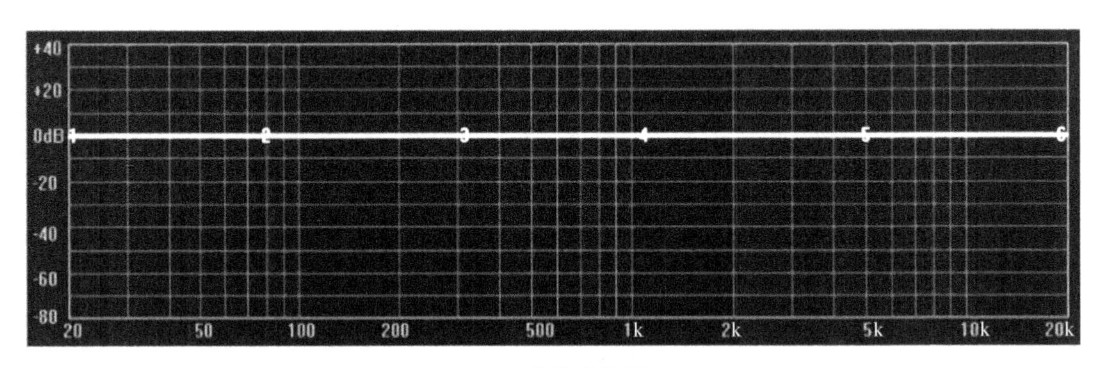

图 4-34　软件均衡显示

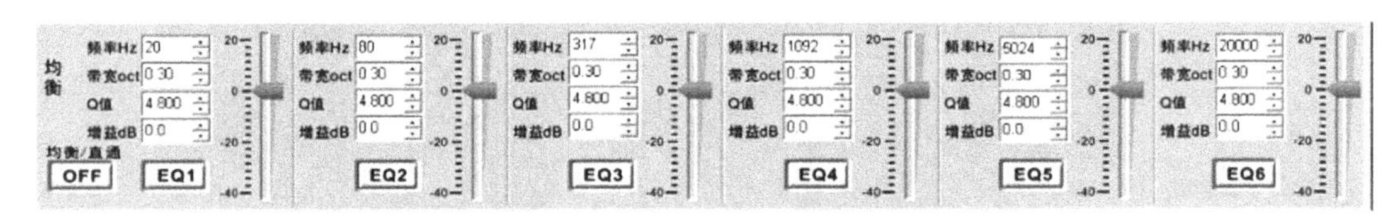

图 4-35　软件均衡调试界面

调试方法如下：

(1)移动推子可改变 EQ 的增益值。

(2)点击将白色“EQ1”变成红色“EQ1”，可将 EQ1 的增益值归零，再次点击将恢复归零前的值。

(3)点击将绿色“ON”变成红色“OFF”，可将 EQ 的所有增益值归零，再次点击将恢复归零前的值。

(4)其余参数可双击数值、单击箭头、单击数值加鼠标滚动或者直接在上方显示区域拉动曲线的四种方式修改。

3. 菜单区

程序的调用，参数报告，帮助锁定设置等选项如图 4-36 所示。

图 4-36　软件菜单区

(1)“帮助”

点击可进入 PC 软件和机器的操作手册查询界面如图 4-37 所示。

(2)“程序”

点击可进入 PC 和设备程序的读取和存储界面如图 4-38 所示。

①从设备调用一组数据

直接选择“存储一组数据到设备”，再点击列表中的组号(此时，对应的组名会显示在列表框上方)，输入并保存名字，最后点击“加载”即可。

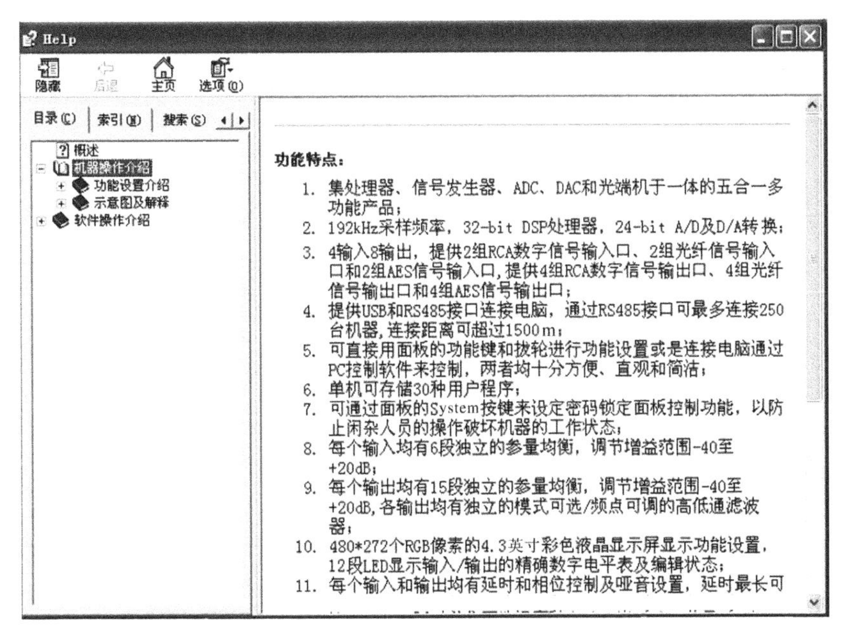

图 4-37　软件操作手册

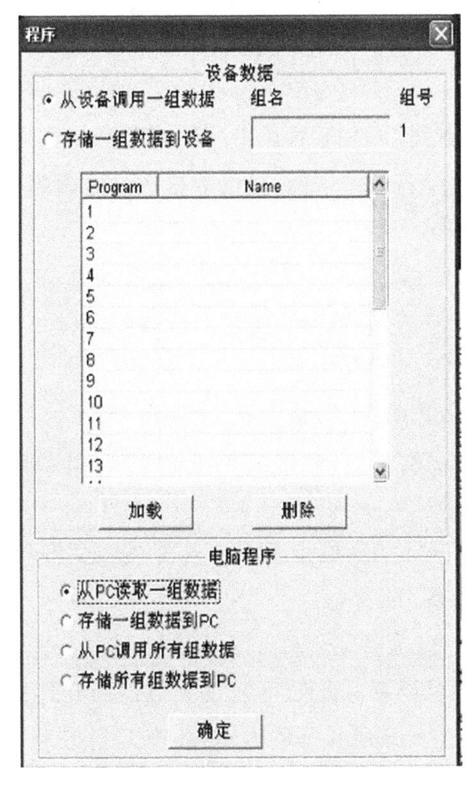

图 4-38　软件读取和存储界面

②存储一组数据到设备

直接选择“从设备调用一组数据”，再点击列表中的组号(组名只能是少于或等于六位的大小写字母、数字或非特殊字符组成)，最后点击“保存”即可。

③从 PC 读取一组数据

直接选择“从 PC 读取一组数据”，最后点击“确定”即可。

确定后会弹出如图 4-39 所示的对话框，单组数据文件后缀为“. dia1C”。

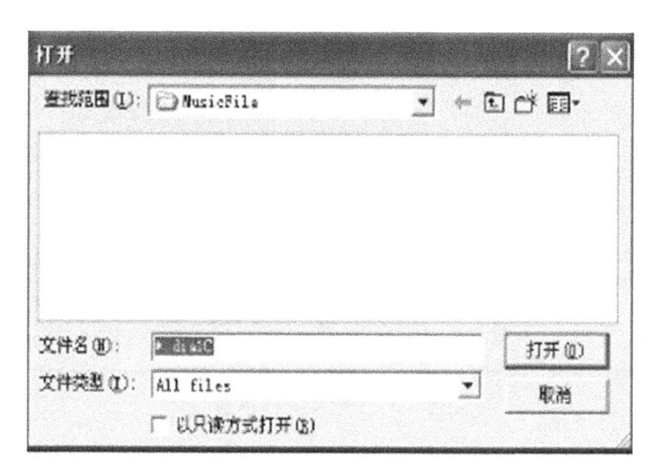

图 4-39 在 PC 中保存设置文件

④存储一组数据到 PC

直接选择“存储一组数据到 PC”，最后点击“确定”即可。

确定后会弹出以文件名命名的对话框，单组数据文件后缀为“. dia1C”。

⑤从 PC 调用所有组数据

直接选择“从 PC 调用所有组数据”，最后点击“确定”即可。

确定后会弹出文件选取对话框，数据组文件后缀为“. dat2C”。

⑥存储所有组数据到 PC

直接选择“存储所有组数据到 PC”，最后点击“确定”即可。

确定后会弹出文件名命名对话框，数据组文件后缀为“. dat2C”。

(3)“设备 ID”

点击“设备 ID”可进入机器的 ID 更改界面。点击“确定”即可把设备 ID 改为 2，注意必须是联机状态下才能更改设备 ID。

(4)“显示”

点击进入系统显示和开机设置。此处可以设置机器断开连接时的一些显示状态，如背光灯的时间，LCD 显示屏在主界面所显示的内容，还有开机启动设置。此处还可以设置 PC 软件界面的语言，如图 4-40 所示，点击“Chinese”后，该按钮显示“English”，此时为英文操作界面。

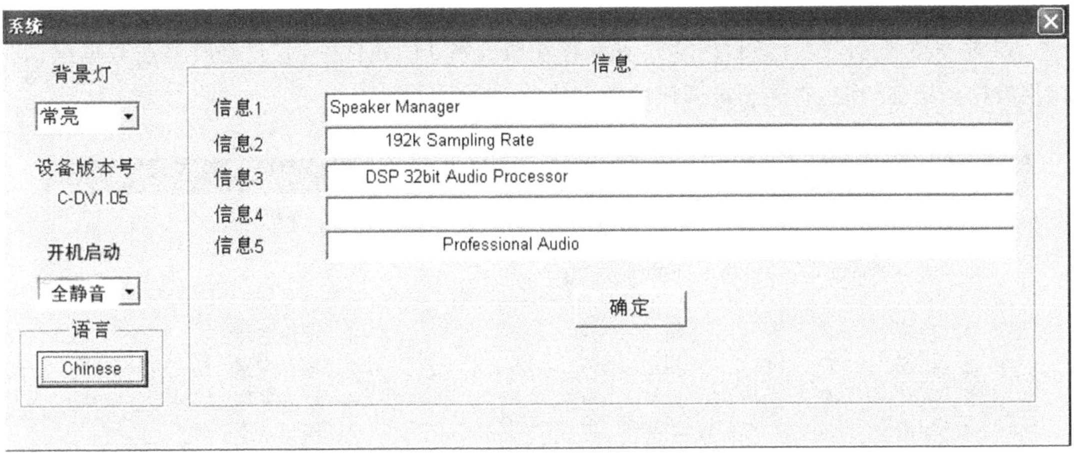

系统
背景灯
常亮
设备版本号
C-DV1.05
开机启动
全静音
语言
Chinese
信息
信息1
Speaker Manager
信息2
192k Sampling Rate
信息3
DSP 32bit Audio Processor
信息4
信息5
Professional Audio
确定

图 4-40　基本显示信息更改界面

（5）“锁定”

点击“锁定”，弹出如图 4-41 所示的对话框。你可以选择无密码或设置密码（提示：“设置密码”操作成功后，下次进入该锁定界面必须输入设定的权限密码。请务必记住密码，否则无法进入该机器的锁定界面）。

锁定
权限方式1:
无密码
权限方式2:
设置密码
提示："设置密码"操作成功后，下次进入该机器出锁定界面将必须输入权限密码。所以务必记住机器的权限密码，否则以后你将无法进入该机器的锁定界面修改锁定参数。
退出

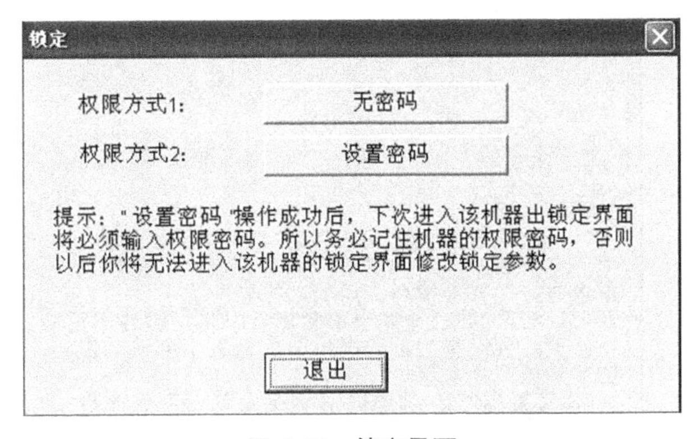

图 4-41　锁定界面

如图 4-42 所示，以“设置密码”为例，点击“设置密码”弹出“设置密码”对话框（不设密码则直接跳过）：输入由英文字母和数字组成的 6 位数密码，两次密码相同后才可进入“选择锁定数据”。

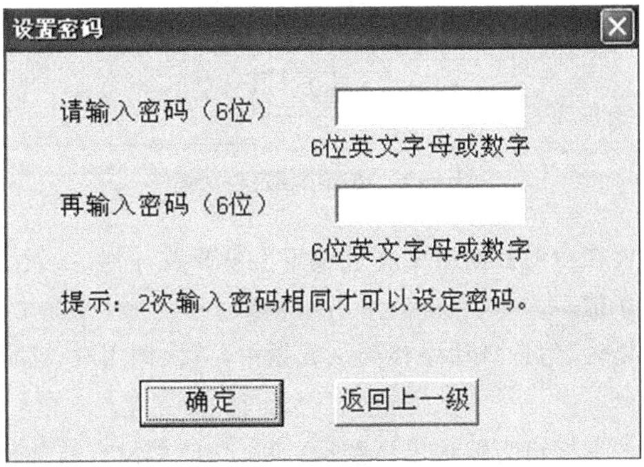

设置密码
请输入密码（6位）
6位英文字母或数字
再输入密码（6位）
6位英文字母或数字
提示：2次输入密码相同才可以设定密码。
确定
返回上一级

图 4-42　设置密码界面

①功能锁提示

如图 4-43 所示，“功能锁”内容没有保存在机器和 PC 软件中，它只修改当前数据组；在调用数据到当前组时，它亦会被调用的数据修改。

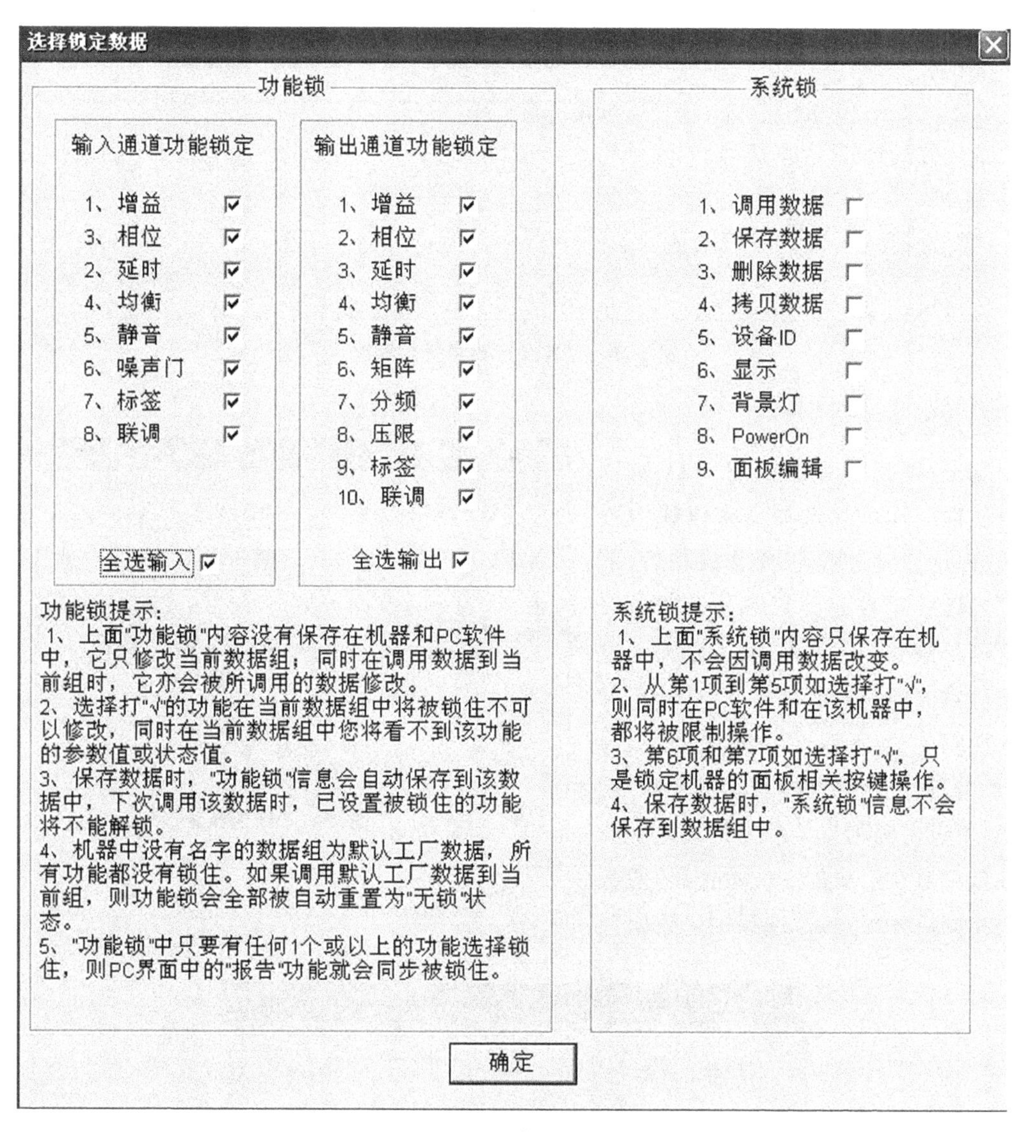

图 4-43　功能锁锁定项明细

选择打“√”的功能在当前数据组中将被锁定不可修改，同时在当前数据组中将看不到该功能的参数值和状态值。

保存数据时，“功能锁”信息自动保存到该数据中，下次调用时，已设置被锁定的功能将不能解锁。

机器中没有名字的数据组为默认出厂数据，所有功能都没有被锁定。如果调用默认出厂数据到当前组，则功能锁会全部被自动重置为“无锁”状态。

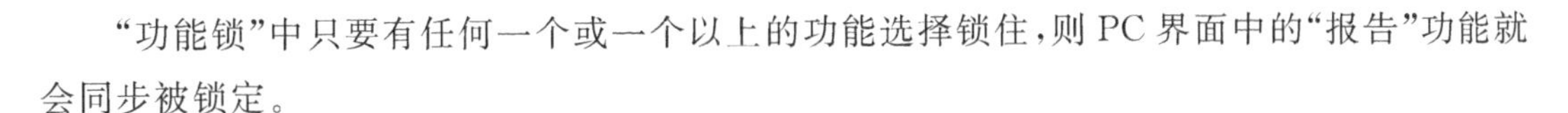

“功能锁”中只要有任何一个或一个以上的功能选择锁住，则 PC 界面中的“报告”功能就会同步被锁定。

②系统锁提示

“系统锁”内容只保存在机器中，不会因调用数据而改变。

从第 1 项到第 5 项选择打“√”，则同时在 PC 软件和在该机器中，都将被限制操作。

第 6 项和第 7 项选择打“√”，只是锁定机器的面板相关按键操作。

保存数据时，“系统锁”信息不会保存到数据组中。

按照图 4-43 勾选选项之后确认，界面变化如图 4-44 所示。

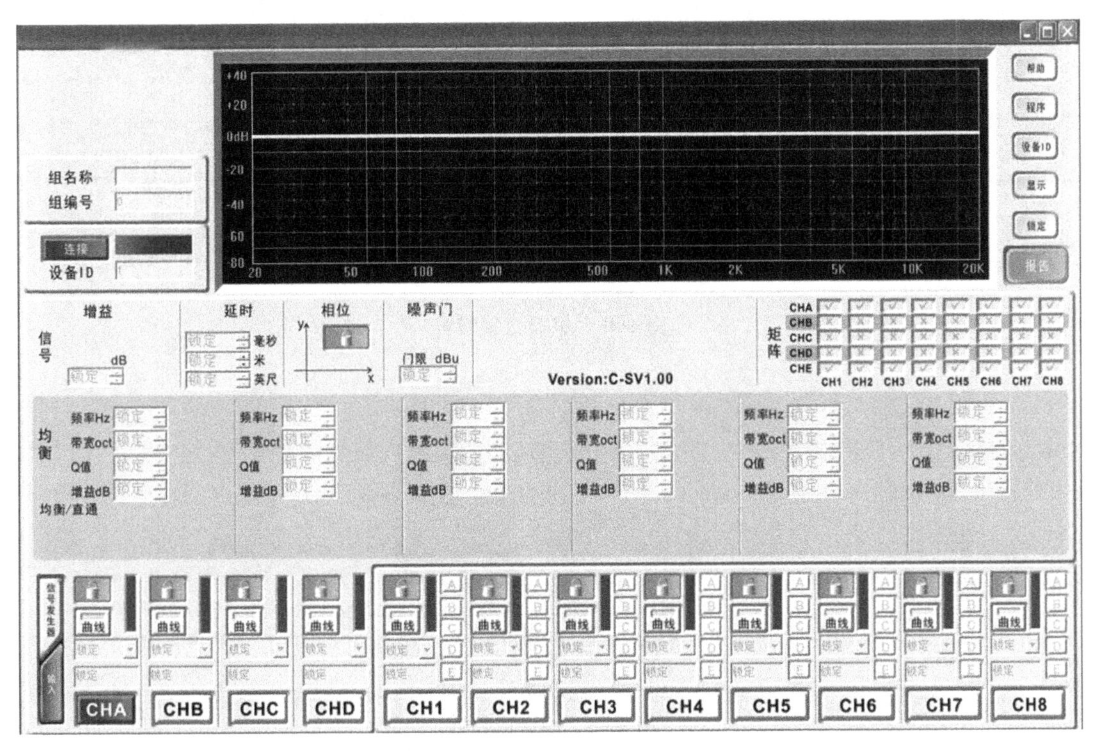

图 4-44　使用功能锁后主界面变化

(6)“报告”

如图 4-45 所示，点击可进入参数值显示。

此报告显示的为在线即时数据，可直接打印，还可以导出 Excel 格式的文件保存。

4. 连接区

如图 4-46 所示，包括连接设备、ID 显示、程序名显示。

5. 输入编辑选择区

如图 4-47 所示，该区域用以切换输入通道之间参数(如 CHA、CHB、CHC、CHD，或图右信号发生器)，标签信息(A、B、C、D)可在 PC 上更改。

参数值显示

print　close　Export Excel

Type	CH_A	CH_B	CH_C	CH_D	CH_1	CH_2	CH_3	CH_4	CH_5	CH_6	CH_7	CH_8
通道名	A	B	C	D	1	2	3	4	5	6	7	8
静音	On	On	On	On	On	On	On	On	On	On	On	On
增益	0.0dB	0.0dB	0.0dB	0.0dB	0.0dB	0.0dB	0.0dB	0.0dB	0.0dB	0.0dB	0.0dB	0.0dB
噪声门	-80dBu	-80dBu	-80dBu	-80dBu								
相位	正相	正相	正相	正相	正相	正相	正相	正相	正相	正相	正相	正相
延时	0.000ms	0.000ms	0.000ms	0.000ms	0.000ms	0.000ms	0.000ms	0.000ms	0.000ms	0.000ms	0.000ms	0.000ms
均衡1 类型	参量均衡	参量均衡	参量均衡	参量均衡	低调	低调	低调	低调	低调	低调	低调	低调
均衡1 增益	0.0dB	0.0dB	0.0dB	0.0dB	0.0dB	0.0dB	0.0dB	0.0dB	0.0dB	0.0dB	0.0dB	0.0dB
均衡1 频率	20Hz	20Hz	20Hz	20Hz	25Hz	25Hz	25Hz	25Hz	25Hz	25Hz	25Hz	25Hz
均衡1 带宽	0.30oct	0.30oct	0.30oct	0.30oct	6dB/oct	6dB/oct	6dB/oct	6dB/oct	6dB/oct	6dB/oct	6dB/oct	6dB/oct
均衡2 类型	参量均衡	参量均衡	参量均衡	参量均衡	参量均衡	参量均衡	参量均衡	参量均衡	参量均衡	参量均衡	参量均衡	参量均衡
均衡2 增益	0.0dB	0.0dB	0.0dB	0.0dB	0.0dB	0.0dB	0.0dB	0.0dB	0.0dB	0.0dB	0.0dB	0.0dB
均衡2 频率	80Hz	80Hz	80Hz	80Hz	40Hz	40Hz	40Hz	40Hz	40Hz	40Hz	40Hz	40Hz
均衡2 带宽	0.30oct	0.30oct	0.30oct	0.30oct	0.30oct	0.30oct	0.30oct	0.30oct	0.30oct	0.30oct	0.30oct	0.30oct
均衡3 类型	参量均衡	参量均衡	参量均衡	参量均衡	参量均衡	参量均衡	参量均衡	参量均衡	参量均衡	参量均衡	参量均衡	参量均衡
均衡3 增益	0.0dB	0.0dB	0.0dB	0.0dB	0.0dB	0.0dB	0.0dB	0.0dB	0.0dB	0.0dB	0.0dB	0.0dB
均衡3 频率	317Hz	317Hz	317Hz	317Hz	63Hz	63Hz	63Hz	63Hz	63Hz	63Hz	63Hz	63Hz
均衡3 带宽	0.30oct	0.30oct	0.30oct	0.30oct	0.30oct	0.30oct	0.30oct	0.30oct	0.30oct	0.30oct	0.30oct	0.30oct
均衡4 类型	参量均衡	参量均衡	参量均衡	参量均衡	参量均衡	参量均衡	参量均衡	参量均衡	参量均衡	参量均衡	参量均衡	参量均衡
均衡4 增益	0.0dB	0.0dB	0.0dB	0.0dB	0.0dB	0.0dB	0.0dB	0.0dB	0.0dB	0.0dB	0.0dB	0.0dB
均衡4 频率	1092Hz	1092Hz	1092Hz	1092Hz	100Hz	100Hz	100Hz	100Hz	100Hz	100Hz	100Hz	100Hz
均衡4 带宽	0.30oct	0.30oct	0.30oct	0.30oct	0.30oct	0.30oct	0.30oct	0.30oct	0.30oct	0.30oct	0.30oct	0.30oct
均衡5 类型	参量均衡	参量均衡	参量均衡	参量均衡	参量均衡	参量均衡	参量均衡	参量均衡	参量均衡	参量均衡	参量均衡	参量均衡
均衡5 增益	0.0dB	0.0dB	0.0dB	0.0dB	0.0dB	0.0dB	0.0dB	0.0dB	0.0dB	0.0dB	0.0dB	0.0dB
均衡5 频率	5024Hz	5024Hz	5024Hz	5024Hz	160Hz	160Hz	160Hz	160Hz	160Hz	160Hz	160Hz	160Hz
均衡5 带宽	0.30oct	0.30oct	0.30oct	0.30oct	0.30oct	0.30oct	0.30oct	0.30oct	0.30oct	0.30oct	0.30oct	0.30oct
均衡6 类型	参量均衡	参量均衡	参量均衡	参量均衡	参量均衡	参量均衡	参量均衡	参量均衡	参量均衡	参量均衡	参量均衡	参量均衡
均衡6 增益	0.0dB	0.0dB	0.0dB	0.0dB	0.0dB	0.0dB	0.0dB	0.0dB	0.0dB	0.0dB	0.0dB	0.0dB
均衡6 频率	20000Hz	20000Hz	20000Hz	20000Hz	250Hz	250Hz	250Hz	250Hz	250Hz	250Hz	250Hz	250Hz
均衡6 带宽	0.30oct	0.30oct	0.30oct	0.30oct	0.30oct	0.30oct	0.30oct	0.30oct	0.30oct	0.30oct	0.30oct	0.30oct
均衡7 类型					参量均衡	参量均衡	参量均衡	参量均衡	参量均衡	参量均衡	参量均衡	参量均衡
均衡7 增益					0.0dB	0.0dB	0.0dB	0.0dB	0.0dB	0.0dB	0.0dB	0.0dB
均衡7 频率					400Hz	400Hz	400Hz	400Hz	400Hz	400Hz	400Hz	400Hz
均衡7 带宽					0.30oct	0.30oct	0.30oct	0.30oct	0.30oct	0.30oct	0.30oct	0.30oct
均衡8 类型					参量均衡	参量均衡	参量均衡	参量均衡	参量均衡	参量均衡	参量均衡	参量均衡
均衡8 增益					0.0dB	0.0dB	0.0dB	0.0dB	0.0dB	0.0dB	0.0dB	0.0dB
均衡8 频率					630Hz	630Hz	630Hz	630Hz	630Hz	630Hz	630Hz	630Hz

图 4-45　更改数据报告

图 4-46　连接区界面

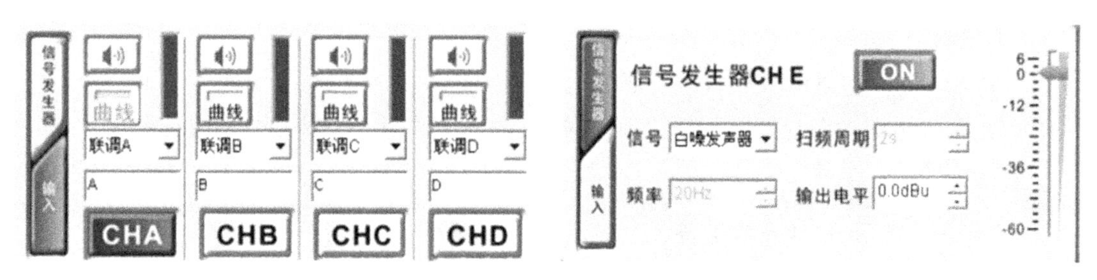

图 4-47　输入编辑选择区及信号发生器界面

信号发生器：

白噪发生器：增益为－60～＋6dB、步距为0.1dB。

粉噪发生器：增益为－60～＋6dB、步距为0.1dB。

纯音发生器：增益为－60～＋6dB、步距为0.1dB，频点步距为1Hz。

扫频模式：增益为－60～＋6dB、步距为0.1dB，周期为2～30s，步距为1s。

6. 矩阵

矩阵界面如图4-48所示，输出通道与输入通道的信号路由选择，钩为打开，叉为关闭，其中CHE为信号发生器音源。

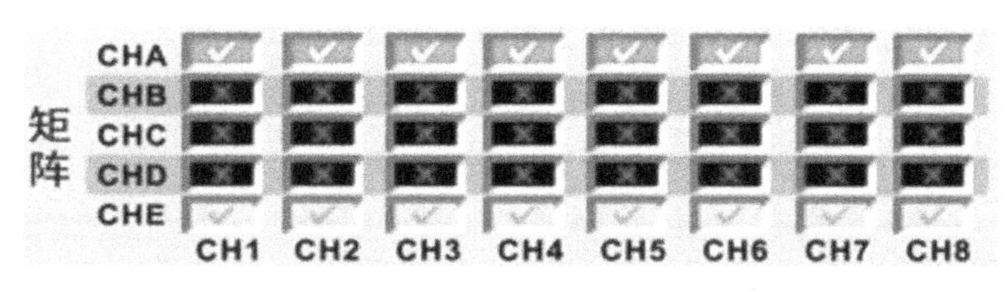

图4-48　矩阵界面

7. 输出编辑选择区

输出编辑选择区界面如图4-49所示，该区域用以切换输出通道之间的参数（如CH1、CH2、CH3、CH4、CH5、CH6、CH7、CH8），标签信息（1、2、3、4、5、6、7、8）可在PC上更改。

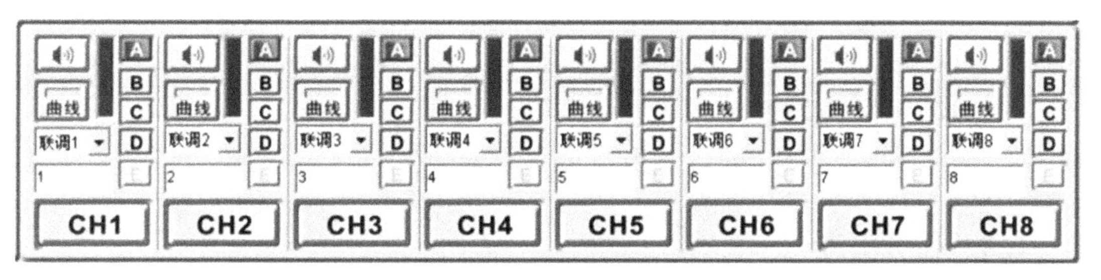

图4-49　输出编辑选择区界面

每个输出通道可设15个均衡，均衡类型可选择PEQ/GEQ。

（1）在PEQ状态下可调整参数为：LO-EQ1、HI-EQ15，频点可调，S-dB可选6dB/oct或12dB/oct，增益为－40～＋20dB、步距为0.1dB。其他为13段参量均衡，在20～20kHz中共239个频点，带宽为0.01～3.00oct、步距为0.05oct，增益为－40～＋20dB、步距为0.1dB。

（2）在GEQ下可调整参数为：频率固定，Q值可选增益为－40～＋20dB、步距为0.1dB。

每个输入通道设6个参量均衡；中心频率：20～20kHz、共239个频点；带宽：0.01～3.00oct、步距为0.01oct，增益为－20～＋20dB、步距为0.1dB。

8. 其他参数区

具体参数区界面如图 4-50 所示，包括增益、延时、相位、噪声门(输入专有)、分频(输出专有)、压缩/限幅(输出专有)。

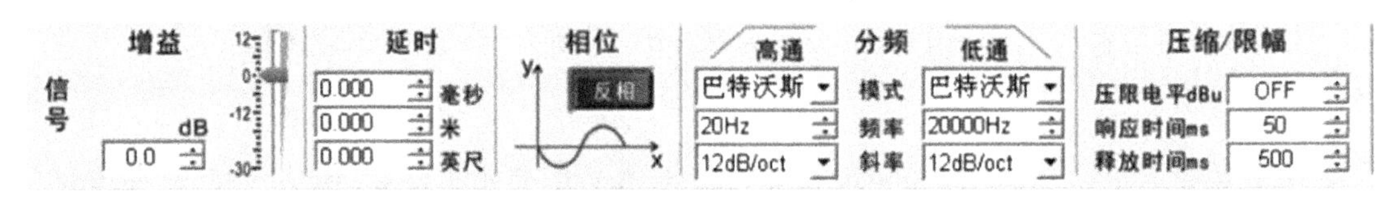

图 4-50　其他参数区界面

点击“CHA”(此按键在输入控制区)，主要可调参数有以下几种。

(1)“噪声门”调节范围为－120～－60dB。

(2)“延时”调节范围为 0.0～1000.0ms。

(3)“相位”调节正反相位。

(4)“增益”调节范围为－30～12dB；调节方式为拖动滑块、点击滑块或直接输入数值。

点击“CH1”(此按键在输出控制区)，主要可调参数有以下几种。

(1)“延时”调节范围为 0.0～1000.0ms。

(2)“压缩/限幅”调节范围为－30～20dBu，设置成 20dBu 时，该参数显示为“OFF”，设置好参数后，当达到限幅要求系统自动压缩限幅，黄色限幅指示灯亮；右边“电平指示”实时显示输入音频信号的大小。

(3)“分频”模式：有林克、贝塞尔、巴特沃斯三种；频点调节范围为 20Hz 至高切参数；斜率可选 12dB/oct、18dB/oct、24dB/oct、30dB/oct、36dB/oct、42dB/oct、48dB/oct。

(4)“相位”调节正反相位。

(5)“增益”调节范围为－30～12dB，调节方式为拖动滑块、点击滑块或直接输入数值。

1.2　任务实施

1.2.1　准备要求

1. 测试话筒 1 支，音频测试仪 1 台。
2. 笔记本电脑数台。
3. 调音台 1 台；数字音频处理器 1 台。
4. 音频功率放大器 2 台。
5. 全频音箱，超低音音箱各 1 对。
6. 音频线若干。

1.2.2　工作任务

1. 画出数字音频处理器内部的信号处理流程图。
2. 将数字音频处理器合理分配输出并接入音响系统。
3. 通过数字音频处理器的矩阵功能，合理分配音源信号到全频和超低频音箱。
4. 合理运用数字音频处理器的参量均衡功能，调整整套系统的频响曲线。

1.3　任务评价

任务评价的内容、标准、权重及得分如表 4-1 所示。

表 4-1　任务评价

评价内容		评价标准	权重	分项得分
职业技能	任务 1	正确绘制数字音频处理器内部信号处理流程图，错误一处扣 2 分	10	
	任务 2	将数字音频处理器正确接入音响系统，连接错误扣 10 分	10	
	任务 3	通过数字音频处理器内部的矩阵功能把调音台信号分配到全频和超低频音箱，并对超低频音箱的信号做高切处理，分配操作错误一处扣 5 分	20	
	任务 4	运用数字音频处理器的信号发生器发送粉红噪声，并用音频测试仪分析设备和声场缺陷，之后运用数字音频处理器的均衡功能对缺陷做正确修饰，每操作错误一处扣 10 分	40	
职业素养		1. 以诚实守信的态度对待每一个工作任务 2. 工作过程中严格遵守职业规范和实训管理制度 3. 面对问题要学会思考与合作，增强团队意识	20	
总分			评价者签名：	

本模块知识测试题：

数字音频处理器试题

模块2　数字调音台

2.1　知识准备

2.1.1　数字调音台概论

数字调音台的各项功能单元基本上与普通模拟调音台一样，不同的只是数字调音台内的音频信号是数字信号。所有音源信号进入调音台后，首先经由A/D转换器转换成数字信号；而输出母线上的信号送出调音台之前，又须先由D/A转换器转换成模拟信号。

早在20世纪80年代初期，英国BBC公司和尼夫（Neve）公司已开始合作研制数字音频调音台。到了20世纪90年代，音频技术已进入数字化阶段。在电影、电视、广播和声像制品等方面都已先后采用了不少数字录音设备。

数字调音台是带有液晶显示屏的数字调音设备。显示屏对不同的调音场景提供形象的图示，从而丰富了调音师的创作手段，为声音艺术创作提供了听觉和视觉并用的有利条件。为方便音响师应用，数字调音台可以连接到计算机显示器，以显示更多信息。

数字调音台的输入，包括数字输入和模拟输入；输出包括总线输出、辅助输出、效果输出和数字输出等。每一通道的均衡器（EQ）和声像转移（PAN）、母线（BUS）的输出和编组（GROUP）均由数字计算模块操作完成。

数字调音台还包括效果器、均衡器、压限器、分频器、延时器等周边设备的数字化处理器，有多种操作菜单可供调用。

在数字调音台中，通常采用线性20bit以上A/D、D/A转换器元件，动态范围为105dB以上，采样频率为48kHz以上，可满足任何录音场合的拾音要求。

由于数字信号在总谐波失真和等效输入噪声这两项指标上可以轻易做到很高的水平，并且许多功能单元的调整动作都可以方便地实现全自动化，因而数字调音台常被应用于要求很高的系统上。

2.1.2　数字调音台的特点

1.操作过程的可存储性

数字调音台的所有操作指令都可通过DSP存储在一个U盘上，可以在以后恢复原来的操作方案。

2.信号的数字化处理

由于调音台内传输的是数字信号，所以它可以直接用于数字式效果处理装置，不必经过A/D转换。

3. 技术指标高

普通的噪声干扰源对数字信号是不起作用的，因而此类调音台的信噪比和动态范围可以轻易做到比模拟调音台大 10dB 以上。各通道的隔离度可达到 110dB 以上。16bit 的 44.1kHz 采样频率可以保证 20～20kHz 范围内的频率相应不均匀度小于±2dB，总谐波失真小于 0.015%。

4. 功能齐全

每个通道都可方便地设置高质量的数字式压缩限幅器和降噪扩展器，以用于对音源进行必要的技术处理。数字通道的延时器可以给出足够的信号延迟时间，以便对各声部的节奏同步做出调整。采样器的设置在数字调音台上也十分方便。此外，很多数字调音台都有故障自动诊断、修复的功能。

2.1.3　数字调音台的输入和输出通道

在同等尺寸的情况下，数字调音台相对于模拟调音台而言，配置了数倍于模拟调音台的输入和输出通道。以下以 Allen & Heath 公司生产的 QU-16 数字调音台为例，其拥有 16 路单声道话筒/线路通道、3 路立体声线路通道、24 路音源输入到混音、12 路混音（4 路单声道，3 路立体声，主输出 LR）、4 路 FX 通道并带 2 路 FX 发送总线、4 个可分配自定义键、4 个哑音编组、24 路输出、22 路输入 USB 音频流。而其体积只相当于传统 16 路模拟调音台，甚至更薄。

Qu-16 数字调音台系统如图 4-51 所示，后面板接口如图 4-52 所示。系统描述如下：

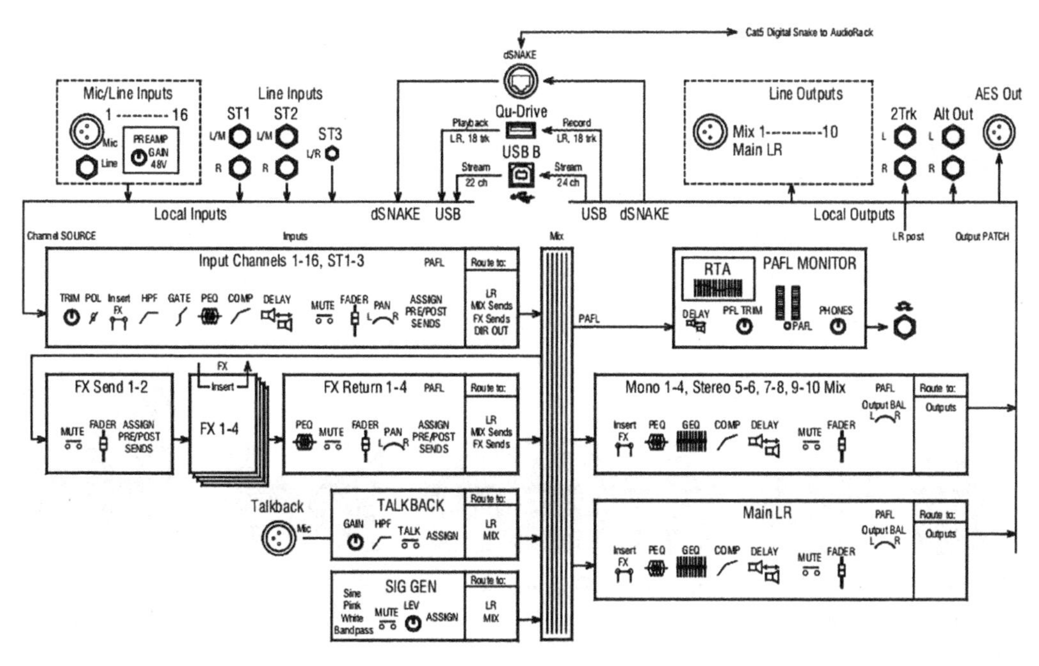

图 4-51　QU－16 数字调音台系统

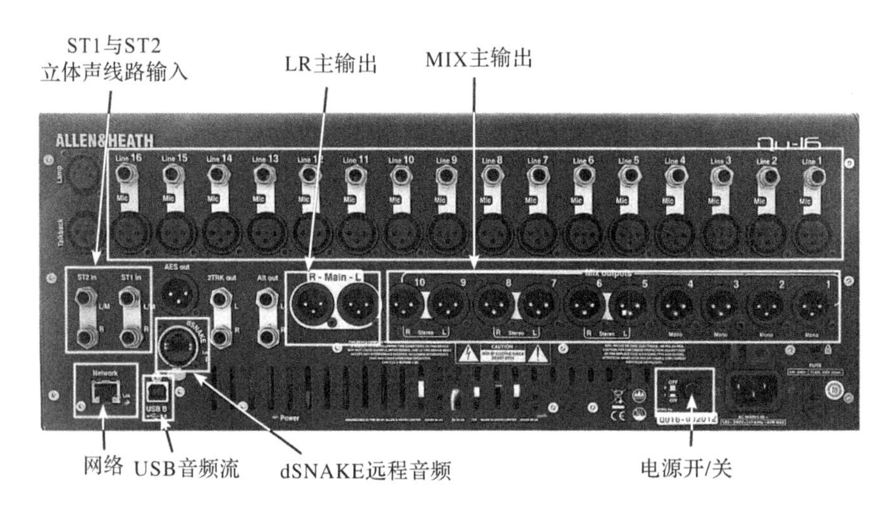

图 4-52　后面板接口

单声道线路输入接口：平衡 1/4 英寸 TRS(尖端、环、套筒)插头输入，用于输入线路电平信号，如多轨播放器与无线话筒接收器。需采用非平衡音源工作，使用一个单声道插头或在 TRS 立体声插头内部将环连接到套筒。使用 DI 盒插入到话筒输入，用于高阻抗、低电平音源，如电声乐器拾音。

话筒输入接口：平衡 XLR 输入，用于插入一个低电平音源，如话筒或 DI 盒。能够在该插座上打开 48V 幻象电源，用于电容话筒和有源 DI 盒。

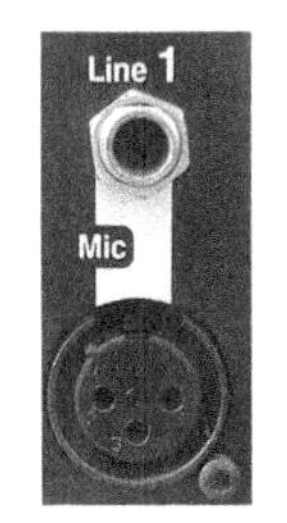

图 4-53　卡侬和线路输入接口

注意：为防止瞬间的高电平脉冲信号进入扩声系统，在插入线缆或开关 48V 之前，请先将对应的调音台通道静音，接口如图 4-53 所示。

立体声线路输入：ST1 与 ST2 平衡 1/4 英寸 TRS(尖端、环、套筒)插头输入，用于插入线路立体声音源(如 CD 播放器)。单一音源时，左声道信号会复制到右声道，这样可以通过只插入 L/M 输入就可对单声道音源进行操作。接口如图 4-54 所示。

对讲输入：专用平衡 XLR 接口接入一支话筒，路由到混音通道，调音师由此与舞台上的表演者进行对话。能够在该插座上打开 48V 幻象电源，用于电容话筒。接口如图 4-55 所示。

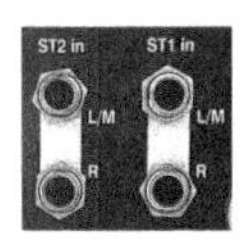

图 4-54　立体声输入接口

图 4-55　对讲输入接口

图 4-56　混音输出接口

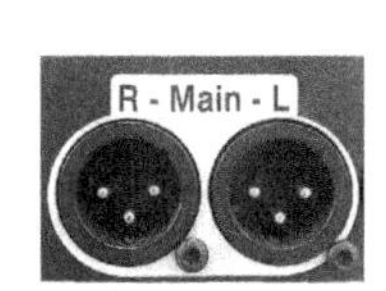

图 4-57　主输出接口

图 4-58　AES 输出接口

分组、混音、矩阵输出：平衡 XLR 线路输出用于单声道与立体声混音，例如馈送到监听放大器，额外的处理设备，延时补音音箱系统以及录音设备。利用低阻抗，高质量差分驱动电路连接到＋4dBu 或 0dBu 设备，最大输出为＋22dBu。接口如图 4-56 所示。

专业设备提供“平衡”连接使得在长距离信号传输时有较好的抑制干扰能力。如果连接“非平衡”设备，需将 XLR 接插件的引脚 3(信号冷端)连接到引脚 1(信号接地)。

主左右输出：平衡 XLR 线路输出用于主左右立体声混音，一般接入主扩声音箱处理器、放大器或有源音箱。接口如图 4-57 所示。

AES 输出：2 通道数字输出利用单个 XLR 连接与标准话筒(2 芯屏蔽)音频线。符合音频工程师协会(Audio Engineering Society，AES)数字音频标准，并且能够连接到任何配备 AES 输入插口的设备。到该输出的音源通过 Setup/Audio/Output Patch(设置/音频/输出分配)屏幕进行分配。多种应用包括馈送到 PA 音箱处理器、放大器、立体声广播或有 AES 输入的录音设备。接口如图 4-58 所示。

Alt 输出：在平衡 TRS 插头上的立体声“交替”输出，连接到＋4dBu 或 0dBu 设备，如区域馈送、补音音箱、广播或本地监听。该输出的音源通过 Setup/Audio/Output Patch(设置/音频/输出分配)屏幕进行分配。

2TRK 输出：在平衡 TRS 插头上的立体声输出，连接到＋4dBu 或 0dBu 设备，如立体声录音机。该输出跟随主通道推子后 LR 混音。接口如图 4-59 所示。

照明灯接口：插入 4 针鹅颈灯，用于照亮调音台界面。可以使用任意行业标准的 12V，5W 或更低功率的灯。接口如图 4-60 所示。

USB B：B 类 USB 插口用于调音台与电脑间的多轨双向音频传输，高速 USB 2.0 标准。接口如图 4-61 所示。

Qu-16 仅支持连接到 Apple 公司的 MAC 机。Windows PC 机的驱动目前尚未提供。

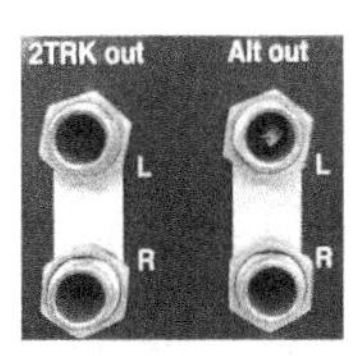

图 4-59　2TRK 输出接口

图 4-60　照明灯接口

图 4-61　USB 接口

图 4-62　网络接口

图 4-63　dSNAKE 接口

网络：以太网(100Mb/s)端口可利用 CAT5 线缆连接到一台电脑，用于通过 TCP/IP 协议控制调音台，或连接到无线路由器(接入点)，利用 iPad 上的 Allen & Heath Qu-Pad 应用来进行现场混音控制。Link 指示灯闪烁，表示网络连接正常。接口如图 4-62 所示。

dSNAKE：Allen & Heath 公司的“数字蛇”信号传输专利，可使用 AR 2412 或 AR 84 音频机架实现远程音频连接，以及使用 ME 系统实现个人监听。接口如图 4-63 所示。

2.1.4 Qu－16 数字调音台的开关机方式

电源开关：按下接通调音台电源，再按一次切断调音台电源。

打开调音台：按下开关，后面板蓝色电源指示灯亮。调音台启动需要几秒钟，以恢复上一次关机前的数据。

关闭调音台：首先选择 Home（主页）屏幕，然后点击 Shut Down（关机）以安全终止进程，如正在存储参数和 USB 数据传输或录音。完全关闭后，按下电源开关。

2.1.5 Qu-16 数字调音台操作方式

Qu-16 数字调音台面板如图 4-64 所示。

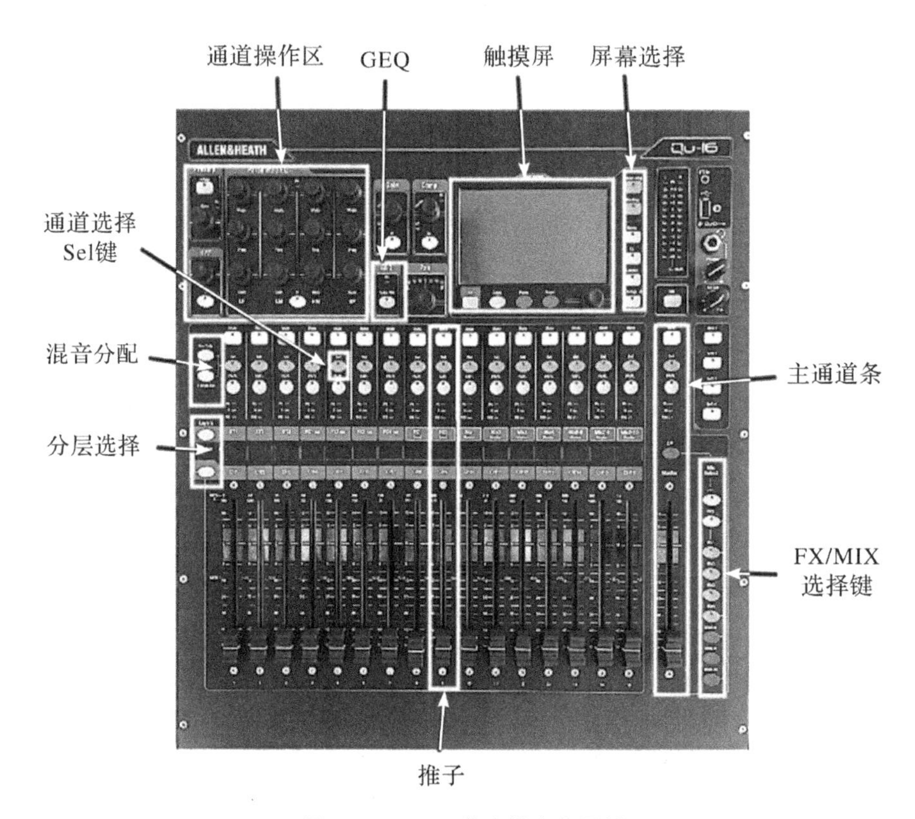

图 4-64 Qu-16 数字调音台面板

图 4-65 为 Qu-16 数字调音台的推子条，Qu-16 的推子用于控制输入以及主通道电平。

主通道推子用于调整所有混音输出和到内置效果器的发送。输入推子还可以在 Fader Flip（推子切换）模式中用于调节图示均衡器。Qu-16 推子为电动定位推子，可在推子层和功能有所改变时即时移动显示当前设置。推子层切换共有三层如图 4-66 所示。

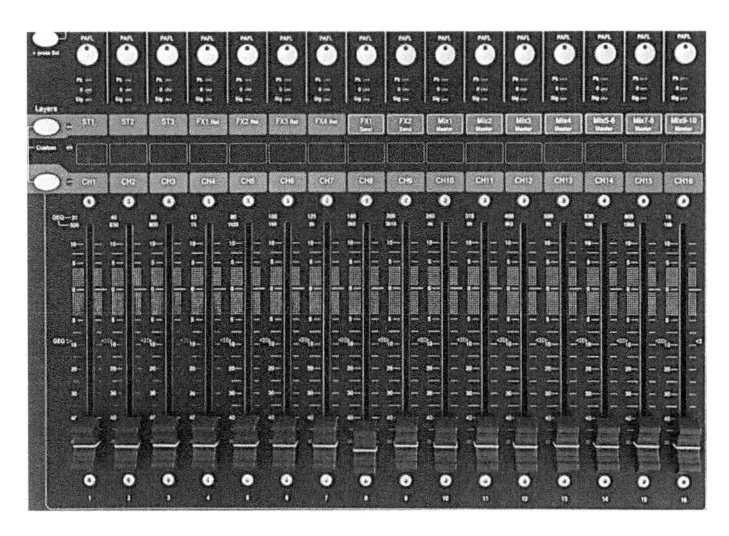

图 4-65　推子条

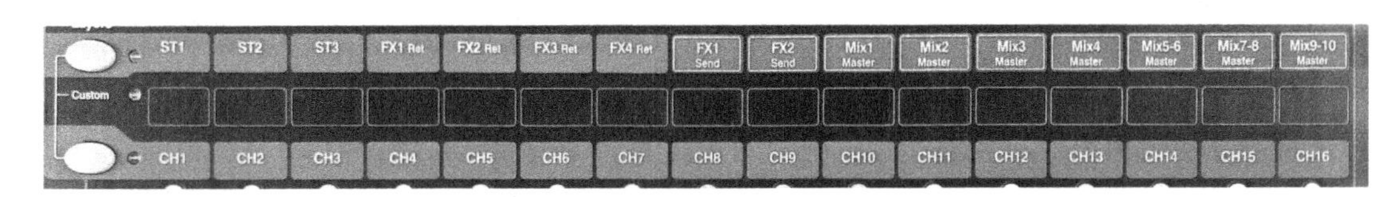

图 4-66　推子层切换

层切换按键旁的指示灯显示被选中的推子层。按下方的按键进入单声道输入通道，按上方的按键进入 3 个立体声通道、FX 返回、FX 发送和 MIX(辅助输出)发送。同时按下两个键进入用户自定义层。数字调音台的输入通道如图 4-67 所示。按键说明如下：

Mute 静音键：按下，关闭通道音频信号。影响本通道到所有混音的发送，包括 LR、FX 和 MIX。通道被静音时，静音按键亮红色；如使用编组静音功能，则静音按键会闪烁。

Sel 选择键：按下，进入通道处理。参数可通过 Super Strip 通道条控制。触摸屏上将显示各参数，并在 Processing 处理和 Routing 路由模式激活时，提供额外的控制方式。Sel 键还可用于以下几种情况：

(1)分配混音路由：按住 Assign(分配)键，再按下 Sel 键，将输入通道信号分配到当前主通道选中的混音，同时输入通道 Sel 键亮起绿灯。

(2)分配推子前/推子后发送：按住 Pre Fade(推子前)键，再按下 Sel 键，切换通道发送为推子前或推子后，该操作应用于主通道当前选择的混音中。设置为推子前的通道 Sel 键亮起绿灯。

(3)复制通道处理：按住 Copy(复制)键，再按下通道 Sel 键以复制其参数设置，然后按住

Paste(粘贴)键,按一次或多次 Sel 键,便可将参数设置粘贴到其他通道。

(4)重置通道处理:按住 Reset(重置)键,再按下通道 Sel 键,便可将其所有设置参数重置为出厂默认。

(5)重置图示均衡频段:在图示均衡模式下,按下 Sel 可重置相关的图示均衡频段到 0dB。

通道电平表:可以在混音时随时注意通道信号电平。

Pk:亮起红灯以警告信号过载,需要减小增益。在削波之前 3dB 位置亮起,从而在可听到的失真出现前发出警报。

0:当信号达到标称 0dB 时信号灯亮起,以保持良好的 18dB 动态余量,这也是信号输出的通常电平。

Sig:亮起显示通道有信号存在,在通道信号电平达到 −26dB 时亮起。

推子:控制分配给其他输出通道,FX 效果或主混音的电平。具体分配方向取决于主通道条中哪一路混音被激活。在 GEQ Flip(图示均衡)模式中,推子能控制各频段电平的提升或衰减。推子条能控制的频率范围在触摸屏上显示高亮,并在推子条顶部标出具体频点。中央 0dB 平坦位置在推子条刻度上标出。输入通道硬件和通道操作区如图 4-68 所示。

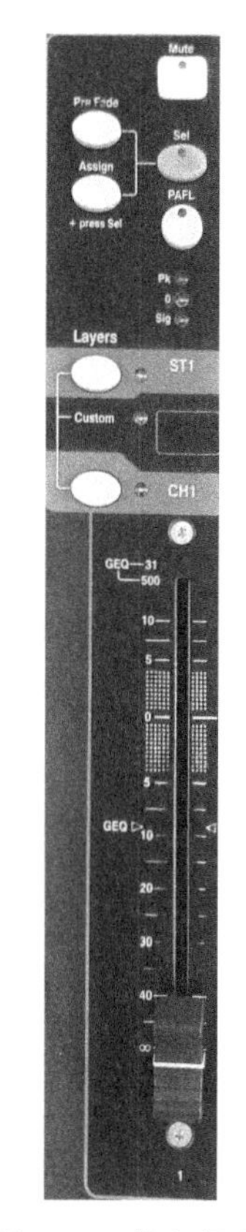

图 4-67　输入通道

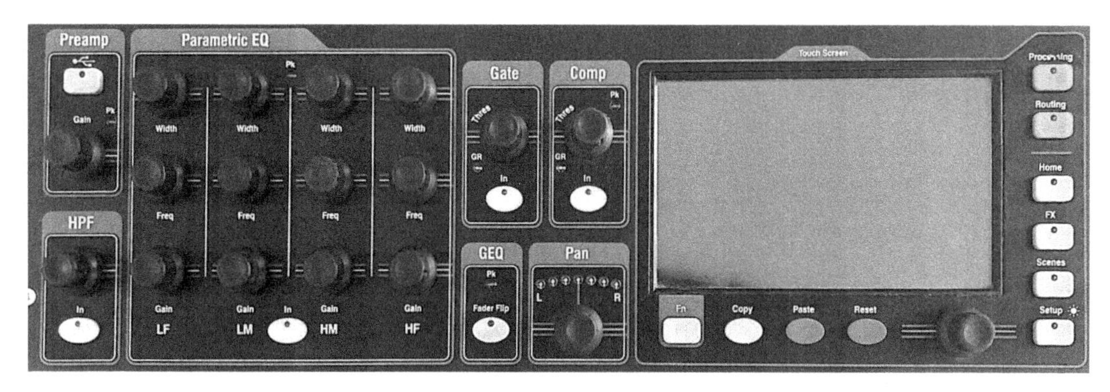

图 4-68　输入通道操作区

通道操作区每个旋钮控制一个功能,调节输入通道与主混音通道相应参数,如均衡器和动态压缩。触摸屏显示参数值,并在 Processing(处理)屏幕模式时提供额外的控制方式。

根据所选通道不同,调音台提供的处理功能也不尽相同,具体如下:

单声道输入 CH:有前级放大、高通滤波、门限、参量均衡、压缩器、延迟等功能。

立体声输入 ST1－ST3:有电平微调、高通滤波、门限、参量均衡、压缩器、延迟等功能。

FX 返回 1—4：可调整 FX 参数。

MIX 混音 1—10，LR 主输出：有参量均衡、图示均衡、压缩器、延迟等功能。

按下图 4-69 中的推子条 Sel 键，该通道的处理模块控制被激活。

图 4-69　Sel 键

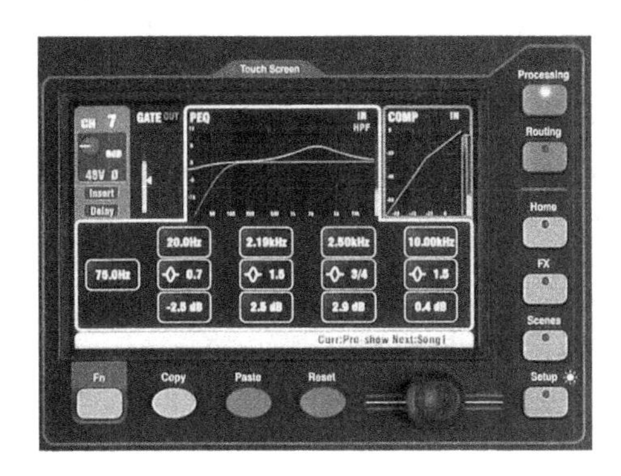

图 4-70　处理界面

处理界面如图 4-70 所示，按下 Processing（处理）按键，可显示并控制触摸屏上的通道处理参数。触摸屏顶部可用于选择四个处理模块中的任意一个。在屏幕中下方区域可查看相关数值，触摸显示屏上的按键并使用右下方旋钮可调节相应参数值。

输入通道操作增益旋钮如图 4-71 所示，可调整 GAIN（增益）数值，Pk 电平指示灯亮，代表信号过载，调节 GAIN，使其降低到黄色指示灯亮状态。

图 4-71　增益旋钮

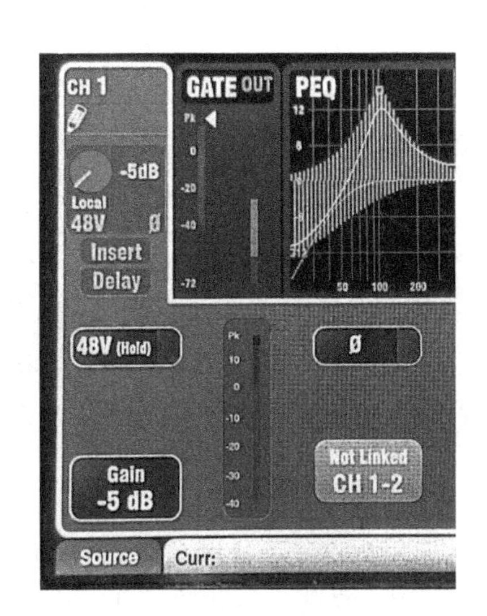

图 4-72　输入设置一

输入输出通道处理功能如下。

(1)前置放大

通道参数的设置如图 4-72 所示，如果连接的设备需要幻象电源（如电容话筒和有源 DI 盒），则需打开 48V 开关。长按 48V(hold)1s，切换通道幻象电源开或关。此处应注意，为防止在切换时出现脉冲信号传递给后放设备，请确保通道在切换幻象电源之前为静音状态。

相位切换开关 ø：可切换输入信号的相位，例如可以将小鼓上使用的两支话筒中位置较低的一支话筒反相。输入设置的其他功能如图 4-73 所示。

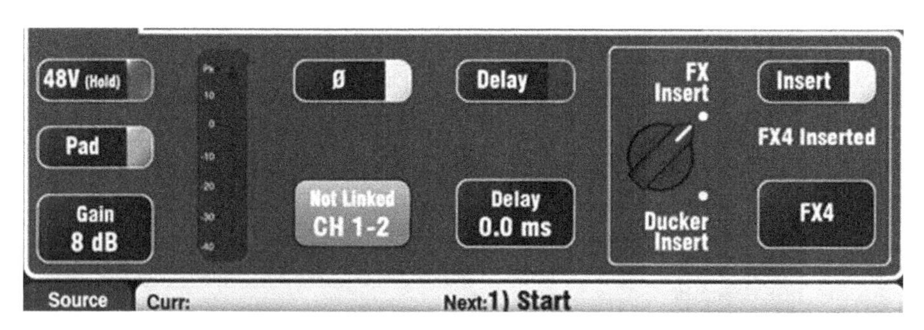

图 4-73 输入设置二

Insert（插入）：切入或切出一个内置 FX 效果器，FX 接在前级放大和均衡之间。

Delay（延迟）：可在每个输入通道最多加入 85ms 的延迟时间。

Linking（连接）：可以将一个奇数/偶数单声道（如频道 1、2 和频道 3、4）的前级放大，处理和路由组合起来用于立体声操作，触摸 Apply（应用）来确认更改。

（2）噪声门

噪声门（GATE）：其可以在音频信号电平降低到一定电平之下时，动态关闭音频通道信号输出。例如，削减鼓的共振。噪声门硬件控制区如图 4-74 所示，使用 In 键将门限切入或切出，类似于插入一个外置机架安装设备到模拟调音台的 Insert 插口。

图 4-74 噪声门硬件控制区

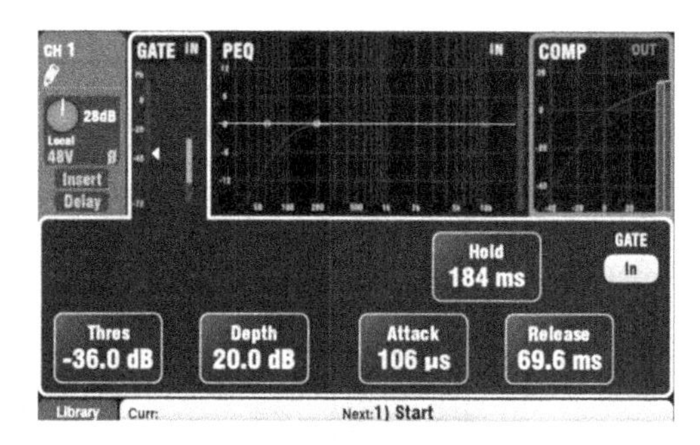

图 4-75 噪声门参数显示

噪声门参数显示如图 4-75 所示。设置 Depth（深度），该值为噪声门关闭时信号的减少量，通常设置在 20dB。测试乐器并减小 Thres（门限值），按需要切断信号拖尾音。噪声门工作时，GR 指示灯亮起，屏幕中红色的电平条显示此时信号的削减量。Hold（保持时间）设置在信号降低到门限值之下时，噪声门保持开放的时间。Attack（启动时间）设置信号上升到门限值之上时，噪声门打开的速度。Release（释放时间）设置当信号掉落门限值之下时，噪声门关闭的速度。调节这些参数，以获得噪声门开关相对平滑的效果而不发生泵浦效应。

(3)参量均衡与低切

HPF(高通滤波器)用于减少不需要的低频声,如人声爆音、风声噪声和舞台上的隆隆声。使用 In 键将高通滤波器切入。使用面板旋钮或屏幕按钮和屏幕右下旋钮选择切除的频率,直到将不需要的声音全部消除。滤波器使用 12dB 的斜率,能够在 20～2kHz 扫频。紫色的屏幕曲线显示低切后的频率响应范围。

PEQ(参量均衡器)参量均衡器可以对通道音频信号进行音调调节。将 20～20kHz 音频范围分为 4 个频段,低频(LF)、中低频(LM)、中高频(HM)、高频(HF)。参量均衡在每个频段上都具有以下 3 个参数可供调节。

GAIN 增益:提升或衰减频点电平,最多 15dB。0dB 为平坦响应。

Frequency 频率:虽然调音台参量均衡在标识时有高、中、低之分,但每个处理频段都能从 20～20kHz 的全频段范围内选择其中心频点。这意味着可以重叠选择频点,并在有问题的频率区域进行更加精准的控制。

Width 宽度:每个频段都有抛物线形的响应。抛物线形的宽度从影响较大范围频率的 1.5 倍频程到仅能影响小范围频率的 1/9 倍频程。设置高频和低频到最宽的位置,可将其响应从抛物线形调整为类似高低切的形状。

参量均衡与低切操作硬件和显示界面如图 4-76、图 4-77 所示。

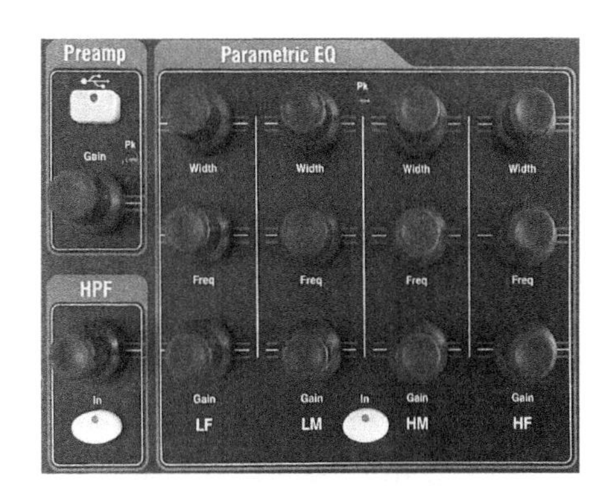

图 4-76　输入均衡硬件区

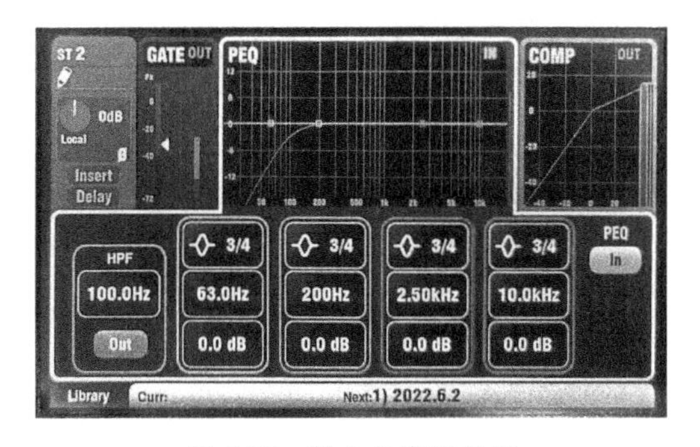

图 4-77　输入均衡显示区

(4)压缩器

使用压缩器可控制声音的动态,例如使低音吉他平滑,或将人声的动态范围变窄,使其在繁忙的混音操作时更加智能化。在极端设置中,压缩器能够用作限制器以防止信号超出预设的最大电平。压缩器在信号增加超出特定阈值时,动态减少增益量。应用"make-up"增益,保存平均音量,并且在小音量时同样有着拉升的效果,通过此操作可减小通道的动态范围。调节 Thres(阈值)以设置压缩的开始点。GR 指示灯亮起代表压缩器启动,屏幕中红色的电平条代表压缩器工作时压缩的电平值。设置需要的压缩比,从无(1∶1)到完全限制(1∶+∞)。通常情况,将压缩比设置为 3∶1 左右。如图 4-78 所示,使用 In 键来切入和切出压缩器,并且提高 GAIN 增益使得平均音量相近。

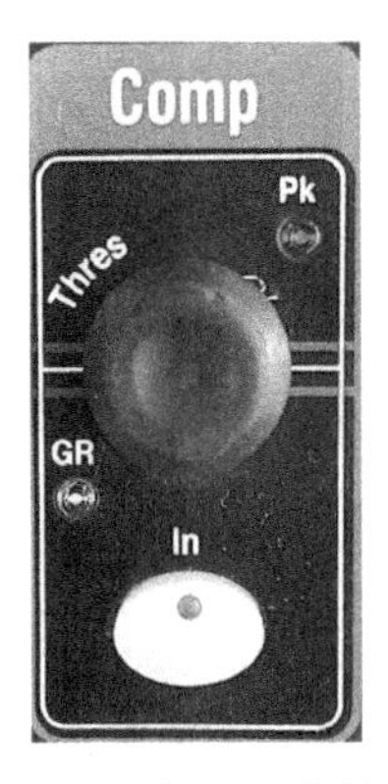

图 4-78 压缩器硬件控制区

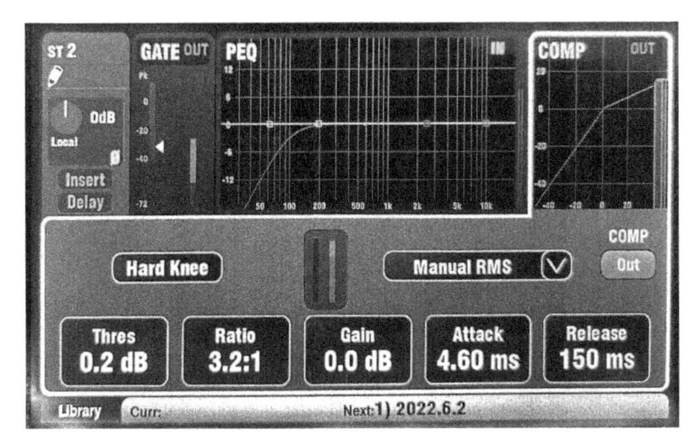

图 4-79 压缩器显示区

图 4-79 为压缩器显示区，其相关功能如下。

Attack(启动时间)：设置信号达到阈值时，压缩器开始工作的速度。

Release(释放时间)：设置当信号降低到阈值以下时，压缩器停止压缩的速度。例如，调节这两个值来达到“有冲击力”的动态声音，或者使响应平滑，以减少能听到的泵浦效应。压缩器提供以下两个“拐点”设置。

图 4-80 压缩器模式选择

Hard Knee(硬拐点)：一旦信号达到阈值，压缩器将立即以设置的比率开始应用。Soft Knee(软拐点)：信号在达到阈值时，压缩比将逐渐从 1∶1 增加到所设置的压缩比值。图 4-79 中 COMP 处的曲线表现出了这一情况。使用下拉菜单有 4 种如图 4-80 所示的压缩器类型可选。两种手动型让用户控制启动和释放。两种自动型提供对压缩器动态的自动控制。

(5)图示均衡器(GEQ)

图示均衡器显示界面如图 4-81 所示。调音台在所有混音和 LR 上都提供图示均衡与参量均衡。这是调试扩音系统中谐振频率所常用的工具，例如消除监听音箱的反馈。

图示均衡器操作界面如图 4-82 所示，图示均衡器可对整体混音进行音调调整。

频段从 31.5～16kHz 将音频频率范围分为 28 个标准 1/3 倍频程，有±12dB 的削减或提升。触摸 In 键将 GEQ 切入或切出。触摸推子将其显示高亮，并使用屏幕旋钮来削减或提升其频率。这会影响小范围的频率。该影响范围中心点为推子上方标示的频点。所有推子的位置显示结果和频率响应曲线大致相同。按下 GEQ Fader Filp(GEQ 推子切换)键，当选中一个单声道或者 LR 混音时，查看并调整推子上的图示均衡。屏幕上高亮显示的频率，为推子对应的有效范围，再次按下 GEQ Fader Filp 键开关，以更改 GEQ 频点范围或返回正常的混音模式。

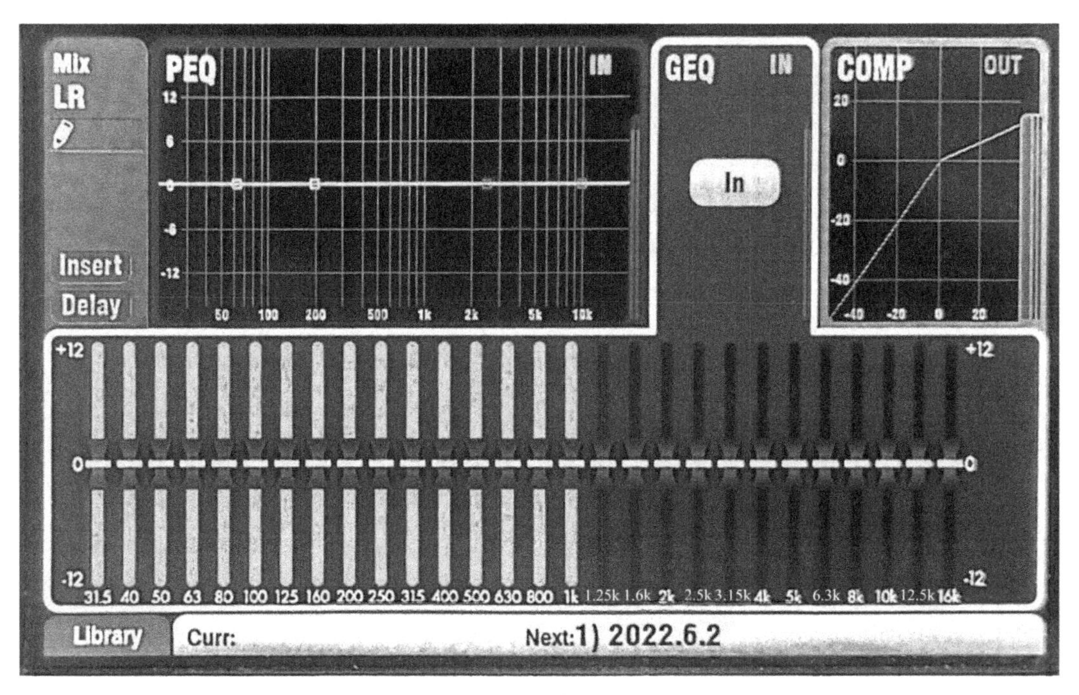

图 4-81　图示均衡器显示界面

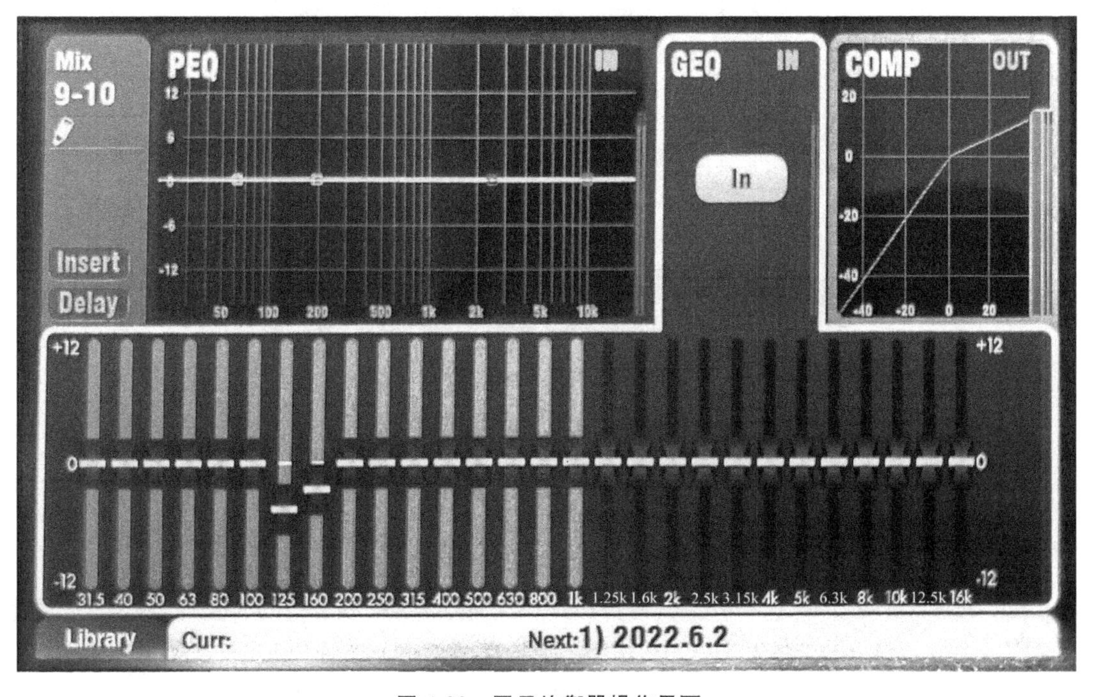

图 4-82　图示均衡器操作界面

图 4-83　用推子调试图示均衡

用推子调试图示均衡如图 4-83 所示，推子在低频和高频之间切换。频率显示在屏幕上，并且在推子上方的面板处标记。在推子切换为 GEQ 模式下，当推子位于 0dB 中央（平直）位置时，推子条 Sel 键上的灯亮起。当推子不处于 0dB 时，按下 Sel 键可使推子返回 0dB 位置。使用图示均衡器对音箱进行调音时，同样最好进行衰减而非提升频率电平。

数字调音台的显示屏

Qu-16 有着一块 800 像素×480 像素的彩色触摸屏，用于快速且直观地设置与控制混音。相关按键功能如图 4-84 所示。

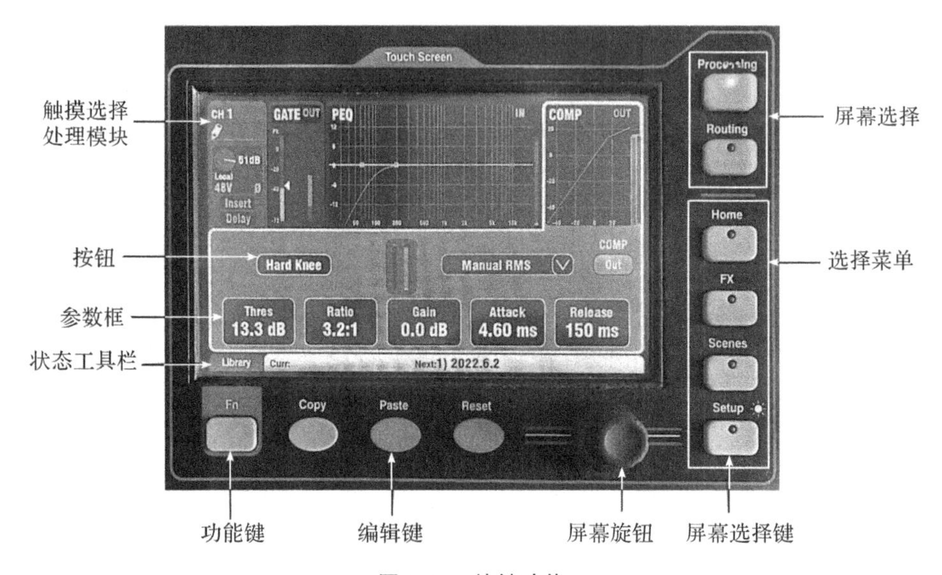

图 4-84　按键功能

输出通道如图 4-85 所示。

Qu-16 提供了专用推子条用于主混音，可控制主推子条右边的 Mix 键选中的混音输出电平。发送至混音通道的信号电平大小可由输入通道推子控制。主输出通道的按键说明如下。

Mute（静音）键：按下关闭主混音音频信号，音频静音时，静音键闪烁红色。

Sel（选择）键：按下进入 Mix Processing（混音处理）。设置参量均衡、图形均衡、压缩器、延迟以及 Routing（路由）等参数。当 Processing（处理）或 Routing（路由）键激活时，屏幕显示相关参数。复制通道参数：首先按住 Copy 键，并按下 Sel 键以复制通道参数，然后选择不同的 Mix（混音）通道，按住 Paste 键并按下 Sel 键，以即时将这些设置粘贴到该混音通道。重置混音处理：按住 Reset 键并按下 Sel 键，即时重置其所有通道参数为工厂默认设置。分配所有源：按住 Assign 键，按下 Sel 键打开或关闭所有到混音的源；将所有源设置为推子前或推子后：按住 Pre Fade（推子前），再按下 Sel 键将所有源切换为推子前或推子后。

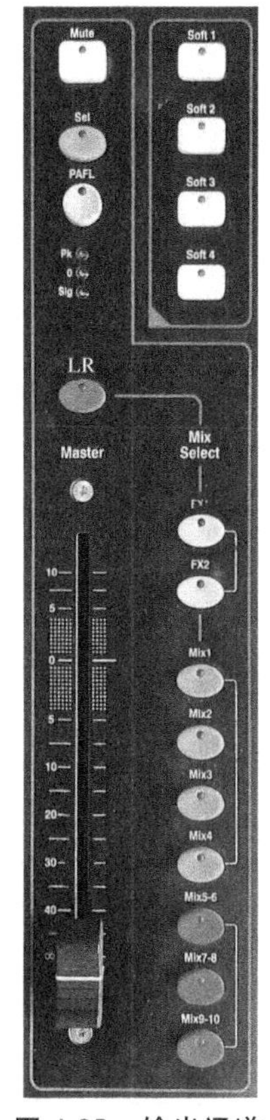

图 4-85　输出通道

PAFL 键：按下可监听该通道的声音，并可在主电平表上查看电平。电平表 PAFL 指示灯亮起，再次按下 PAFL 将其关闭，可以分配一个自定义键以清除所有启动的 PAFL 选择。在 Setup 设置屏幕中有选项可以选择 PAFL 的工作方式。默认设置为 AFL（推子后监听）。

混音电平表：推子条电平表可让你时刻注意主混音通道信号电平。此电平表为“推子后”，显示推子后的电平与静音控制用以观察调音台的输出信号。

Pk：在削波前 3dB 时亮起红灯以警告信号过载，方便及时降低电平，防止出现可听见的失真。

Sig：亮起显示信号存在，在通道信号电平达到－26dBu 时启动。

推子：控制当前选择的主混音电平，可有＋10dB 的提升，通常设在“0”位置。

混音选择键：选择哪一个主混音出现在主通道条上，任何时候都只能激活其中一个。按下一个键来选中，再次按下则返回 LR 混音。

LR：将通道条设置为控制主输出信号电平。这是混音 FOH（主扩声）的通常选择。

FX：将通道条设置为控制 FX1 或者 FX2 内置效果器的主发送。输入通道推子此时变为控制发送到内置效果器的信号电平，通道也可以使用 Sel 键进行分配。

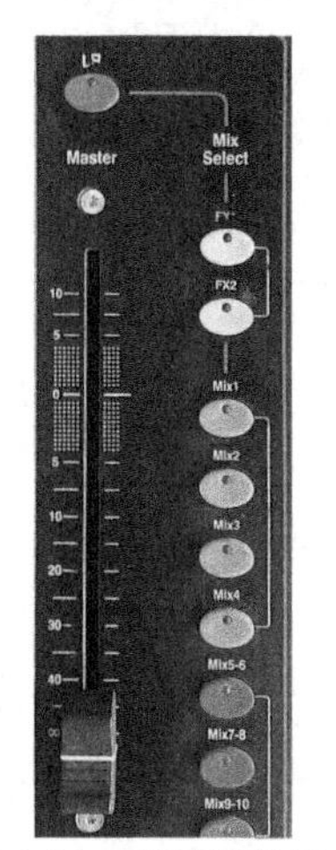

图 4-86　发送辅助输出

Mix：将通道条设置为选中的 Mix 主混音输出。

发送辅助输出如图 4-86 所示，按下一个 Mix 键用以选择某一个混音通道，此时主通道条为该混音通道输出推子。其功能如下：

调节发送电平：移动输入通道推子，可控制此通道输入发送到选中混音通道的电平大小。

调节发送声像：选中一个立体声混音时，按下通道条 Sel 键，使用 Pan 声像控制旋钮来调整混音通道的声像。

信号编组：按住 Assign（分配）键，查看当前分配到该混音的输入通道。当输入通道被分配给混音通道时，输入通道的 Sel 键亮起。按住 Assign 键，再按下输入通道 Sel 键，可切换单个输入通道分配的开或关。

切换所有输入通道分配的开或关：按住 Assign 键，并按下主通道 Sel 键。

设置信号发送为推子前或推子后：按住 Pre Fade(推子前)键，查看发送到该混音通道的信号是推子前或推子后，当设置为推子前的输入通道时，Sel 键亮起。按住 Pre Fade 键，同时按下输入通道 Sel 键，可用于切换该通道的推子前/后设置。通常推子前用于监听发送，推子后用于效果发送。

将所有通道信号切换为推子前或推子后：按住 Pre Fade(推子前)键，并按下主通道条 Sel 键，如图 4-87 所示。

图 4-87　推子前后设置

再次按下 Mix 键或按下 LR 键返回主混音，或按下另一个 Mix 键以调节另一个混音通道。

效果器的设置，按下显示屏右边的 FX 功能键，显示屏出现如图 4-88、图 4-89 所示的效果器模式选择界面。

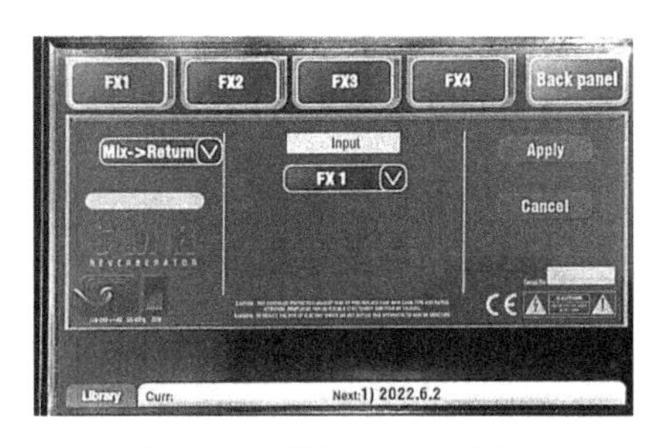

图 4-88　效果器内部连接

图 4-89　效果器模式

按下 FX1 混音键，主通道条将成为 FX1 发送主推子。移动通道推子可控制发送去内置效果器 FX1 的信号电平。

效果器返回通道推子和发送推子如图 4-90 所示，Qu-16 默认这两项为打开状态。

系统重置，按下 Scenes(场景)键，出现如图 4-91 所示的场景界面，屏幕中的 Reset mix settings 按键可将调音台内部数据清空，通常将此操作用于调音的初始预设。具体操作方式如图 4-92 所示，触摸并按住 Reset mix setting(重置混音设置)键 1s，直到对话框出现。触摸 Yes 重置调音台或者 No 取消重置并退出。

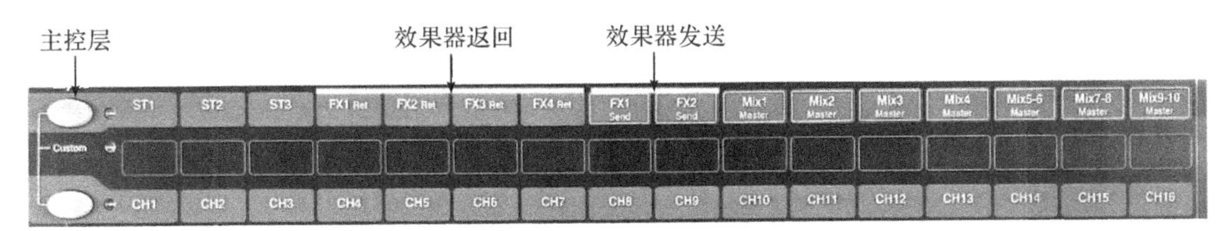

图 4-90　效果器相关推子所在区域

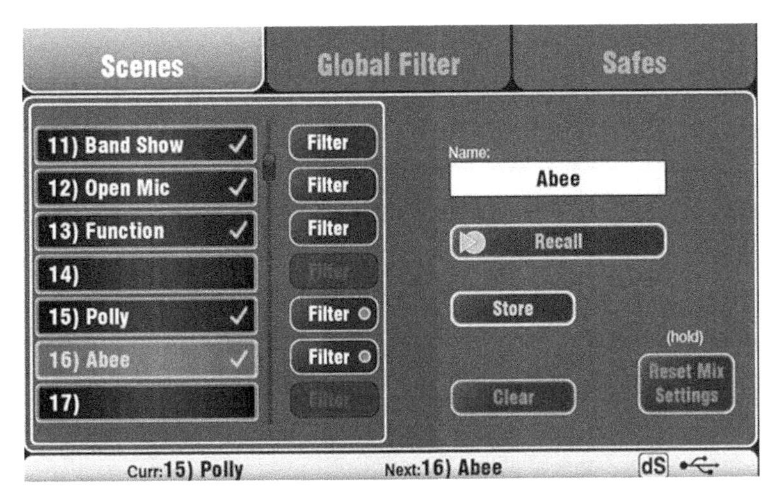

图 4-91　场景界面

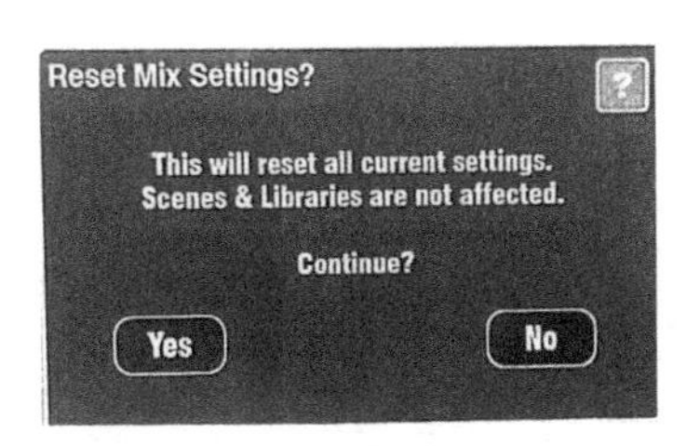

图 4-92　重复混音界面

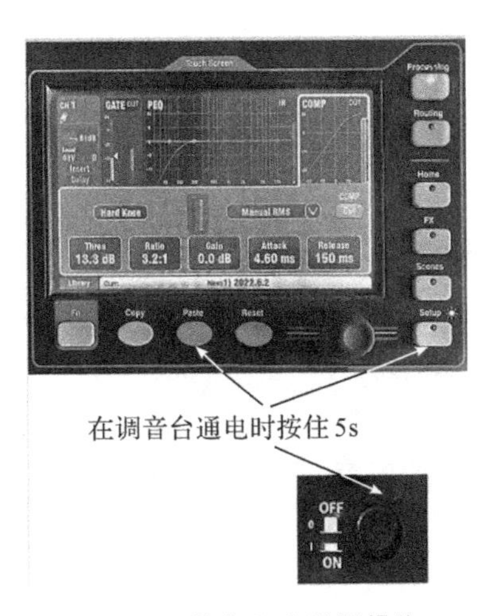

图 4-93　恢复厂家设置操作

恢复出厂设置，硬启动 Qu-16 调音台，操作如图 4-93 所示，需同时按住触摸屏重置和设置键，然后打开调音台电源。调音台通电时按住按键至少 5s。

硬启动恢复出厂设置所包含的内容如下：

数字调音台的使用

(1)重置当前设置，之前描述的重置混音设置按钮中的所有设置。

(2)重置非场景参数与用户偏好到出厂默认。

(3)清除场景调用安全设置。

(4)清除所有记忆，包括场景和用户库。

(5)重置网络 IP 地址与触摸屏校准。

2.2 任务实施

2.2.1 准备要求

1. 动圈式话筒 1 支，电容式话筒 1 支。
2. 笔记本电脑数台。
3. 数字调音台 1 台。
4. 音频功率放大器 2 台。
5. 全频音箱，超低音音箱各 1 对。
6. 音箱线若干，音频线若干。

2.2.2 工作任务

1. 正确连接数字调音台扩音系统。
2. 用数字调音台正确调整话筒电平，并正确设置调音台内的低切、参量均衡、噪声门、压限器。
3. 通过数字调音台把 DVD 音频信号发送到全频音响和超低频音响，并对发送到超低频音箱的音频信号做信号高切，将输入推子发送模式设置为推子后。
4. 正确调用数字调音台内的效果器，实现话筒大厅混响效果。

2.3 任务评价

任务评价的内容、标准、权重及得分如表 4-2 所示。

表 4-2 任务评价

评价内容		评价标准	权重	分项得分
职业技能	任务 1	正确连接数字调音台扩音系统，连接错误扣 10 分	10	
	任务 2	用数字调音台正确调整话筒电平，并正确设置调音台内的低切、参量均衡、噪声门、压限器，错误一处扣 5 分，扣完为止	30	
	任务 3	通过数字调音台把 DVD 音频信号发送到全频音箱和超低频音箱，并对发送出去的超低频音响的音频信号做信号高切，输入推子发送模式设置为 post，错误一处扣 5 分，扣完为止	20	
	任务 4	正确调用数字调音台内的效果器实现话筒大厅混响效果，操作错误一处扣 10 分	20	
职业素养		1. 以诚实守信的态度对待每一个工作任务 2. 工作过程中严格遵守职业规范和实训管理制度 3. 面对问题要学会思考与合作，增强团队意识	20	
总分			评价者签名：	

本模块知识测试题：

数字调音台试题

模块 3 综合实训

3.1 任务实施

3.1.1 准备要求

1. 动圈式传声器、电容式传声器等若干支。
2. 笔记本电脑数台。
3. 数字调音台数台。
4. 音频功率放大器数台。
5. 音箱数对。
6. 音频线若干。

3.1.2 工作任务

1. 正确使用三台数字调音台架设三套音响系统。
2. 调整音源输入电平及声像，并把各个音源信号送入对应音箱。
3. 使用数字调音台内的周边设备修饰美化声音。

3.2 任务评价

任务评价的内容、标准、权利及得分如表4-3所示。

表4-3 任务评价

评价内容		评价标准	权重	分项得分
职业技能	任务1	正确操作数字台音响系统，复位错误扣10分	10	
	任务2	正确调整话筒输入电平，信号低切、压限、噪声门、均衡，错误一处扣5分，扣完为止	20	
	任务3	正确利用数字台接入大厅混响效果操作，错误一处扣5分，扣完为止	20	
	任务4	正确利用数字调音台设置音乐通道参数，并将信号送入超低频音箱，错误一处扣5，扣完为止	20	
	任务5	在主输出通道挂GEQ，并在500Hz上衰减3dB，错误扣10分	10	
职业素养		1. 以诚实守信的态度对待每一个工作任务 2. 工作过程中严格遵守职业规范和实训管理制度 3. 面对问题要学会思考与合作，增强团队意识	20	
总分			评价者签名：	

参考文献

[1] 王明臣. 初级音响师速成实用教程[M]. 北京:人民邮电出版社,2013.
[2] 王明臣. 中级音响师速成实用教程[M]. 北京:人民邮电出版社,2013.
[3] 何丽梅. 音响技术及应用[M]. 北京:机械工业出版社,2015.
[4] 梁长垠. 音响技术[M]. 西安:西安电子科大出版社,2014.
[5] 童建华. 音响设备技术[M]. 北京:电子工业出版社,2021.
[6] Douglas Self. 声频工程导读[M]. 朱伟,译. 北京:人民邮电出版社,2013.
[7] 蒋加金. 音响技术与应用[M]. 北京:机械工业出版社,2016.
[8] 杜鹍. 电声技术与音响系统[M]. 北京:国防工业出版社,2015.

附录 《音响调音员》国家职业技能标准（2022年版）

以下为标准的部分内容，扫文末二维码可查看全文。

职业定义：使用音响设备和系统，调控文艺演出、影视制作、录音制作等场所声源的音质、音效等的人员。

职业技能等级：本职业共设五个等级，分别为：五级/初级工、四级/中级工、三级/高级工、二级/技师、一级/高级技师。

职业能力特征：具有一定的观察、判断、计算、表达和学习能力，空间感强，乐感好，听觉功能良好。

一、职业道德

1. 职业道德基本知识

2. 职业守则

（1）忠于职守，爱岗敬业。

（2）勤奋学习，务实进取。

（3）精益求精，勇于创新。

（4）遵纪守法，安全操作。

（5）诚实守信，讲求信誉。

（6）团结协作，互相配合。

（7）精通业务，文明和谐。

二、基础知识

1. 电工基础知识
2. 音响技术基础知识
3. 录音技术基础知识
4. 数字音频基础知识
5. 音乐理论基础知识
6. 安全知识
7. 相关法律、法规知识

三、工作要求

本职业对五级/初级工、四级/中级工、三级/高级工、二级/技师、一级/高级技师的技能要求和相关知识要求依次递进,高级别涵盖低级别的要求。

1. 五级/初级工

职业功能	工作内容	技能要求	相关知识要求
一、设备安装	(一)设备的识别与设置	1. 能识别常见音响设备 2. 能根据使用情况选择、设置传声器	1. 常见音响设备的常识 2. 传声器的种类与特点
	(二)线缆的端接	1. 能识别音响系统常用线缆的种类、规格 2. 能完成音响系统常用线缆的端接	1. 音响系统常用线缆的功能与分类 2. 音响系统常用线缆的构成与端接方法
二、调音	(一)调音台的使用	1. 能进行16路及以下调音台的基本操作 2. 能调整调音台的输入、输出电平	1. 调音台的基本常识 2. 调音台基本技术参数的含义
	(二)均衡器与效果器的使用	1. 能端接、操作均衡器 2. 能端接效果器	1. 均衡器的端接、操作方法 2. 效果器的端接方法 3. 室内声学的基本知识
三、设备系统维护	(一)安全操作	1. 能操作配电箱/柜 2. 能按操作顺序开、关音响设备系统	1. 配电箱/柜的基本功能与操作常识 2. 音响系统的组成 3. 万用表的使用方法
	(二)收纳与维护	1. 能运用盘线法等专业方法整理各类音频线缆 2. 能根据产品手册完成设备的日常维护与保养	1. 线缆制作及维护方法 2. 设备管理方法

2. 四级/中级工

职业功能	工作内容	技能要求	相关知识要求
一、设备安装	(一)调音台至音响系统的配接	1. 能设置并端接各类扬声器 2. 能配接调音台与功率放大器 3. 能配接功率放大器与扬声器	1. 音响系统的基本构成 2. 音响系统的基本特性、设置及端接方法 3. 功率放大器的作用和使用的基本原则 4. 功率放大器与扬声器的配接原则
	(二)周边设备的端接	1. 能端接无线传声系统 2. 能设置并连接传声器进行多点拾音 3. 能端接压限器、激励器等设备	1. 无线传声系统的使用方法 2. 拾音技术与扩音技术 3. 压限器、激励器的作用与端接方法

续表

职业功能	工作内容	技能要求	相关知识要求
二、调音	(一)调音台的使用	1. 能使用16路以上调音台对中小型演出场所(观众席800座及以下)的音响系统进行调音 2. 能辨识调音台上的英文标识	1. 调音台的界面定义及使用方法 2. 调音台的分类与特点 3. 中小型演出的调音特点
	(二)周边设备的使用	1. 能使用压限器、激励器等设备进行调音 2. 能调整效果器 3. 能使用音频软件进行简单的音乐剪辑	1. 压限器、激励器的工作原理与使用方法 2. 效果器的工作原理与使用方法 3. 音频软件的用途
	(三)音乐鉴别	1. 能通过外形及声音识别常见乐器 2. 能辨别常见的音乐风格	1. 常见西洋乐器、民族乐器、电声乐器的特点、种类等 2. 常见音乐风格的特点、种类等
三、设备系统维护	(一)设备的维护	1. 能根据音响设备的系统结构快速判别故障类型 2. 能排查音响设备的常见使用故障	1. 音响设备常见故障的判别与处理方法 2. 音响设备的基本维护保养方法
	(二)系统的维护	1. 能根据音响系统图判别系统问题 2. 能处理音响系统端接故障	1. 中小型演出场所(观众席800座及以下)音响系统图的识读 2. 音响系统常见问题的处理方法

3. 三级/高级工

职业功能	工作内容	技能要求	相关知识要求
一、设备安装	(一)音响系统的端接	1. 能完成大中型演出场所(观众席800座及以上)音响系统的设备配置、安装与连接 2. 能连接声反馈抑制器、数字音频处理器等周边设备 3. 能完成无线传声器系统的配置和连接 4. 能完成制式拾音	1. 大中型演出场所(观众席800座及以上)音响系统的构成 2. 大中型演出场所(观众席800座及以上)音响系统图的识读方法 3. 声反馈抑制器、数字音频处理器的使用方法 4. 无线传声器系统的基本工作原理 5. 制式拾音的种类及方法
	(二)音响系统与外系统的配接	1. 能完成广播、电视、分会场等相关系统的配接与开通 2. 能完成互联网平台等相关系统的配接与开通	1. 音频系统协议与接口的配接知识 2. 音响系统与广播、电视、分会场、互联网平台等相关系统的配接知识

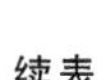

续表

职业功能	工作内容	技能要求	相关知识要求
二、调音	(一)音响系统的配置与调整	1.能完成大中型演出场所(观众席800座及以上)主扩调音台的独立调音 2.能使用数字调音台优化现场演出效果 3.能使用声反馈抑制器、数字音频处理器进行调音 4.能调整和设置效果器的参数	1.数字调音台的基本工作原理 2.大中型演出场所(观众席800座及以上)的音响系统知识 3.大中型演出的调音特点 4.效果器的基本运用方法
	(二)音乐鉴别	1.能根据声源及声学环境特点采用相应的拾音方法 2.能识读五线谱的节奏及音高 3.能使用音频软件进行变速和移调处理	1.音乐声学基础知识 2.音乐乐谱基础知识 3.音频软件基本操作方法
三、设备系统维护	(一)调试系统性能指标	1.能使用声学测试仪器和声学测量软件对音响系统进行测试 2.能根据音响系统测试结果完成系统调整	1.建筑声学、电声学相关国家及行业标准 2.声学测试仪器和声学测量软件的作用与性能指标 3.声学测试仪器和声学测量软件的使用方法
	(二)音响系统与音响设备的故障处理	1.能判断数字音响设备的故障 2.能处理大中型演出场所(观众席800座及以上)音响系统故障	1.数字音响设备常见故障的处理方法 2.大中型演出场所(观众席800座及以上)音响系统故障的处理方法
四、指导与培训	(一)技能指导	1.能指导四级/中级工及以下级别人员进行调音工作 2.能指导四级/中级工及以下级别人员掌握常用调音技术要点	1.四级/中级工及以下级别人员培训计划的编制方法 2.四级/中级工及以下级别人员培训计划的实施方法
	(二)组织实施技能培训	1.能撰写四级/中级工及以下级别人员的培训资料 2.能对四级/中级工及以下级别人员进行技能培训	1.操作技能培训资料的设计与开发方法 2.操作技能培训课程的组织方法

4. 二级/技师

职业功能	工作内容	技能要求	相关知识要求
一、调音	(一)多用途厅堂调音	1. 能完成大型演出场所(观众席1200座及以上)主扩调音台的独立调音 2. 能完成会议扩声系统、无线传声系统、同声传译系统的调试与调音 3. 能根据声源的特点配置效果器和效果 4. 能在演出中判断和排除音响设备和系统的常见故障	1. 音响美学的相关知识 2. 专业会议系统的相关知识 3. 大型演出音响系统的专业知识 4. 大型演出场所(观众席1200座及以上)演出中音响设备、系统常见故障的分析方法 5. 效果器和效果的配置原理 6. 无线音频传输系统的频率规划
	(二)音乐编辑与处理	1. 能识读乐队总谱 2. 能端接各类数字乐器设备 3. 能使用音频工作站对音频文件进行编辑与混音处理 4. 能用专业术语来描述音质的评价结果 (能完成以上四项中的至少两项)	1. 乐队总谱的识读方法 2. 数字音频接口协议的基础知识 3. 音频工作站的操作方法 4. 音质的评价标准
	(三)音效制作与运用	1. 能录制音效 2. 能运用音效进行调音	1. 音效的基本概念 2. 音效的制作与使用方法
二、系统设计与调试	(一)音响系统的设计、安装	1. 能完成大型演出场所(观众席1200座及以上)音响系统设计和声场模拟以及安装指导工作 2. 能绘制扩声系统的布置图和系统图 3. 能编制调音台通道内容简表 4. 能绘制监听系统方框图	1. 不同类型的艺术构成及表演形式 2. 大型演出场所(观众席1200座及以上)的音响系统设计规范及安装要求 3. 舞台监听系统、内部通信系统的种类与应用 4. 国内外先进音响设备的性能特点 5. 大型演出空间(1200座及以上)音响系统设计图的绘制及使用说明的编制
	(二)音响系统的调试	1. 能测量音响系统的性能指标 2. 能测量声学环境的声学指标 3. 能根据声学环境及声学指标对音响系统进行调整	1. 音响系统相关标准、规范 2. 声学环境与电声设备测量的内容、方法及步骤 3. 建筑声学理论
三、指导、培训与管理	(一)指导、培训	1. 能指导三级/高级工及以下级别人员的技术工作 2. 能解决特殊技术难题 3. 能对三级/高级工及以下级别人员进行技能培训	1. 理论课程培训内容的编制 2. 理论课程培训的实施方法
	(二)管理	1. 能完成大中型演出场所(观众席1200座以上)音响工作的规划 2. 能完成大中型演出场所(观众席1200以上)音响工作的组织协调与监督	1. 组织管理原则 2. 科学管理方法

5. 一级/高级技师

职业功能	工作内容	技能要求	相关知识要求
一、调音	(一)多用途厅堂调音	1. 能完成特大型演出场所(观众席1500座及以上)主扩调音台的独立调音 2. 能判断与处理不同类型扩声活动中扩声系统发生的意外情况,并排除音响系统的故障	1. 音响美学、音乐、戏剧舞台等艺术的综合应用方法 2. 音响系统疑难故障的分析及排除方法
	(二)音响艺术创作	1. 能根据乐队总谱编制音响调音方案 2. 能完成音响效果的综合分析与评价	1. 音乐作品的分析方法 2. 声音的评价方法
二、系统设计与调试	(一)音响系统的设计	1. 能完成特大型演出场所(观众席1500座及以上)音响系统的规划 2. 能完成特大型演出场所(观众席1500座及以上)音响系统的设计方案 3. 能用计算机软件模拟声场数据 4. 能完成远程联合演出音响系统的规划与设计	1. 音响、音乐语言的应用 2. 音乐美学的艺术功能基础 3. 舞台艺术的分类及形式特点 4. 国内外音响技术与设备的发展动态 5. 远程联合演出系统应用的相关知识
	(二)音响系统的调试	1. 能对特大型演出场所(观众席1500座及以上)音响系统进行测评 2. 能对特大型演出场所(观众席1500座及以上)音响系统进行调试	1. 测量仪器的使用方法 2. 特大型演出场所(观众席1500座及以上)音响系统调试方法
三、指导、培训与管理	(一)教学指导	1. 能编写培训大纲、讲授专业课程,并撰写教材 2. 能指导二级/技师及以下级别人员的技术工作 3. 能对二级/技师及以下级别人员进行技能培训与指导	1. 教育学的专业知识 2. 心理学的专业知识
	(二)协调调度	1. 能制订特大型演出场所(观众席1500座及以上)相关岗位工作人员的工作计划 2. 能制订、协调、监督特大型演出场所(观众席1500座及以上)相关部门的工作计划	1. 计算机办公软件的操作基础 2. 艺术管理学策划、组织与实施的相关知识 3. 剧院运营与管理等的相关知识

续表

职业功能	工作内容	技能要求	相关知识要求
四、研究与创新	(一)学术研究	1.能撰写音响技术与艺术的相关论文 2.能撰写音响系统技术的相关论文	1.音乐艺术理论 2.音响技术理论 3.论文撰写方法
	(二)研发创新	1.能撰写预测音响技术发展趋势的论文 2.能撰写其他行业技术成果运用于音响技术的论文 3.能针对演出形式和设备的使用编制创新方案	1.国内外舞台音响技术的发展趋势 2.艺术创作的规律和音响艺术对技术设备的要求

标准完整版：

《音响调音员》国家职业技能标准(2022年版)